力の支配から法の支配へ

オバマは核問題で国際法体制を再構築できるか

Rule of Power or Rule of Law?

Editors: Nicole Deller, Arjun Makijani, John Burroughs
© 2003 by the Institute for Energy and Environmental
Research and the Lawyer's Committee on Nuclear Policy

日本版編訳者のはしがき

「核政策法律家委員会」[1]はアメリカ合衆国ニューヨークのマンハッタンに事務所を置き、「エネルギー・環境研究所」[2]はメリーランド州に事務所をおいている。両者はそれぞれ、"批判的大衆"の形成に役立つことを望んで、市民たちにむけて調査・研究の成果を発信し続けてきた。『力の支配か 法の支配か』と題する単行本[3]の発行は、そうした活動を両者が共同して達成したものである。この書物は2003年に発行された。これは合衆国政府が核兵器等を含む平和と安全保障に関連する諸条約を侵犯し、これによって国際法体制を壊してきた事態を厳しく告発したものである。

「核政策法律家委員会」は、「国際反核法律家協会」に加盟するアメリカの組織である。私は、この「協会」の活動に参加してきた者として、『力の支配か 法の支配か』と題する原書の邦訳にかかわることになった。そこで、原書の邦訳作業を進めるかたわら、日本版のために、「原書編者による序説」の執筆を依頼した。だがそれは、いくらか長めの序説を書くように依頼したせいか、交渉がなかなかまとまらないうちに、いたずらに歳月は流れた。しかし、2009年春現在、バラク・オバマ大統領がプラハでおこなった演説で、核兵器を使ったアメリカ合衆国が核兵器のない世界を実現する道義的責任があると表明した。そこで今回発想を転換し、私が「日本版編訳者による序説」を執筆することにした。

日本版は、つぎの2部構成になっている。「第1部 アメリカ合衆国は核廃絶に向かうか」、「第2部 力の支配か 法の支配か」である。第1部には、「日本版編訳者による序説」と「資料」を収めた。第2部は、原書10章の全訳である。本書のいわば、本体にあたる。ただし原書には、原書の編者による「要約」がふくまれている。この部分だけは収録しなかった。そこに含まれた「提言」や「勧告」には、歴史的にみれば貴重なものがあるが、現時点では必要不可欠ではないだろうと判断

したこと、また要旨の記述は原書 10 章の記述と多分に重複していること、これらがおもな理由である。紙数の制限上、「附属文書」も省略した。

　本書の表題は、『力の支配から法の支配へ』とした。日本の読者にあてたメッセージになることを考慮した結果である。オバマ大統領のアメリカが、核問題に真剣に取り組むことを通じて、国際法体制の再構築にむけて舵を切ること、このことを私は切望している。これは主観的願望ではあるが、読者のみなさんの想像力を通じて、この願望が何らかの意味で現実世界の営みに活かされることを希望したい。

2009 年 5 月 24 日

浦田　賢治

1　核政策法律家委員会 Lawyers' Committee on Nuclear Policy (LCNP)　1981 年に結成された民間組織。平和と軍縮のために法と国際法を活用することを目的として、法律家、政治家向けに国際的規模で活発な提言活動をしている。創立以来、会長はピーター・ヴァイスが続けており、事務局長は原書の編者のひとり、ジョン・ボローズ。ウェブサイト 〈http://www.lcnp.org/〉。

2　エネルギー・環境研究所 Institute for Energy and Environmental Research (IEER)「科学と民主主義の出会うところ」を旗印に 1987 年に創立された民間の研究所。オゾン層の破壊とエネルギーに関連した気候問題、核兵器の環境への影響問題の 2 つを中心に活動し、英語、ロシア語、フランス語、中国語、日本語の出版物を通じて国際的な影響力を持つ。会長は原書の編者のひとり、アージャン・マクジャニ。ウェブサイト 〈http://www.ieer.org/〉

3　Rule of Power or Rule of Law, New York: The Apex Press, 2003. ISBN 1-891843-17-6 (pbk).

目　次

日本版編訳者のはしがき …… 3

第 1 部　アメリカ合衆国は核廃絶に向かうか

日本語版編訳者による序説　アメリカ合衆国の道義的責任　オバマのプラハ演説を読む　浦田賢治 …… 12

資料 1　オバマ政権の政策課題 …… 24

資料 2　オバマ大統領のプラハ演説に対する応答　将来の展望と権力の回廊とを架橋するもの　クリストファー G. ウィーラマントリー …… 45

資料 3　100 日間の核軍縮アジェンダ　オバマ大統領 高得点を稼ぐ　デイビッド・クリーガー …… 50

資料 4　合衆国の核兵器依存の終焉と地球規模の核廃絶の達成　賢明な政策と法的要請 核政策法律家委員会の声明 …… 60

資料 5　核兵器のない世界における安全保障上の挑戦に関するプレゼンテーションのためのノート　ジョン・ボローズ …… 72

第 2 部　力の支配か　法の支配か

序　文 …… 78

第 1 章　国際法制システムに関する合衆国の政策の概観 …… 82
　国際法の形成 …… 82
　　国際法とは何か／条約締結のプロセス
　国際法体制に対する合衆国の相反する 2 つの姿勢 …… 86
　　国際連合と国際連盟／国際人権法システム／国際司法裁判所／合衆国の 9

　　　　月11日事件以降のテロへの対応
　　合衆国の条約政策に繰り返し現れる主題 …… 100
　　　　批准後における義務の軽視／協定作成における合衆国の参加とその後
　　　　の条項拒否

第2章　核不拡散条約 …… 103
　起　源 …… 103
　最近の展開 …… 109
　核不拡散条約および軍縮義務の遵守に関する評価 …… 114
　　　　米ロ戦略兵器削減／安全保障政策における核兵器の役割の低減／米ロ非戦略
　　　　兵器削減／ミサイル防衛／核実験／核分裂性物資の計量、管理および廃棄／
　　　　核軍縮一般
　結　論 …… 126

第3章　包括的核実験禁止条約 …… 128
　経　緯 …… 128
　CTBT およびその現状 …… 130
　合衆国上院による CTBT 批准拒否 …… 134
　CTBT 署名および合衆国上院による否決の余波 …… 141
　履行状況 …… 142

第4章　対弾道ミサイル・システム制限条約 …… 148
　経　緯 …… 148
　ABM 制限条約からの合衆国の脱退通告の分析 …… 152

第5章　化学兵器禁止条約 …… 159
　経　緯 …… 159
　合衆国の CWC 批准と実施 …… 161
　　　　上院での CWC 批准問題／CWC 批准における合衆国例外論
　合衆国による不履行の影響 …… 164
　申立て査察手続きの不行使と OPCW の組織変更 …… 165
　CWC の余波 …… 167

第6章 生物兵器禁止条約 …… 168
経緯 …… 168
BWC を強化する議定書交渉の経緯 …… 169
BWC 検証議定書の内容 …… 170
　議定書の概要／議定書に対する批判とこれへの応答
合衆国による議定書の拒否と議定書の終焉 …… 174
　ブッシュ政権の政策再検討および議定書破棄決定／議定書反対決定の根拠は無効である／BWC 強化のための合衆国による代替案／条約強化目的の多国間取り組みの挫折
合衆国の生物兵器防御計画 …… 182
　最近の合衆国生物兵器防御研究／BWC における合衆国生物兵器防御活動の適法性
結論 …… 186

第7章 対人地雷禁止条約 …… 188
対人地雷禁止条約の概要 …… 188
合衆国の政策展開 …… 189
合衆国の現行政策 …… 192
　合衆国の正当化　スマート地雷はよりまし／合衆国の正当化　韓国防衛における地雷の必要性／対人地雷の代替手段開発計画／世界的な地雷除去計画への合衆国の貢献
条約実施に対する合衆国地雷政策の影響 …… 197
結論 …… 198

第8章 気候変動国連枠組条約と京都議定書 …… 199
気候変動国連枠組条約 …… 199
京都議定書 …… 202
京都議定書の地位と合衆国の立場 …… 204
気候変動国連枠組条約と京都議定書の遵守の分析 …… 208

第9章 国際刑事裁判所に関するローマ規程 …… 212
　経　緯 …… 212
　ローマ規程に関するいくつかの基本事項 …… 214
　「ICC は紛れもなく怪物だ」 …… 216
　　合衆国の批判と懸念／ICC 交渉への合衆国の参加／裁判所の弱体化を図るローマ会議後の合衆国の戦略と戦術
　結　論 …… 228

第10章 条約と国際安全保障 …… 230
　はじめに …… 230
　安全保障構築における多国間条約の役割 …… 231
　条約の遵守と創設 …… 232
　執　行 …… 237
　マニフェスト・ディスティニーの反響 …… 241
　結　論 …… 243

原　註 …… 245

訳　註 …… 264

出　典 …… 271

謝　辞 …… 298

索　引 …… 299

日本版編訳者のあとがき …… 303

編者・訳者・執筆者紹介 …… 305

本書で使用した略語

ABM	対弾道ミサイル	Anti-Ballistic Missile
BWC	生物兵器禁止条約	Biological Weapon Convension
CCW	特定通常兵器使用禁止制限条約	Convention on Certain Conventional Weapons
CD	ジュネーブ軍縮会議	Conference on Disarmament
CEDAW	女性差別撤廃条約	Convention on the Elimination of All Forms of Discrimination Against Women
CESCR	経済的、社会的、文化的権利に関する国際規約	Covenant on Economic, Social and Cultural Rights
CRC	子どもの権利条約	Convention on the Rights of the Child
CTBT	包括的核実験禁止条約	Comprehensive Test Ban Treaty
CWC	化学兵器禁止条約	Chemical Weapons Convension
DMZ	非武装地帯	Demilitarized Zone
DOE	合衆国エネルギー省	Department of Energy
ENDC	18か国軍縮委員会	Eighteen-Nation Committee on Disarmament
EPA	合衆国環境保護庁	Environmental Protection Agency
IAEA	国際原子力機関	International Atomic Energy Agency
ICBL	地雷禁止国際キャンペーン	International Campaign to Ban Landmines
ICBM	大陸間弾道ミサイル	Inter-Continental Ballistic Missile
ICC	国際刑事裁判所	International Criminal Court
ICF	慣性閉じ込め核融合	Inertial Confinement Fusion
ICJ	国際司法裁判所	International Court of Justice
IPCC	気候変動に関する政府間パネル	Intergovernmental Panel on Climate Change
LMJ	レーザー・メガジュール	Laser MegaJoule
LTBT	限定的核実験禁止条約	Limited Test Ban Treaty

MIRV	多弾頭各個目標再突入弾	Multiple Independently-Targeted Reentry Vehicle
MOPMS	対人地雷運搬システム	Modular Pack Mine System
NAS	全米科学アカデミー	National Academy of Sciences
NATO	北大西洋条約機構	North Atlantic Treaty Organization
NIF	国立点火施設	National Ignition Facility
NPR	核態勢見直し	Nuclear Posture Review
NPT	核不拡散条約	Nuclear Non-Proliferation Treaty
NRDC	天然資源保護評議会	Natural Resources Defense Council
OPCW	化学兵器禁止機関	Organization for the Prohibition of Chemical Weapons
PNE	平和目的核爆発	Peaceful Nuclear Explosions
SALT	戦略兵器制限交渉	Strategic Arms Limitation Talks
SSBN	弾道ミサイル原子力潜水艦	Ballistic Missile Submarine
START	戦略兵器削減条約	Strategic Arms Reduction Treaty
UNFCCC	気候変動国連枠組条約	United Nations Framework Convention on Climate Change
WTO	世界貿易機関	World Trade Organization

第 1 部

アメリカ合衆国は核廃絶に向かうか

日本版編訳者による序説

アメリカ合衆国の道義的責任
オバマのプラハ演説を読む

浦田　賢治

フラチャニ広場

　合衆国の就任まもない大統領バラク・オバマは、チェコ共和国の首都プラハを訪れ、フラチャニ広場で2万を越える聴衆をまえにして、28分間演説した。今年（2009年）4月5日午前10時過ぎのことである。大統領府の報道官事務所によると、その演題は、「国際規模での核の脅威に対処するための戦略」[1] だった。このなかで、大統領はヒロシマ・ナガサキに原爆を投下した米合衆国が、核兵器のない世界を実現するため「行動する道義的責任」があるとのべた。これはアメリカ政治史上画期的なことである。大統領は「核の脅威に対処する戦略」を核保有国や同盟諸国に示しただけでなく、米合衆国が「行動する道義的責任」を負うと、世界の人々に約束したのである。

　その翌日4月6日から2日間、ワシントンDCでは、カーネギー国際平和財団が、「核不拡散に関する2009年カーネギー国際会議」を主催した。主題は「核の秩序：構築か、破壊か」であり、46か国から840人を超える人たち——政府高官、政策・技術の専門家、学者、ジャーナリストたち——が集まったという[2]。だが、公開されたウェブサイト上の記録を聴取し通読するかぎり、原爆を投下した米合衆国の道義的責任とはなにか、その責任の内容や責任のとり方について、立ち入って論及するパネリストは、誰もいなかった。「核不拡散に関する会議」だったからだろうか。そもそもカーネギー国際平和財団の企画にはあらかじめな

かった、オバマの新しい発想だったからだろうか。

　オバマ大統領のプラハ演説は、核時代の現在、しかも将来にむけ人類が生き残るために、米合衆国が認め、かつ引き受ける、その道義的責任とは何か、このことを改めて世界の人々が考えるよう提言したものである。このように受け止めると、プラハ演説には人類史的な意義がある。私は、こう言うことができる。ここでいう責任は、核時代の新しい責任であり、しかも最も大きな責任である。では翻って、核時代の新しい責任について、その道徳・政治・法的な意味あいはなにか。このことを考察したい。「オバマのプラハ演説を読む」という場合、読む、これすなわち解読すると捉えると、解読とは、「解釈しながら読む」ということになる。解釈は、一定の文脈のなかでその言葉が有する意味を特定する作業でもある。正しい解釈に従うことが、正しい実践を行う必要条件である。ということを、自覚したうえで、本論にすすみたい。

オバマ演説の核心をつかむ

　オバマ演説には、つぎの、ふたつのパラグラフが含まれている。

>　我々は、20世紀に自由を求めて戦ったように、21世紀には世界中の人々が恐怖から免れ生存する権利を求めて、ともに戦う必要がある（拍手）。だから、核保有国として、核兵器を使った唯一の核保有国として、合衆国には行動する道義的責任がある。合衆国だけではこの事業で成功を収めることはできない。だが、その先頭に立つことはできるし、この事業をはじめることはできる。
>
>　したがって本日、私は、米国が核兵器のない世界の平和と安全を追求するという公約を、信念を持って明確に表明する（拍手）。私は、甘くはない。この目標は、すぐに達成されるようなものではない、おそらく私が生きているうちには達成されないだろう。この目標を達成するには忍耐と粘り強さが必要だ。しかし他方で、世界は変わりようがないという人々の声は無視しなければならない。我々はかたくなに主張しなければならない。「そのとおり、われわれは

できる」と（拍手）。³

　これまでアメリカ大統領が核兵器の廃絶を提案したのは、2度だけだった。トルーマンは、第2次大戦直後1946年国連総会への提案で、あらゆる核エネルギーを国際管理下に置き、これをもっぱら平和目的のために使うことにしようと主張したが、実現しなかった。スターリン時代のソ連は、原子爆弾の開発を決めており、この提案を受け入れようとしなかった。2度目は、1986年、アイスランドのレイキャビクでなされた首脳会談である。ここでレーガン大統領とゴルバチョフ書記長は、完全な核軍縮の合意にいたる瀬戸際までいった。だが、交渉決裂の原因はレーガンの戦略ミサイル防衛構想だった。レーガンはこれに固執し、ゴルバチョフはこれを受け入れなかった。その後、偉大な文明には核抑止戦略が不可避だという合意が持続してきた⁴。

　今回オバマは、合衆国には、核兵器のない世界の実現にむけ行動する道義的責任があると、全世界にむけて明言した。人類の生き残りが緊急の至上課題となっている現在、「米合衆国の責任」を認めた。これは、大統領として3番目の提言であり、アメリカ政治史上画期的なことである。しかしそれだけではない。世界史上さらには人類史上、画期的な事柄である。それは、いったいどういう意味をもっているのか？ これをひたすら絶賛する見解も現れている⁵。オバマ演説の核心は、たしかに絶賛に値する。だが、それだけでいいのだろうか？ こういう疑問がある。私はこの言葉の含意を、核時代という文脈のなかで、改めて読んでみたい⁶。

核時代の現在

　デンマークの核物理学者ニールス・ボーアは、核時代の始まる1年以上も前に、開発中の核爆弾の恐るべき破壊力を予知し、それが人類絶滅の危機の世界をもたらすことを洞察していた。

　では核時代とは、なんだろうか。これは歴史観にかかわるから、歴史学は、そもそも核時代という概念を承認するのか、しないのかという問

題がある。この概念を比較的はやく扱ったのは、自然科学者（A.アインシュタイン、湯川秀樹、武谷三男、豊田利幸ら）であり、文学者（大江健三郎）や国際政治学者（坂本義和）だった。歴史学者では今掘誠二だったが、歴史学ではこの概念はまだ市民権をえていないようだ。しかし、核時代の概念を歴史哲学的に明確に規定すべきである。このように述べたのは、哲学者にして社会学者である芝田進午だった。これは、学会誌『歴史学研究』1984年1月号に発表された。

　芝田進午の要約に即して述べれば、「核時代」の概念は、次のとおりである。

　　①核物理学という画期的な科学革命の出現、
　　②その適用による技術革命としての核エネルギーの出現、
　　③それに現存する生産諸関係——「現存する社会主義」のそれをも含めて——が照応できず、
　　④したがって、その政治的上部構造——同じく「現存する社会主義」のそれをも含めて——も照応できず、
　　⑤さらにイデオロギーも照応できず、なお、「古い考え方」にとらわれており、
　　⑥その結果、核大国の支配層・権力者が核エネルギーを核兵器、より正確には「人類絶滅世界装置体系」という絶対的暴力としてしか使用できない
　　ような時代、一切の生命と文化の絶滅、歴史の終焉がおこりうる時代と規定してよいであろう。

　ここで芝田進午は、いわゆる「唯物史観の公式」にもとづき、「核時代」概念が成立するゆえんを説明したが、この「公式」そのものにはいくつかの保留条件が必要である、このことをことわっておきたい、と述べていた[7]。

　また「世界史の可能性」について、1980年に、つぎのようにのべた。

　　1945年8月6日以来、世界史は、「人類絶滅の最初の犯行」と「人類絶滅阻止のための行為」の無限の闘争の歴史であった。（中略）

世界史を「絶滅」と「生存」の2つの可能性の闘争として把握しなおし、世界史像を革新し、「生存のための動員」に全人類を動員し、そのことによって「人類絶滅世界装置体系」を廃絶すること。[8]

　ここには、現在を歴史的主体として生きる者に訴えるものがある。それは、核時代の世界史的な可能性を知ることによって、現実世界での社会闘争の主題を選択する、このことの重要性がしめされている。

　私が考えるに、原爆投下から64年を経た現在、核超大国ソ連はすでに解体されている。核兵器すなわち「人類絶滅の世界装置体系」は、核超大国アメリカの支配層・権力者たちのなかに新たな「核の脅威」観を生み出している。米ロ両国は核兵器の95%を保有するが、それはもはや維持することが許されない事態になっている。また他方、核兵器システムの存在・強化が、帝国の経済・政治・社会・文化など諸領域での諸矛盾の深化を回避できないことも明らかになった。戦後世界の基軸通貨である米ドルが、グローバル経済化のなかで、合衆国政府の管理・統制のおよばないものとなり、史上未曾有の金融危機を生み出した。これは、アメリカ型資本主義体制の存続条件がいまや消失していることを明らかにした。資本主義体制の支配の仕方は、G8からG20へと移行することによって、果たしてグローバルな恐慌の進行を止めることができるだろうか。核時代の現在、持続可能な発展の展望が失わるかにみえ、突如人類社会の終焉をもたらすかと思われる。こうした文脈の中で、「核の脅威」[9] 論を契機として含む人類生存の危機意識が、オバマのプラハ演説にも一部反映されたのではなかろうか。

責任論の新しい論点

　広島への原爆投下に対して、直ちにこれに遺憾の意を表したのは、バチカンだった。ただしカトリックという宗教者の立場から、原爆投下の責任を追及するものだったかはなお定かでない。日本政府（大日本帝国の政府）も、「新型爆弾」が現行の戦時国際法に違反すると声明した。やがて科学者たちが新しい責任論をいろいろな形で主張した。道義論の

色彩の強い、科学者の社会的責任論である[10]。日本の下田判決（1963年）から30年余を経て、国連の専門機関である国際司法裁判所の勧告的意見が1996年7月に示された[11]。だが、その問題点を指摘する手法を使って、法学者も、原爆投下の不法行為責任を肯定する研究成果を発表した[12]。さらに民衆レベルの国際法廷では、原爆投下者たちは戦争犯罪をおかし、人道に対する罪を犯したと断罪された[13]。ごく少数の国際法学者たちは核兵器使用の犯罪性をつとに指摘してきた[14]。

しかしながら、国際法の国家責任論の領域では、国際法学まだ、核兵器使用の責任論を立ち入ってとりあげてはいないようだ。

責任について一般論をのべるなら、つぎの論点にとくに着眼したい。これが道徳的責任論を深めるため当面重要ではなかろうかと思うからである。

　　近世以降人間の主体性が強調され、ついには「神の死」が宣告された現代においては、責任概念の内実は当然変わらざるをえない。応答としての責任を考える場合、問題となるのは、「誰」が、なに「に対して」、なに「の前で」、という点である。(中略)　さらに、責任が成立するための基礎条件として、価値（の客観性）と人格の同一性が前提とされねばならない。しかし、この2つの条件が強い仕方で主張できないとすれば、価値および人格そして責任についての発想を根底的に変換することがもとめられている。たとえば、自分が生まれる以前になされた戦争に対しての責任を考える場合が、そうである。[15]

ところで、「2009年カーネギー国際会議」のことは、本稿の冒頭でとりあげたが、初日4月6日午後「オバマ政権についての国際的予測」と題するパネルディスカッションが開催された。1時間20分近く会議は続き、その最後から2人目の男性が、つぎのように発言した。

　　私はどんな政府を代表する者でもないが、オバマ政権以前の挑戦と国際的な経験について、われわれは語ってきた。その観点からすると、オバマ政権がとりうる2つの別個の措置がある。その第一の

措置は、(CTBT 批准の場合のように——訳者註)上院にはかる必要がない。それはただ、米合衆国大統領が発する大統領令を要請するにとどまる。これは、日本国土に核兵器を使用したことについて、日本人民に対してなされる、公式の、真摯な、しかも無条件の謝罪の表明である。これは、ひとつの模範的信頼を強く後押しするものであって、日本以外の世界諸国に信頼を広げるだろう。大統領令による謝罪は、ヒロシマ・ナガサキへの原爆投下後 50 年以上経っても、なされてこなかった。オバマ大統領こそは、合衆国政府がこれまでしてこなかった真摯な、公式の、しかも無条件の謝罪を表明する番である。これは、象徴的なものだが、しかし重要である。[16]

この発言は、インド訛りの英語でなされたが、誰だったか、その人の名前は聞き取れない。しかしながら、核兵器使用の国家責任のとりかたについて、ひとつの示唆を与えている、と私は感じた。核兵器使用の責任論には、道義的責任の次元と国際法上の国家責任の次元とがありうるが、いずれの領域でも、この発言から示唆を受けて、さらなる検討がすすむことを期待したい。

さて、これ以降は、価値論の成果に学びながら、新しい価値の客観性を認識するために、「国際法学の眼」と「政治的要請」という事柄について、考察をすすめたい。

国際法学の眼

核軍縮の義務について、国際法学は次の 2 つを区別している。ひとつは内容に関するもので、「結果の義務」と言われる、すなわち核廃絶を達成することである。もうひとつは手続き上のもので、この結果を生むような「実施方法」をとる義務、すなわち誠実に交渉する義務である[17]。

核廃絶を達成するという結果をもたらす義務は、1996 年国際司法裁判所の勧告的意見のなかに示された。これは NPT に関していうと 2000 年会議の 13 項目の措置のなかに「明確な約束」という言葉で示されている。この「明確な約束」と結びつく可能性があるのが、4 月 5 日のオ

バマ演説のなかにある。「核廃絶を達成する道義的な責任」をアメリカ合衆国が負っているという表明が、それである。

次に、誠実に交渉する義務については、国際司法裁判所の勧告的意見で述べられていることが重要である。次いで13項目の措置のなかでは、体系的でかつ前進する核兵器の削減という言葉で表現されている。今回のオバマ演説についていうと、「行動する責任」という言葉を、この義務にひきつけてとらえる、かるいは関連づけて解釈する作業が、もうひとつの課題ではなかろうか。

ただし、オバマ演説では、「道徳上の責任」であると限定してあるから、この点に重々注意する必要がある。「責任」という概念を、改めて道徳、政治および法の区別と関連を解きほぐし、論理的に考察し、新たに構築する作業が提起された課題である。また、同時に、核兵器システムという「人類絶滅の世界装置体系」について、その廃絶にむけた人類史的視点にたって、歴史的考察をおもなうことも、緊急かつ重大な作業である。

政治的要請

「行動する責任」の履行は、さしあたり、どのような形で着手されるのか。

例えば、オバマの演説で、米ロの核兵器の更なる**削減**を呼びかけた後、オバマは、「我々は、すべての核兵器国に、この試みに参加するよう求める所存である。」と述べている（強調附加）。だが、オバマは、いつ核軍縮の交渉のための全ての核兵器国の招集を提議するのか、このことについては自分の胸の内をおくびにも出さなかった。

確かに彼は来年、核の脅威に対処するため国際サミットを開催するといっている。では、この約束の中身はどういうことになるのか。核兵器の不拡散に専念するものになるのか、あるいは不拡散と完全核軍縮が密接な関連性を有しており、両者は不可分であると認識するものになるの

か、この問いに関する答えが求められている[18]。

「核時代平和財団」のデイビッド・クリーガーは、オバマが開催するこの会議について、提案している。2010年5月のNPT再検討会議の前に、すべての核兵器国による会議を開いて、核兵器廃絶のための新たな条約を交渉することを始めよう。段階的で、検証可能な透明性の高い核兵器条約を交渉するための核兵器国会議を開け、と言っている。これは、オバマ演説の核心を、政治的な意味で生かす言説として、適切な提言だと思う。

すでに核時代平和財団は、大統領選挙が始まった後、オバマ政権の100日間の核軍縮のアジェンダについて、100日間のアジェンダを提唱した。このなかには、3つの領域が含まれていた。ひとつは、管理不十分な核物質がテロリストに渡らないようにする。2つめは、核不拡散条約（NPT）を強化する。3つめは、核のない世界へ移行するということだった。

この最後の領域についてオバマ政権は発足と同時に「アジェンダ」をかかげた。そのなかで、核兵器のない世界という目標を設定して、この目標を実行する所存であるとのべた。ついで4月1日にオバマ大統領はロンドンでメドベージェフ・ロシア大統領と初めて会談し、核軍縮とその削減について議論して、NPT第6条にもとづく任務を遂行することで合意した。ついで4月5日にプラハで画期的な演説を行った。

ただしこの2つの約束について、核時代平和財団は、懸念している。①核兵器のない世界を実現する期限が長期的なものになっている。自分が生きている間には実現しないだろうとのべた。②核抑止力の重要性を当分の間にせよ、強調した。何をもって核抑止の対象にするかは明示されていないものの、核抑止力論を強調した。③持続可能なエネルギー資源の開発のために核エネルギーへの全面的支持を表明した[19]。

この3つが、4月初旬までのオバマ政権への重大な懸念である。この懸念を杞憂に帰するような知恵と活動が必要である。たとえば、いま開催中の2010年NPT再検討会議の準備会でも、こうした闘いが地道に続けられている[20]。

結 語

　オバマのプラハ演説の核心は、次の言葉に示されている。「合衆国は（核兵器のない世界の実現にむけ）行動する道義的責任がある」。この言葉に示された責任論は、核時代にあって、米合衆国が初めて認めた公約である。この責任論は、人類の生き残りを確保するという新しい価値の客観性をひろめるために役立つという意味で、世界史上さらには人類史上、画期的なものでありうる。

　ただし、この責任論はそれ自体としては、言葉に過ぎず、しかも道義上のものに限られている。この演説全体を通じて、軍事・外交あるいは政治・法・文化の領域で、「核の脅威」への当面の対応策をとるという現状維持の姿勢が濃厚である。核時代の本質に関する正当な認識はじつはきわめて乏しい。

　そこでわれわれに問われているのは、なにか。この道徳的責任論が含意しうる意味を、一定の文脈上正確に確定する作業である。しかも政策形成的な認識が必要である。たとえばそれは、合衆国の予算編成[21]と「国防計画の見直し（QDR）」「核態勢見直し（NPR）」などから、「人類絶滅の世界装置体系」自体の解体におよぶ。この道義的責任論は、政治的、法的な責任論と積極的に連関させるとき、初めて、それなりの巨大な意義をもつであろう。

註
1　a strategy to address the international nuclear threat.
　〈http://www.whitehouse.gov/the_press_office/Remarks-By-President-Barack-Obama-In-Prague-As-Delivered/〉
　下記のウェブサイトには、在日合衆国大使館の日本語仮約がある。
　〈http://tokyo.usembassy.gov/j/p/tpj-20090405-77.html〉
2　The 2009 Carnegie International Nonproliferation Conference : "The Nuclear Order-Build or Break,"
　〈http://www.carnegieendowment.org/events/nppcon2009/〉
3　前掲註1。
4　Jonathan Schell, Obama's Nuclear Challenge: Comment, April 15, 2009　The

Nation. 〈http://www.thenation.com/doc/20090504/schell?rel=hp_picks.〉
5 ウィーラマントリー判事の見解。本書資料2を参照。
6 核時代の概念については、とくに芝田進午『核時代I 思想と展望』（青木書店、1987年）113-118頁を参照。ソ連における「核時代」観念の形成については、同書280-88頁。
7 前掲書123頁、註13。
8 前掲書88-89頁。
9 オバマのプラハ演説は、ホワイトハウスの表示では、Announced a strategy to address the international nuclear threat.とされていることに注意しておきたい。
10 唐木順三『「科学者の社会的責任」についての覚え書』（筑摩書房、1980）；ウィーラマントリー『核兵器と科学者の責任』（中央大学出版部、1987）。
11 ジョン・バローズ『核兵器使用の違法性』（早稲田大学比較法研究所、2001）
12 浦田賢治「核兵器使用の違法性研究：モクスレイの国際法論概観」『比較法学』39巻1号（早稲田大学比較法研究所、2005年7月1日）」など。
13 「原爆投下を裁く国際民衆法廷・広島」実行委員会主催；2006年7月15日-16日開廷、米軍による広島、長崎両市への原爆投下は重大な「戦争犯罪」であり、且つ残虐な「人道に対する罪」であると判決。2007月16日、判決全文の言い渡し。参照：〈http://www.k3.dion.ne.jp/~a-bomb/index.htm.〉。
14 Francis Boyle et al., In Re:More thnan 50.000 nuclear weapons, : analyses of the illegality of nuclear weapons under international law, Northampton, MA : Aletheia Press, 1991.
15 廣松渉ほか編『岩波哲学思想事典』（岩波書店、1998）938頁。
たとえば、こうした文脈のなかで、オバマの道義的な責任論の特徴を探るなら、ひとつ具体的には、キリスト教の責任論と関連づけられる。こうした思考方法でもって、戦後トルーマン大統領の非公式相談役を務めたというプロテスタント神学者、Reinhold Niebuhrについて、その著書、The World Crisis and American Responsibility(1974、初版は 1958)が、そこでいう責任について従来の発想を維持しているのか、それとも根底的にこれを変換しているのか、慎重に検討したい。
16 前掲註2：。
 Q: (Inaudible) - from CSA. I don't represent any government, but since we are talking about challenges and international expectations before Obama administration, there are two discrete steps Obama administration can take. This first one does not require going to Senate. It just requires some executive order by the president of the United States. And that is extending of formal, sincere, unconditional apology to the people of Japan about use of nuclear weapons in their country. That would be one model confidence booster that will generate confidence in the rest of the world. And that action has not been taken after five decades of the first use. And actually it's time for change and hope is now. It's on President Obama to meet that kind of sincere, formal apology which U.S. government has not given so far. It's symbolic, but it is important.
17 Mohammed Bedjaoui, Good Faith, International Law, and Elimination of Nuclear Weapons : translated from the French by Linda Asher and Peter Weiss（2009）. III. The Double Obligation: to Negotiate and to Bring to Conclusion.pp.11-18.
〈http://lcnp.org/disarmament/2008May01eventBedjaoui.pdf.〉
18 前掲註4。
19 本書資料3を参照。
20 NPT. Preparatory Committee for the 2010 Review Conference of the Parties to the

Treaty on the Non-proliferation of Nuclear weapons, 1 April 2009.
〈http://www.un.org/NPT2010/〉
21 The White house. Budget of the United States Government: Fiscal Year 2010.
〈http://www.gpoaccess.gov/USbudget/fy10/index.html〉

資料 1

オバマ政権の政策課題

（編訳者の註）
　この文書は、CHANGE.GOV: The Office of the President-Elect から発表された。これは政権の移行期、すなわち大統領に当選した後、大統領職の執務を始めるまでの間に発表されたものである。オバマ・バイデン政権の政策課題は、解決すべき問題別にわけられ、その数はとても多い。念のために列挙すれば、次のとおりである（アルファベット順）。
　市民権、国防、身体障害、経済、教育、エネルギーと環境、倫理、家族、財政、対外政策、医療、米本土安全保障、移民、イラク、貧困、地方、高齢者と社会保障、軍務、租税、技術、都市政策、退役軍人、女性、その他の問題である。
　このなかで、『力の支配から法の支配へ』と題する本書の視点で見た場合、きわめて重要である諸問題を選んでみた。順序を入れ替えて、米本土安全保障を冒頭におき、対外政策、国防、財政、経済の順に配列した。しかも本書紙数の制約上、これらの政策課題の記述からいくつかのパラグラフを削除した。

米本土安全保障

　「我々がここにいるのは、飛行機をミサイル代わりにするテロリスト、爆弾を腰に巻きつけバスに乗り込むテロリスト、またどのようにして町のひとつで汚い爆弾を爆破させるかを思案するテロリストのために、いかなる他の家族も、その最愛の者を失う必要のないことを確実にするという任務を果たすためである。わが国をより安全にし、奪われた 3000 に近い人々の死が無駄でなかったこと、ま

たその遺産がより安全かつ信頼できる国家であることを確実にすること、このために我々はここにいるのだ。」(2007年3月6日　バラク・オバマの上院での演説)

　どの大統領であれ、その第一の責務は、アメリカ国民を保護することである。バラク・オバマ大統領は、国内における安全保障を強化するため、統率力および戦略を提供する決意である。21世紀の脅威に対してアメリカ本土を保護するため、バラク・オバマおよびジョー・バイデンの戦略は、テロリストの攻撃を阻止し、緊急事態に対する準備を整えかつ計画を立案し、また強力な対応および復興能力に投資することを重要視している。オバマおよびバイデンは、自然および偶発的な災害ならびにテロリストの脅威を含むあらゆる災害に対してアメリカ本土を強化し、また連邦政府が、予防、鎮静および対応における真のパートナーとして、州、地方および民間部門と協調することを確実にする決意である。

テロリストの世界規模での撲滅

・**アルカイダの発見、分裂および撲滅**
　イラクでの戦争を責任を持って終結させ、アフガニスタンという正当な戦場に集中する。共通の敵を撲滅するため、協調して他の諸国の能力を強化する。

・**テロリストを積極果敢に敗北させる新しい能力**
　情報を収集かつ分析する能力に投資することにより、アメリカの諜報組織を改善し、他の機関と情報を共有し、またテロリストのネットワークを分断する作戦を実施する。

・**21世紀の脅威に対応可能な軍隊の準備**
　テロリストを逮捕あるいは殺戮する能力において、アメリカ軍をより隠密、より敏速かつより破壊力を備えたものにする。異なる言語を話し、異なる文化を切り抜け、また複雑な任務を、民間の機関と調和して遂行できるアメリカ軍の能力を強化する。

・**理念戦争に打ち勝つ**
　アメリカの伝統的な価値観と一致するアメリカの対外政策に立ち戻る

ことにより理念の戦争においてアルカイダに勝利し、またアルカイダの主張に対抗するために、イスラム世界の穏健派との協調を図る。世界的な教育資金不足を解消する努力のために、520億ドルの世界教育基金を創設し、過激主義者の学校への代替となる教育施設を提供する。
・**アメリカの影響力およびその価値観の復活**
　領事館の閉鎖を中止し、世界の困難かつ望みを失っている地域での新規開設を開始する。対外援助を拡大し、軍隊と共に任務が遂行可能な民間援助活動家の能力を開発する。

核テロの阻止

　バラク・オバマおよびジョー・バイデンは、核テロの危険性を低減させ、核兵器能力の拡散を阻止し、また核不拡散体制を強化することになる包括的な戦略を備えている。それらは次のようなものである。

・**4年間で核兵器物質の安全を確保し、核密輸を終焉させる**
　4年以内に攻撃されやすい場所にあるすべての核兵器物質の安全を確保するため国際的努力を先導する。これは、テロリストによる核爆弾の入手を阻止するための最も効果的な方法である。同盟国による大量破壊兵器の密輸の検知および阻止を助成するためルーガー・オバマ法の完全実施。
・**取り締まりおよび禁止の努力強化**
　全世界において大量破壊兵器、その運搬システムおよび関連核物質の積み出しを禁止することを目的とする地球規模のイニシアティブである拡散安全保障イニシアティブ（PSI）の制度化を図る。
・**核テロを阻止するためのサミットの召集**
　2009年に（その後は定期的に）、核テロの阻止に関して協定するために、国連常任理事国およびその他の主要な諸国の指導者によるサミットを召集する。
・**タフな直接外交を通して、イランおよび北朝鮮の核兵器計画を中止させる**
　核兵器をイランが獲得することを阻止し、北朝鮮の核兵器計画を完全

かつ検証可能な形で中止させるために、実際のインセンティブと圧力とに裏付けされた強硬外交を行使する。

・**国際原子力機関（IAEA）の強化**

機関が任務を果たすために必要な権限、情報、人員および技術を入手できることを確実にすることを模索する。

・**核分裂性物質の管理**

核兵器用の核分裂性物質の生産を終結させる検証可能な条約を交渉するための地球規模の努力を先導する。

・**核燃料の核爆弾化の阻止**

他の関連政府と協議して、拡散の一因となることなく原子力に対する増加の一途を辿る需要に対応する新しい国際原子力機構を設立する。これには、国際核燃料銀行、国際核燃料サイクルセンター、および信頼可能な燃料供給保証を含む。

・**核のない世界という目標の設定**

アメリカは、すべての核兵器を最終的に廃絶するために努力するという核不拡散条約に基づく既存の約束を真剣に受け止めていることを世界に明示する。アメリカは一方的に軍縮を実施する意図はない。

・**現実的かつ検証可能な核貯蔵の削減の模索**

米ソのすべての核兵器の大幅かつ検証可能な削減を追求するとともに、地球規模の核貯蔵を大幅に削減するため他の核兵器国と協議する。

・**警告後の決定時間の延長をロシアと協議する**

瞬時の通告で発射可能な態勢下に核兵器を置くといった危険な冷戦時の政策を、相互に検証可能な方法で終焉させるためにロシアと協議する。

・**核安全保障のためのホワイトハウス調整官の任命**

核テロおよび核兵器拡散の危険を低減させることを目的とするすべての合衆国の計画の調整を担当する、国家安全保障顧問補佐を任命する。

・**国防省、国務省およびエネルギー省における核危険低減任務を強化する**

対外援助を拡大し、軍隊と協調して任務を果たす民間援助活動家の能力を開発する。テロリストのネットワークを阻止するためには、軍部、諜報機関、法執行機関、金融取引機関、国境警備および輸送安全保障の

国際的な連携が必要とされる。

アメリカの生物兵器テロ安全保障の強化

　生物兵器は、国家安全保障に対する深刻かつ増加の一途を辿る危険を突きつけている。バラク・オバマおよびジョー・バイデンは、生物兵器テロリストの攻撃を阻止し、その影響を緩和させる努力を図る所存である。

・**生物兵器テロの阻止**
　予想される生物兵器テロリストを確認かつ制するために、海外における合衆国の諜報収集を強化する。

・**生物兵器テロ攻撃の影響を緩和させる能力の構築**
　医療介護提供機関、病院および公衆衛生当局を連携させることにより、政策決定者が疾病の発生に対処するために必要な情報および情報伝達手段を備えることを確実にする。よく計画、訓練され、迅速に実行される疫病対策は、生物兵器テロ攻撃の影響を大幅に低減することを可能にする。

・**新薬、ワクチンおよびその生産能力の開発の促進**
　新薬、ワクチンおよび診断テストを新たに作り出し、それらをより迅速かつ効率的に生産するために、アメリカの比類なき能力を構築する。

・**主要な伝染性疾病発生の影響を低減させるための国際努力の先導**
　世界中で入手可能であり、かつ無理なく購入可能な新しい診断法、ワクチンおよび薬を開発するために、国際努力を促進する。

情報ネットワークの保護

　バラク・オバマおよびジョー・バイデンは、民間産業、研究機関および一般市民と連携して、回復力に富み、アメリカの競争上の優位性を保護する、信頼可能かつ責任の所在が明らかなサイバーインフラ基盤を構築するための努力を先導し、国家安全保障および米本土安全保障を促進させる所存である。

- **サイバー安全保障における連邦政府の指導力の強化**

　サイバーインフラ基盤は戦略上の資産であることを明確にし、大統領に直属し、連邦機関の努力の調整、また国家サイバー政策に責任を負うことになる国家サイバー顧問のポストを創設する。

- **安全なコンピューター・システムに対する研究開発努力の開始、ならびにわが国のサイバーインフラ基盤の強化**

　国家安全保障の用途のため、次世代の安全なコンピューターおよびネットワークを開発するイニシアチブを支援する。わが国にとり必要不可欠なサイバーインフラ基盤用に次世代の安全なハードウェアおよびソフトウェアを開発し配備するために、産業界および大学と協力する。

- **アメリカ経済を安全に保持しているITインフラ基盤の保護**

　サイバー安全保障ならびに物理的復元力のための新しい厳格な基準を確立するために、民間部門と協力する。

- **企業のサイバースパイ行為の阻止**

　わが国の取引き、研究および開発上の秘密を保護するために必要なシステムを開発する目的の下に、産業界と協力する。ソフトウェア、工学技術、製薬およびその他の分野における技術革新は、驚くべき割合でネット上でアメリカ企業から盗まれ続けている。

- **違法な利益に対する機会を最小限に抑えるためのサイバー犯罪戦略の開発**

　追跡不能なインターネットによる支払計画を凍結することにより、違法な利益を送金するために使用される仕組みを停止させる。連邦政府、州および地方の法執行機関が、サイバー犯罪を探知し訴追するために必要な手段を与えるための助成金および教育計画を創設する。

- **個人データを保護するための基準を義務化し、個人情報データ違反を公開するよう企業に求める**

　政府および民間のシステムに貯蔵されている個人データを保護するために、産業界および一般市民と提携する。産業界全体のこのようなデータを保護し、また情報時代における個人の権利を保護するために共通の基準を確立する。

諜報能力の改善および市民の自由の保護

・情報共有および分析の改善
　全国の諜報収集を調整するため上級職を設置し、州および地方レベルでの何千倍もの諜報分析を支援するため助金計画を確立し、また政府のあらゆるレベルでの諜報共有能力を強化することにより諜報システムを改善する。

・プライバシー・人権擁護委員会に対する実質的な権限の付与
　召喚権および報告義務により、プライバシー・人権擁護委員会を強化する努力を援助する。アメリカ市民の人権を保護するよう意図された強力な権限を委員会に付与し、同時に責任の所在を明確にするために、委員会の透明性を要求する。

・テロと戦うための公的機関の強化
　合衆国、海外諜報機関および法執行機関の協力関係を改善するために、3年間で50億ドルを投資し、海外共有安全保障協力計画を確立する。

テロ攻撃および自然災害からのアメリカ国民の保護

・危険度に基づく資金の配分
　特定の選挙区だけに利益となる支出あるいは一種の一般交付金としてではなく、危険度に応じて貴重な国内安全保障費を配分する。何十億ドルもの国内安全保障局の経費を国家に費やしている浪費、不正および濫用を排除する。

・効果的な緊急事態対応計画の準備
　あらゆるレベルの政府機関間の協力体制をさらに改善し、より優れた避難計画指針を新しく作成し、緊急事態区域への迅速な連邦政府支援を確実なものにし、また医療の急増に対応する能力を強化する。

・救急隊員に対する支援
　地方の緊急事態計画努力に対する連邦資金および後方支援を増強する。

・共同利用可能な通信システムの改善

地方および州の救急隊員に、より多くの技術援助を供与し、信頼でき、共用利用可能な通信システムに対する資金を大幅に増額する努力を支援する。連邦政府、州および地方レベルでの現在の非共同利用計画が、結合され、資金が供給され、実施されること、また効果的であることを確実にするために、国家技術局長を任命する。

・州、地方政府および民間部門との協力

連邦政府を、州及び地方に対するより優れた提携者、地方の関心事に耳を傾ける、また地方の優先事項に注意を払う提携者とする。米本土安全を保護するために、民間部門の専門知識および資産を活用できるよう民間部門との接触を図る。（以下、略）

対外政策

オバマ大統領およびバイデン副大統領は、新時代のアメリカの指導力という観点から、世界におけるアメリカの安全保障および地位を再検討する決意である。オバマ・バイデンの対外政策は、イラク戦争を責任を持って終息させ、アフガニスタンにおけるタリバンおよびアルカイダとの戦いを終焉させ、テロリストから核兵器および緩い管理下にある核物質を保護し、また確固たる同盟関係を支持し、イスラエル・パレスチナ紛争において永続的な平和を求めるためにアメリカの外交を再生させる。

アフガニスタンとパキスタン

・アフガニスタン

オバマおよびバイデンは、わが国最大の脅威であるアフガニスタンおよびパキスタンにおけるアルカイダおよびタリバンの再起に対して、アメリカの資金を再び振り向ける決意である。アフガニスタンへの兵力水準を増強し、NATOの同盟国に同様の措置を講ずるように強く求め、またアフガニスタンの経済開発を再活性化するためにさらなる資金を投入する所存である。オバマおよびバイデンは、政治腐敗および違法なアヘ

ン取引に対する取締りを含め、より強力な手を打つようにアフガニスタン政府に要請する所存である。

・パキスタン

オバマおよびバイデンは、パキスタンに対する非軍事援助を増強し、アフガニスタンとの国境地帯における安全保障に責任を負わせる決意である。

核兵器

・実績の記録

アメリカ国民に対する最大の脅威は、核兵器によるテロリストによる攻撃の脅威であり、危険な政権への核兵器の拡散である。オバマは、核兵器及び核物質を安全にするために超党派的な措置を講じてきた：

〇オバマは、ディク・ルーガー上院議員（共和党、インディアナ州選出）と共同で、合衆国および同盟国が、世界中で大量破壊兵器の密輸を探知し、阻止することを助成する法律を可決させた。

〇オバマは、チャック・ヘイゲル上院議員（共和党、ネブラスカ州選出）と共同で、核テロを防止し、世界の核兵器を削減し、また核兵器の拡散を阻止することを求めた法案を提出した。

・緩い管理下にある核物質のテロリストからの防護

オバマおよびバイデンは、4年以内に、世界のすべての緩い管理下にある核物質の安全化を図る所存である。既存の核物質貯蔵を安全にする努力を重ねる一方で、オバマおよびバイデンは、新規の核兵器物質の生産の地球規模の検証可能な禁止を交渉する決意である。これは、緩い管理下にある核物質を盗んだり、購入したりするテロリストの可能性を否定することにつながるものである。

・核不拡散条約の強化

オバマおよびバイデンは、規定に違反する北朝鮮およびイランのような国家が、自動的に厳しい国際的な制裁に直面することになるよう、核不拡散条約を強化することにより、核拡散を阻止する所存である。

・核のない世界への移行

オバマおよびバイデンは、核兵器のない世界という目標を設定し、それを遂行する所存である。オバマおよびバイデンは、核兵器が存在している限り、強力な抑止力を常に維持し続ける決意である。しかし核兵器を廃絶する長い過程の中で、いくつかの措置を講ずる決意である。新型核兵器の開発を中止し、米ロの弾道ミサイルの一触即発の警戒態勢を解除するようロシアと協議し、米ロの核兵器および核物質貯蔵の大幅な削減を求め、またこの協定が地球規模のものとなるように、米ロ2国間での中距離ミサイル禁止協定という目標を設定する所存である。

イラン

・外交

バラク・オバマは、イランとの前提条件抜きのタフな直接外交を支持している。イランに圧力を掛け、違法な核計画、テロ支援およびイスラエルに対する威嚇を中止させるために、今こそアメリカ外交力を行使すべき時である。オバマおよびバイデンは、イラン政権に次の選択肢を提案する所存である。もしイランがその核計画およびテロ支援を放棄すれば、世界貿易機関の加入、経済投資および正常な外交関係への移行といったインセンティブを提供するが、もしイランが厄介な態度を継続するならば、経済的圧力および政治的孤立を強化する。このような外交政策を実行する際に、わが国の同盟国と密接に歩調を合わせ、周到な準備の下に進めて行く所存である。このような包括的な解決を求めることが、進展を図るための最良の手段なのである。

エネルギー安全保障

・エネルギー安全保障の実現

オバマは、再生可能かつ代替可能エネルギーに、今後10年間で1500億ドルを投資することにより、アメリカにエネルギー独立への路線を取らせる決意である。この投資は、実施過程で何百万もの雇用を創出することにもなる。さらに、オバマは、地球規模の努力において、新しい国際地球温暖化協力関係を先導することにより、合衆国を先導者にする決

意でもある。

アメリカ外交の再生

・わが国の同盟国の再生

　オバマおよびバイデンは、21世紀の共通の課題に対応するために、わが国の同盟関係を再構築する所存である。強力な提携国と協力して行動すればアメリカは最強となる。今こそ、21世紀の共通の課題、テロ、核兵器、気候変動、貧困、ジェノサイドおよび疾病に立ち向かうために、従来の協力関係を強化し、新しい協力関係を構築する国際協力の新時代を迎えている。

・わが国の友好国および敵対国との対話

　オバマおよびバイデンは、友好国および敵対国のいかんにかかわらず、すべての国家と前提条件ぬきでタフな直接外交を遂行する所存である。必要かつ細心の準備を怠らないが、アメリカは交渉の席に臨み、進んで主導的な役割を担うことを発信する所存である。アメリカが進んで交渉の席に臨めば、世界は、テロとの対決ならびに北朝鮮およびイランの核問題といった課題に対処するため、より積極的にアメリカの指導の下に結集することであろう。

・イスラエル・パレスチナ紛争

　オバマおよびバイデンは、最初の日から、イスラエル・パレスチナ紛争の進展を主要な外交上の最重要事項にする決意である。イスラエル及びパレスチナと協議を重ねながら、2つの国家（イスラエル内のユダヤ国家とパレスチナ国家）が平和と安全のうちに協力して平和に暮らせるという目的を達成する持続的な道を選択する所存である。

・外交上の存在感の拡張

　外交を最優先事項とするため、オバマおよびバイデンは、領事館の閉鎖を中止し、世界の問題の多い地域、特にアフリカに領事館を開設する所存である。わが国の外地勤務を拡大し、軍隊と協力することが可能な文民能力を開発させる決意である。

・地球規模の貧困との戦い

オバマおよびバイデンは、世界中の極度の貧困および飢餓を 2015 年までに 50%削減するというミレニアム開発目標を受け入れており、この目標を達成するために対外援助を倍増させる決意である。これは、世界の弱小国が健全かつ教養ある地域社会を構築し、貧困を撲滅し、市場を発展させ、また富を創造することを助成することになるであろう。

・アジアにおける新たな協調関係の追求

　オバマおよびバイデンは、アジアにおいて、二国間協定、時折のサミットおよび北朝鮮に関する 6 か国協議といった特別協定に勝る、より効果的な枠組を構築する所存である。日本、韓国およびオーストラリアといった同盟国との確固たる提携を維持する決意であり、安定および繁栄を促進することが可能な東アジアの国家とのインフラ基盤を構築し、さらに、中国が国際ルールに則って行動するよう努力を重ねる所存である。

イスラエル

・強力な合衆国・イスラエルの協調関係の確保

　バラク・オバマおよびジョー・バイデンは、合衆国・イスラエルの関係を強力に支持しており、中東におけるわが国の第一の議論の余地のない公約は、当該地域におけるアメリカの最強の同盟国であるイスラエルの安全保障に対する公約であると確信している。この密接な関係を支持し、合衆国は決してイスラエルを見放すことのないことを公式に述べてきた。

・イスラエルの自衛権の支持

　2006 年 7 月のレバノン戦争期間中、バラク・オバマは、ヒズボラの急襲およびロケット攻撃に対するイスラエルの自衛権を求めて力強く立ち上がった。そして、戦争へのイランおよびシリアの介入に反対する上院決議を共同提案し、イスラエルは、ヒズボラからのミサイル脅威に対処していない停戦に踏み切るよう圧力を掛けられるべきでないと強力に主張した。オバマおよびバイデンは、市民を保護するための権利がイスラエルに存在することを強く確信している。

・イスラエルに対する対外援助の支持

オバマおよびバイデンは、イスラエルに対する対外援助を首尾一貫して支持してきた。軍事および経済援助を含む毎年の一括対外援助を支持しており、これらの資金の優先事項が満たされることを確実にするために対外援助予算の増額を擁護してきた。オバマおよびバイデンは、ミサイル防衛システムの開発におけるイスラエルと合衆国との協力関係を求めている。

超党派主義と公開性

・国民の団結を求めた記録

オバマは上院で、大量破壊兵器および通常兵器からの安全保障、拡散防止のための資金拠出の増強、ならびにコンゴにおける不安定要因への対応に関する重要な政策上のイニシアティブを進めるために、共和党および民主党と協力してきた。

・諮問グループ

オバマおよびバイデンは、外交政策に関する行政府と立法府との関係改善および両党の結束を助長するため、議会の指導的議員からなる超党派の諮問グループを召集する所存である。このグループは、両党の議会指導者、軍部、対外政策、諜報および歳出委員会の議長および高官から構成されることになる。このグループは、対外政策上の優先事項を再検討するために月に1度大統領と会合し、軍事行動に先立ち諮問されることになる。

・諜報からの政治の締め出し

オバマは、国家情報局長官に、連邦準備金制度議長と同様の法定在任期間を付与することにより政治的な圧力から隔離する所存である。オバマは、情報機関の最高責任者が単なる政治的盟友に止まらず、その一貫性および完全性を求める決意である。

・秘密主義の文化の転換

オバマは、機密解除を信頼可能なものにするが、同時に、日常的、効率的および費用効果的なものにするため、国家機密解除センターを設置する所存である。

- アメリカ国民の対外政策へのかかわり

オバマおよびバイデンは、対外政策を討議するために、国家ブロードバンド市庁舎集会を開催するよう国家安全保障当局者に求めることにより、対外政策決定を国民に直接提示する決意である。オバマ自らも、インターネットを通して「あなたのための週間演説」を行う所存である。

国 防

21世紀軍事への投資

- **21世紀の任務を遂行するための軍事再構築**

オバマおよびバイデンは、わが国は慢性的な欠乏状態にある特殊作戦部隊、軍属、情報作戦行動ならびにその他の部隊及び能力を構築すること、また外国語教育、対文化意識、人的情報能力、その他の必要とされる対敵情報活動および安定化のための諸能力の開発に資金を投入すること、ならびに地域の同盟国が、相互の脅威により良く対処する体制を整えることが可能になるように、外国の治安部隊を訓練、装備および助言するためのより強固な能力を創造する必要があることを、確信している。

- **地上での軍事的必要への対応の拡充**

オバマおよびバイデンは、陸軍の規模では上限65,000人、海兵隊では上限27,000人を増強する計画を支持している。わが軍の前線兵力を増強することは、配備期間中の部隊の保持および適切な再装備、ならびに軍人の家族の重圧を緩和することに資することになる。

- **大統領府の統率力**

オバマ大統領およびバイデン副大統領は、新世代のアメリカ国民が、たとえ教師、または救急隊員といった役割で地域社会に所属していようとも、あるいはわが国を自由かつ安全に保つために軍隊に所属していようとも、自らの国家に奉仕してすることを鼓舞する決意である。

- **わが国の勇敢な軍隊及びその家族の重圧の軽減**

オバマ・バイデン政権は、軍の家族の懸念に対する代弁機関として、上級政策立案者および一般市民からの配慮を促す目的を有する軍家族諮

問委員会を設置する所存である。オバマおよびバイデンは、現役の部隊および予備軍が予期することができ、また予期しておかねばならないことを理解できるよう、同意をえない軍務期間の延長政策を終焉させ、配備における責任の所在を確立する決意である。

21世紀のための国防能力の構築

・直面する任務遂行のためのわが軍の完全装備

　バラク・オバマおよびジョー・バイデンは、わが軍の陸軍兵士、海軍兵士、空軍兵および海兵隊に、戦死する前に必須の装備を供給する必要があるものと確信している。

・兵器計画の再検討

　わが軍が通常戦争、安定化および対内乱活動作戦において成功を収めることを確実にするために、わが軍の能力を再調整する必要がある。オバマおよびバイデンは、当面の必要、現場とのずれおよび9月11日事件以後の世界で起こりうる将来の脅威の筋書きに照らして、それぞれの主要な国防計画の再検討義務を責任を持って果たしてきた。

・地球規模の制空権の保持

　我々は、いかなる通常兵器による敵対勢力をも抑止かつ打ち破り、世界中の危機に迅速に対応し、我々の地上軍を支援するために、比類なき空軍能力を保持する必要がある。我々は、無人航空機および電子工学的戦闘能力といった革新的なものから、C-17 輸送機および KC-X 空中給油機といった基本的なシステムにわたる高度技術にさらに投資する必要がある。これらは、地球規模の勢力を展開するためのわが軍の能力の根幹をなすものである。

・海上における派遣軍事力の維持

　我々は、わが国の海軍を、老朽化した艦船を取り替え、既存の基準を21世紀に適応させると同時に近代化させることにより再活性化する必要がある。オバマおよびバイデンは、臨海における作戦活動を支援するために、海上事前配備艦隊を追加し、海岸近辺において作戦活動を展開可能な敏捷性、地球規模の危機の際に海兵隊を迅速に配備可能な航続性を備

えた小型かつ有能な艦船に資金を投入する所存である。
・国家ミサイル防衛

　オバマ・バイデン政権は、ミサイル防衛を支持する所存ではあるが、しかしそれが実用的かつ費用効率の高い形で開発されること、さらに、最も重要なことだが、この技術がアメリカ国民を保護可能であると我々が確信するまでは、他の国家安全保障上の優先事項から資金が転用されることのない形で、配備されることを確実にする決意である。

・宇宙空間の自由の保障

　オバマ・バイデン政権は、軍事用および民間の人工衛星を妨害する兵器に対する世界規模の禁止を求めることにより、宇宙問題に関するアメリカの指導力を取り戻す所存である。アメリカの宇宙資産に対して起こりうる脅威、このような脅威に対抗するための最良の軍事的かつ外交的選択肢を徹底的に査定し、米軍がその宇宙資産からの情報の入手を維持あるいは再現することを確実にするための緊急対策計画を確立し、また攻撃に対して米国の人工衛星を強固にするための計画を促進する所存である。

・サイバー空間における合衆国の保護

　オバマ・バイデン政権は、新たに生起するサイバー脅威を確認およびその脅威から保護する目的で、我が国の同盟国及び民間部門と協力する所存である。

国家警備隊及び予備軍の準備態勢の再構築（省略）

地球規模での安定化を促進するための政府のすべてのイニシアティブの開発

・軍事的努力と民間の努力との統合

　オバマ・バイデン政権は、必要とされる部門に職員および地域別専門職員を配備するために、また陸軍兵士、海軍兵士、空軍兵士及び海兵隊員を民事業務から解放するために、各非国防省系政府機関の能力を強化する所存である。

・文民支援部隊（CAC）の創設

オバマおよびバイデンは、25,000 人の職員からなる国家 CAC を創設する所存である。この特殊技能（医師、法律家、技師、都市計画家、農業専門家、警察等）を持つ文民ボランティア部隊は、各連邦機関に、本国及び海外での必要に応じて自発的に配備されるボランティアの専門家集団を供給する目的の下に組織されることになるであろう。

わが国同盟国の修復

・我々共通の安全保障問題への対応における同盟国の関与

NATO のようなアメリカの従来からの同盟関係は、アフガニスタン、米本土安全保障およびテロ対策といった共通の安全保障上の懸念を含め、転換され、強化される必要がある。オバマ大統領およびバイデン副大統領は、同盟関係を再検討し、わが国の同盟国が、相互安全保障に対してその正当な責務を果たすことを確実にする所存である。

・**困難に直面している我が国の提携国および同盟国に対する援助体制の組織**

オバマ・バイデン政権は、友好関係を樹立し、地域および地方段階において（たとえば、南アジアおよび東南アジアにおける津波への対応期間中）、同盟国を引き付け、活動の過程でその心情をつかみ取れるような人道的活動を拡大させる所存である。

契約の改善

・軍事契約企業の透明性の確立

オバマ大統領およびバイデン副大統領は、国防省と国務省に、継続的に政府関係の仕事をコネの確立した企業に回す代わりに、契約が道理に適っている場合に決定を下すための戦略を開発するよう要求する所存である。より良い統治のための透明性および説明責任を確立させ、個々の軍事契約者により犯されるいかなる不正行為に対しても訴追を可能にすることにより、契約者の法的地位を確立させる所存である。

・契約ならびに調達に対する誠実、公開性および常識の構築

オバマ・バイデン政権は、国防契約においてあまりにも日常化してき

た汚職および超過経費を低減させることにより、倹約を実現する決意である。これには、無入札契約という通例の慣行を終焉させることになる取得改善計画及び管理計画の開始が含まれる。オバマおよびバイデンは、軍事費に対して、一般予算と同様の厳しい監視制度を創設することにより、補正予算の濫用を終焉させる決意である。オバマおよびバイデンは、不正行為、浪費および濫用を処罰かつ抑止する訴追を優先させるよう、司法省に命令する所存である。

財 政

連邦政府の債務の経費は、連邦予算のなかで最も急速に増加している経費のひとつである。増加の一途を辿るこの債務は、隠れた国内の敵であり、市と州から、橋梁、港湾および堤防といったインフラ基盤に対する必須の投資を奪い、家庭と子どもから教育及び医療保障改革に対する必須の投資を奪い、高齢者から頼りにしてきた年金および健康保険金を奪い去っている。ワシントンが、わが国における誠実な減税について真剣に取り組んでいたならば、責任ある財政政策に立ち戻ることにより、国家債務を削減する努力を目撃していることであろう。(2006年3月13日 バラク・オバマの上院での演説)

オバマ大統領は、健全な予算慣行およびワシントンにおける無駄な支出の削減に対する従来から強力な擁護者であった。財政の透明化および責任の所在の明確化、またすべての新しい減税および支出取引契約は、子どもや孫に過剰な負担を負わせることないよう支払われることを確実にすることに献身的に取り組んでいる。オバマ大統領は、中流階級を保護し、拡大するため、政府の政策の近代化を図るため、戦う所存である。中流階級および低所得家庭に対しては課税を低い水準に維持し、その一方で、アメリカ経済を成長させるために必要な投資を継続していく決意である。

ワシントンに対する財政規律の復活

・賦課方式（PAYGO）基準の復活

　オバマ大統領およびバイデン副大統領は、財政規律の復活における必要不可欠な措置は、賦課方式（PAYGO）予算管理基準を実行することであると確信している。これは、すべての新減税および支出取引契約は、他の計画の削減あるいは新規歳入により支払われるべきことを求めるものである。

・富裕層に対する減税の破棄

　オバマおよびバイデンは、貧民層および中流階級の家庭に対する減税を保護する所存である。その一方で、最富裕層に対するブッシュ前大統領の減税の大半を廃止する決意である。

・選挙区だけに利益がある地方開発補助金（ポークバレル）支出の廃止

　上院議員として、オバマ大統領は、特別利益団体に対する使途指定金に対して、より高い公開および透明性を求めることになる超党派法案を提案かつ可決させている。オバマおよびバイデンは、一般市民の精査を持ちこたえることのできない支出を、正当化することは不可能であると確信している。オバマおよびバイデンは、1994年の水準を超えない範囲にまで使途指定金を大幅に削減し、すべての支出決定が一般市民に公開されることを確実にする所存である。

・政府支出をより責任の所在が明確な効果的なものにする

　オバマおよびバイデンは、25,000ドル以上の連邦政府による契約は、競争入札により決定されることを確実にする所存である。さらに、オバマおよびバイデンは、技術の一層の活用、責任の所在の明確化を必要とするより厳格な管理、ならびにより低価格で購入できるよう政府の高い購買力を活用することにより、政府計画の効率性を強化する決意である。

・無駄な政府支出の廃止

　オバマおよびバイデンは、財政上、なんら意味をなさない無駄な時代遅れの連邦政府計画に対する資金供給を廃止する決意である。オバマおよびバイデンは、再三その道義に反する商慣行を指摘されてきた私設の

学資ローン会社に対する補助金の廃止に止まらず、記録的な利益を享受している石油およびガス会社に対する補助金の廃止を求めてきた。さらに、オバマおよびバイデンは、医療保険に対する無駄な支出にも取り組む所存である。

税制度の一層の公正かつ効率化

・税金避難地悪用の廃止

上院における超党派の努力をさらに強化するために、オバマは、税金逃れの隠れ蓑および海外の税金避難地の悪用を阻止し、未払いの税金と納税済みの税金との 3500 億ドルの差額を埋めるために財務省が必要としている手段を付与する決意である。

・特別利益団体の抜け道の封鎖

オバマおよびバイデンは、たとえば石油およびガス会社のような特別利益団体の抜け道及び控除を廃止することにより、すべての企業が同じ土俵の上で競争できるようにする所存である。

経 済

大統領のアメリカ復興と再投資計画

日を追うごとに、アメリカ中の家庭が、請求書が山積みとなり、貯蓄が目減りしていくのを呆然と見守っている。オバマ大統領は、我々が迅速に手を打たなければ、この不況は何年間も長引き、世界におけるその力と地位の基盤として役立ってきた競争力を、アメリカは失うことになりかねないと確信している。このような理由から、大統領は、雇用創出および長期的な経済成長を活性化させることになる、次のようなアメリカの復興と再投資計画を提案したのである。

・今後 3 年間で、代替エネルギーの生産を倍増させること
・連邦政府建造物の 75 ％以上の近代化、2 百万のアメリカの家屋のエネルギー効率の改善により、消費者および納税者に何十億ドルものエネ

ルギー経費の節約を可能にすること
・5 年以内に、すべてのアメリカの医療記録が電子化されることを確実にするために必要な投資を迅速に実現すること
・何千もの学校、地域の大学および公立大学に、21 世紀の教室、実験室および図書館を備えること
・地方都市の小企業でも、世界のいかなる地域の競争相手とも接続および競争可能になるように、アメリカ中にブロードバンドを拡張敷設すること
・新しい医療の進歩、新しい発見ならびにまったく新しい産業をもたらすことになる科学、研究及び技術に投資すること

　大統領就任まで 2 週間足らずの 2009 年 1 月 8 日、オバマ大統領は、経済成長を活性化させることになる医療保障、エネルギーおよび教育といった優先事項に投資する一方で、300 万人以上の雇用を確保あるいは創出するために、アメリカの復興と再投資計画に対する迅速な行動の必要性について述べている。この計画は、単なる新しい計画に相当するのでなく、むしろ最も緊急を要する課題に対処するための新しいアプローチに相当するものである。

　大統領演説の全文は以下の通りである。
　アメリカの復興と再投資計画実施のために準備されたバラク・オバマ大統領当選者の所見（2009 年 1 月 8 日）（省略）

（伊藤　勧・訳）

出典
CHANGE.GOV: The Office of the President-Elect, The Agenda:
President-elect Obama and Vice President-elect Biden have developed innovative approaches to challenge the status quo in Washington and to bring about the kind of change America needs.
<http://change.gov/agenda/>

資料 2

オバマ大統領のプラハ演説に対する応答
将来の展望と権力の回廊とを架橋するもの

クリストファー　G.　ウィーラマントリー

　核兵器のない世界は、このきわめて恐ろしい兵器が地球上に初めて登場して以来、人類全体が追い求めてきた夢だった。しかしながら、このような夢や願望と権力の回廊で作用している思考過程との間には、架橋できないと思われる大きな隔たりがあり続けてきた。権力の回廊では、これらの夢や願望は、非現実的かつ理想主義的なものとして退けられてきた。なぜなら、現実政治の世界は、理念ではなく力に基いて作用しているからである。

　2009 年 4 月 5 日、プラハでなされたオバマ大統領の演説は、願望の世界と力の世界との間に極めて意義深い架け橋をかけるものだった。まさにここプラハで、世界最高の権力の座から、呼びかけが行われたのであって、それは人類の未来を脅かし、全ての文明を危険にさらし、しかも何千年にもわたる思想と犠牲の上に営々と築かれてきた価値観を捨てさせてしまう、そうした脅威に終止符を打つ呼びかけであった。

　人類の心の底からほとばしりでる、これら恐怖の兵器の廃絶を求めるメッセージが、核兵器国の権力の座にいる者の心の琴線に触れることは、これまで一度もなかった。信念を持ってオバマ大統領が、核兵器のない世界を実現するというアメリカの公約を強調したことは、世界共同体のすみずみにまで差し込む希望の光をはなつものであった。

　想像だにしなかった規模で人間に被害をもたらす、未曾有の核兵器の

威力に、ヒロシマ・ナガサキ以来 60 年以上の間、世界は愕然としてきた。アッティラ大王もジンギス・カンも、残虐行為の加害者ではあるが、核爆弾と比べると、ものの数には入らない。しかし、あらゆる人的行為の規範および人道法に背くこの兵器は、その保有者により擁護され、非保有者により求め続けられてきた。その一方で、抗議の声はかき消され、聞き届けられることはなかった。

　粗末な核兵器を組み立てるため必要な知識を入手することは、日を追うごとに容易になっており、人類の存続そのものに対する脅威を人々の視界から拭い去ることはできない。それどころか、核兵器による危険が、日々、毎月そして毎年増大し続ける状態を、世界は甘受している。以前にもましていまこそ、人類の生き残りそのものと、人類が大切にしている全てのものの生き残りとに対する危険を追放することが緊急に必要である。大統領が適切に述べたように、核攻撃の危険性は増大している。今後数十年ではなく、数年間でこの危険を排除するための緊急な行動が必要なところまで増大している。

　核兵器の保有者たちは、核兵器の保有が、60 年以上にわたり核戦争を抑止してきたという神話を宣伝してきた。それどころか実際には、再三再四我々を全面破壊の淵に立たせてきたのである。1948 年のベルリンの壁の建立、1956 年のスエズ危機、そして 1962 年のキューバミサイル危機、これらは、適切な判断がなされた事例というよりは、むしろ幸運により人類が破局から救われた一連の事件のほんの数例に過ぎない。オバマ大統領が極めて適切に述べているように、「何世代もの人々は、自らの世界が一瞬の閃光の中で消滅するかもしれないことを知りながら生きてきた」のである。

　オバマ大統領の演説が、世界中で希望、支持および賞賛を持って迎えられるべきいくつもの理由がある。望ましい結果の達成を望むのであれば、世界の権力中枢は、積極的な措置を緊急にとるべきである。今回の合衆国による行動要請は、最近目撃された最も重要な提唱のひとつであって、世界的な指導力を見事に示すものである。

20世紀が幕を開けたとき、戦争に明け暮れた前世紀の過ちは捨て去られ、全く新しい平和な世紀が設計されるであろうという普遍的な希望が存在していた。その希望は、果敢ない夢に終わり、残念なことに、人類は20世紀を史上最も血なまぐさい世紀にするという大失態をおかしてしまったのである。

　21世紀の幕開けにも、平和の世紀を求める同じように普遍的な熱望が沸き起こっていた。しかし戦争の調べと共に、21世紀に突入してしまったのである。我々がその進路を変更しない限り、態勢を立て直すことのできる22世紀はありえないことになる。20世紀が機会を失した世紀だったとすれば、21世紀は我々に最後の機会を与える世紀だといえるであろう。というのも、これまでのいかなる世紀も、人類そのものと何世紀にもわたる人類の全成果とを破壊する力が存在する中で、幕を開けたことはなかったからである。

　きたるべきの数年間に、核の領域における事態を正常化する必要がある。それは、オバマ大統領が述べたように、核攻撃の危険性が高まっているからである。実際、核の危険は日ごとに増大しており、次のようなさまざまな異なる要因がこのような緊急性をもたらしているのである。

・核保有国の数の増大
・核エネルギーを求める国家の数の増大
・テロリスト集団の勢力増強と拡散
・核兵器の製造に必要な知識の拡散
・何万トンものウランが世界中の何千もの原子炉から放出されていることにより、核兵器組み立てのために必要な核物質を容易に入手可能なこと
・このような物質および不正取引の包括的な記録が、国際原子力機関（IAEA）においてさえも、欠如していること
何万もの貯蔵核兵器のうち、その多くが発射態勢下に置かれており、これに核事故の可能性が絶えず付き纏うこと
・即時反応装置を備えた数カ国の警報即発射能力（LOWC）が存

在し、それが飛来する物体を探知し、数秒とはいかないまでも、数分以内に当該物体に反応可能な状態に設定されていること
・世界中に蔓延しているミニ戦争の数が増大しており、これがより強力な関係国の介入を誘発する可能性を秘めていること
・世界共同体において国際法の軽視が増大していること
・国際緊張を招く火種の増大
・核兵器国による継続的な国際法および国際的責務の軽視
・核兵器の継続的な研究および改良
・核貯蔵管理に伴う問題——在庫管理、保管および警備
・自爆テロの数が増加しており、これが自暴自棄なプロジェクト遂行のために利用可能であること

　厳格かつ効果的な国際管理の下において、あらゆる点で核軍縮に導く交渉を誠実に遂行し、かつ完結させる義務が存在することを、国際司法裁判所は、1996 年に全会一致で宣言した。国際司法裁判所の全会一致の決定ほど重要な国際法に関する宣言はあり得ないのである。この決定を無視する核兵器国は、いかなる国家であれ、国際法の違反者である。オバマ大統領の行動要請は、国際法の本来の姿を維持することに向かう重要な一歩である。

　このような理由から、オバマ大統領の見解は、国際舞台で示された画期的な出来事である。世界が核兵器により支配されることは避けられないと、これまで完全に諦めていた状況にたいして、この見解は希望を与えてくれる。乗り越えられないように見える障害であっても、これを人間の精神は意気揚々と乗り越えることができることを、この見解は示している。またそれは、先見の明に富み、人道的な立場をとる世界的指導者が存在しうることを、我々が依然享受できることを示している。

　オバマ大統領は、核兵器を使用した唯一の国家として、合衆国は「行動する道義的責任がある。合衆国だけではこの事業で成功を収めることはできない。だが、その先頭に立つことはできるし、この事業をはじめることはできる」と述べている。

これこそは、あまりにも長い間、キノコ雲の危険にさらされて暮らしてきたすべての人々に、必ず希望と幸福をもたらすことになる明快な行動要請である。それは、解決のため世界的指導者の出現を世界が長年待ち望んできた基本問題について、権力の座にある者達の間に蔓延している無神経さに絶望感を抱いていた人々の心を、ワクワクするような楽観的な気分にしてくれるものである。

　要するに大統領の演説は、人類の未来にとって根源的に重要な問題についての、傑出した指導者による見事な陳述であった。世界中のすべての善意の人々が寄与できる最低限のことは、人類の居住地、人類の文明、人類の価値および人類そのものの頭上にダモクレスの剣のように吊るされてきた核兵器なしに、再び暮らすことのできる世界に向けて邁進しようという、この重要な新しいイニシアチブに対して、全面的な支持を表明することである。

（浦田賢治・訳）

2009年4月20日

出典
Response to President Obama's Prague Speech: Bridging the Vision and the Corridors of Power
April 20, 2009
By: Judge C G Weeramantry
<http://lcnp.org/disarmament/2009April20Weeramantry.pdf>

資料 3

100 日間の核軍縮アジェンダ
オバマ大統領　高得点を稼ぐ

デイビッド・クリーガー

　大統領選挙の後ではあるが、宣誓就任式の前にあたる 2008 年末、「核時代平和財団」(the Nuclear Age Peace Foundation) は、大統領の最初の 100 日間を重視して、「オバマ大統領のための核軍縮アジェンダ」(A Nuclear Disarmament Agenda for President Obama)、すなわち「100 日間のアジェンダ」(100-Day Agenda) を提唱した。大統領選挙の運動期間中、オバマ候補は、核のない世界は、米合衆国および世界の利益に適うものだと表明してきた。核時代平和財団は、核軍縮の問題が、オバマ大統領の政策の中で引き続き高く位置づけられるよう、「100 日間のアジェンダ」を提唱した。財団は、公職に就いての最初の 100 日間に、いくつかの措置を講ずるために思い切った行動に訴えるよう大統領に強く要請した。提案された措置は、次のような 3 つの領域に渡っている。①公約、②二国間協定および　③地球規模の措置である。

　実際、オバマ大統領は、核軍縮アジェンダに対して迅速かつ果敢な行動に訴えてきた。大統領は、2009 年 1 月 20 日に大統領に就任し、間髪をおかず、ホワイトハウスのウェブサイトに、大統領とバイデン副大統領が、核政策の問題に関して講ずると意図している一連の措置を掲載した。これらは次のような 3 つの領域に渡っている。①管理不十分な核物質のテロリストからの保護、②核不拡散条約の強化、③核のない世界への移行である。最後の領域については、「オバマおよびバイデンは、核兵器のない世界という目標を設定し、その目標を実行する所存である」と述べられている。

オバマ大統領は、2009年4月1日にロンドンで、ロシアのディミトリー・メドベージェフ大統領と初めて顔を合わせている。会談の後、両大統領は「両国がお互いを敵対国とみなす時代はもはや終わった」ことを再確認する共同声明を発表した。両首脳は、「お互いの考え方の相互尊重と承認の精神をもって、率直かつ誠実に軍縮に対応する一方で、戦略的安定性および国際安全保障を強化するために協力し、当面している国際問題に共同で対処する」という決意を誓約したのである。

　両大統領は、「核軍備管理および削減」について議論し、「核不拡散条約（NPT）第6条に基づく義務を遂行し、世界の核兵器削減における指導力を実証するために協力する」ことを含む、いくつかの具体的な誓約を交わしたのである。NPT第6条には、条約の核軍縮義務が含まれている。さらに、両大統領は、「長期間」を要するだろうことを認める一方で、「核のない世界を実現する」方向に両国を参加させたのである。

　数日後の2009年4月5日、オバマ大統領はプラハで演説し、その演説の大半を「21世紀における核兵器の行く末」に費やした。オバマ大統領は、このことを「わが国の安全および世界の平和にとって必須」の問題であるとみなした。その演説の中で、大統領は、合衆国の責任に言及した大統領としては異例なことであるが、良心的な基調で、「核兵器を使用した唯一の核兵器国として、合衆国は行動する道義的責任を負っている」と述べた。大統領は、合衆国単独では核軍縮を成功裏に達成することはできないが、主導することは可能であることを認めている。この演説は、核軍縮に対する道義的責任を受け入れた点では画期的なものであり、核兵器のない世界を実現するという態度表明を、合衆国の指導者として公にしたものであった。オバマ大統領の核軍縮に対する姿勢は、前任者であった2人の最近の大統領、クリントンおよびブッシュの路線から予想されていた姿勢とは極めて異なるものとなっている。

　核時代平和財団の核軍縮に関する「100日間のアジェンダ」において提案されている要点は、以下に太字で記載されている。それぞれの要点に続いて、その点に関してオバマ大統領がどのように述べているのかに

ついての指摘がなされている。以下のように、「100日間のアジェンダ」の大半は、すでに達成されているが、大統領が確約していない点、あるいはある種の懸念を引き起こす点もいくつか存在している。この中には、核兵器のない世界の実現のための期限は長期的なものとなり、おそらく大統領の生存期間中には実現しないだろうという指摘、抑止対象を明示してはいないものの、当座の間の核抑止に対する強調、ならびに真に持続可能なエネルギー資源開発のための資金を社会から奪い、核兵器のない世界の達成をより困難にするおそれのある核エネルギーに対する全面的な支持が含まれている。

「100日間のアジェンダ」で要請され、オバマ大統領が対応できなかった3つの具体的な問題は、核兵器の先制不使用に関する政策、ロシアとの次回の二国間削減に関する具体的な数量、およびさらなる削減を交渉するために他の核兵器国を召集する期限である。いずれの問題も、オバマ大統領の最初の100日の在職期間中に達成される必要はないが、有益な問題となるであろうし、特に次回の削減にかかわる数量に関しては、合衆国とロシアが二国間交渉を進める際には、必ず取り組まねばならない問題でもある。

結局のところ、オバマ大統領の核兵器のない世界への度重なる公約は、本物であるように思われる。大統領は最初の在職100日間において、力強い一歩を踏み出したのである。おそらく最も重要なことは、大統領が合衆国の核政策の基調を変革したことであろう。その結果、合衆国は、ブッシュ政権当時にそうであったように核軍縮に対する主要な障害となるのではなく、むしろ核軍縮の先導者となったのである。

第Ⅰ　公約

主要な外交政策に関する演説を行い、核兵器のない世界を実現するための世界的な努力に着手するという合衆国の公約を確約すること。

2009年4月5日、プラハにおける演説：「核兵器を使用した唯一の

核兵器国として、合衆国は措置を講ずる道義的責任を負っている。合衆国単独では核軍縮を成功裏に達成することはできないが、核軍縮を主導すること、また少なくとも着手することは可能である。このような理由から、本日私は明確かつ信念を持って、核兵器抜きで世界の平和と安全保障を追及するというアメリカの公約を宣言するものである。」「オバマおよびバイデンは、核兵器のない世界という目標を設定し、追求する所存である。」

合衆国の軍事政策における核兵器への依存度を低減させること。

プラハにおける演説：「冷戦時の考え方に終止符を打つために、わが国の国家安全保障戦略における核兵器の役割を低減させ、他の諸国にも同様の措置を講ずるよう強く要請する所存である。」

新型核兵器の開発に着手しないことを約束すること。

2009年1月20日、ホワイトハウスのウェブサイト：「オバマおよびバイデンは、新型核兵器の開発を停止する決意である。」

包括的核実験禁止条約（CTBT）の上院における批准を求めること。

プラハにおける演説：「核実験に対する地球規模の禁止を実現するために、私の政権は、包括的核実験禁止条約の合衆国による批准を即刻かつ積極的に求める所存である。」

すべての核兵器およびそれらを生産するための物質の管理を確実にする主要な世界的イニシアティブに着手すること。

プラハにおける演説：「このような理由から、本日私は、4年以内に世界中のあらゆる無防備な核物質を安全にするための新しい国際努力を宣言しているのである。新しい基準を設定し、ロシアとの協力関係を拡張し、またこれらの細心の注意を必要とする物質の厳重な管理のための新しい提携関係を追及する所存である。」

懸念

期限：大統領は、「核のない世界」を実現するための期限を提示しなかった。それどころか、大統領は、「私は単純な馬鹿ではない。この目標は一朝一夕に達成されるものではなく、おそらく私の生存中に達成できないかもしれない。忍耐と粘り強さが必要である。」とプラハにおいて述べている。その後、再度方向転換して、「しかし、世界を変えることはできないと我々に公言する人々の声を無視することも必要である。われわれは、強く主張しなければならない。『そのとおり、我々はできる』と。」

抑止：国家安全保障戦略における核兵器の役割を低減させるという大領領の公約に続き、プラハにおいて、大統領は、「核兵器が存在している限り、間違いなく、合衆国は、いかなる敵対国をも抑止するために、安全で、信頼できまた効果的な核兵器を維持し、わが国の同盟国に対する防衛を保証する所存である。」と述べている。しかしながら、大統領は、いかなる潜在的な敵対国が抑止される必要があるのかについては明確にしていない。さらに、大統領は、抑止と防衛とを同一視するというよくある過ちを犯している。

先制不使用：大統領は、国家安全保障戦略における核兵器の役割を低減すると述べたが、先制不使用に関する政策についての公約は一切なされなかった。このような政策は合衆国の核政策の方向を大きく変えることになるであろうし、核兵器への依存を低減する最も確実な方法であるように思われる。すべての国家が先制不使用を確約し、適切な核政策でこれを裏付けできれば、使用の可能性は大幅に低減されることであろう。

ヨーロッパにおける合衆国の核兵器：オバマ大統領は、NATOに対する合衆国の公約を強調したが、一方で現在ヨーロッパ五カ国に配備されている合衆国の核兵器に関する言及は一切なされなかった。

ミサイル防衛：オバマ大統領は、ヨーロッパにおけるミサイル防衛を、起こり得るイランからの攻撃に備えて配備されるものと位置付けたが、しかしこれらの防衛は、ロシアに対する合衆国の先制攻撃の可能性を秘

めているだけに、依然ロシアを脅かすものと認識されている。大統領は、プラハにおいて、「イランからの脅威が続く限り、費用効率が高くかつ折り紙つきのミサイル防衛システムの配備を進める所存である。」と述べている。「費用効率が高くかつ折り紙つきの」が、不可能ではないにしても、ミサイル防衛システムを実現する際の極めて大きな障害となるであろうことは言うまでもない。

第II　二国間協定

一連の核政策問題についてロシアとの交渉に着手すること。

> プラハにおける演説：「わが国の核弾頭及び貯蔵を削減するために、今年ロシアと新しい戦略核兵器削減条約を交渉する決意である。メドベージェフ大統領と私は、ロンドンにおいてこの過程に着手した。今年の末までに、法的拘束力を有し、かなり思い切った新しい協定を追求する所存である。これにより、さらなる削減のための次の段階を整えるつもりである。」

米口両国の弾道ミサイルの高度警戒態勢を解除するための交渉に着手すること。

> ホワイトハウスのウェブサイト：「オバマおよびバイデンは、米ロの弾道ミサイルの即時応戦態勢を解除するために、ロシアと力を合わせる決意である。」

1991年の戦略兵器削減条約（START I）の検証条項を拡大するための交渉に着手すること。

> メドベージェフ大統領とオバマ大統領による2009年4月1日の共同声明：「我々は、両国の戦略攻撃兵器の新しい検証可能な削減を、まず戦略兵器削減条約を新しい法的拘束力を有する条約と置き換えることから始めて段階的な過程を踏みながら追及することに合意した。」

米ロそれぞれ、2010年の末までに、核兵器（配備済み及び予備）を1000発以下に、検証可能な形で削減することに合意すること。

ホワイトハウスのウェブサイト：オバマおよびバイデンは、合衆国およびロシア両国の核兵器および物質の貯蔵の大幅な削減を求める所存である。」メドベージェフ大統領とオバマ大統領による共同声明：「この長期的な目標には軍縮および紛争解決措置に対する新たな強調、ならびにすべての関係国によるその完全遂行が必要であることを認めはするが、我々は、核兵器のない世界の達成に両国を参加させたのである。」

懸念

削減：大統領は、プラハにおける演説で、核兵器数量の削減に言及した。「しかし、我々は、我が国の核兵器削減の作業に着手する所存である。」大統領からは、しかしながら、どの程度の削減が予定されるのかに関しての具体的な言及は一切なかった。現在米ロ両国は、戦略攻撃核兵器削減条約（モスクワ条約　SORT）に基づき、2012年までに、それぞれの核兵器のうち、配備済みの戦略核兵器を1,700ないし22,000発までに削減する義務を負っている。たとえ両首脳により合意される次の措置がどのようなものであれ、現行の協定よりは大胆かつ大幅な削減が合意される必要があり、また配備済みの戦略核兵器のみならず、すべての核兵器が削減の対象とならねばならない。

第Ⅲ　地球規模の行動

2010年の核不拡散条約再検討会議の前に、段階的で、検証可能な、透明性の高い核兵器廃絶のための新たな条約を交渉するために、すべての核兵器国による会議の召集を計画すること。

プラハにおける演説：米ロの核兵器の更なる削減を呼びかけた後、オバマ大統領は、「我々は、すべての核兵器国に、この試みに

参加するよう求める所存である。」と述べている。

地球規模の行動に対する更なる約束（NAPFの「100日間のアジェンダ」に含まれているものではない）

核不拡散条約を強化すること。

プラハにおける演説：「我々は、協力関係の基盤として、共に核不拡散条約を強化する決意である。」「我々は、国際査察を強化するために、さらなる資金及び権限を必要とする。規則違反を犯そうとする、あるいは大義名分もなく条約を脱退しようとする国家に対して、迅速かつ真の因果応報がなされる必要がある。我々は、諸国が拡散の危険を増大させることなく平和的な核エネルギーを利用可能にするために、国際核燃料銀行を含む、民間の核協力のための新しい枠組を構築すべきである。」

ホワイトハウスのウェブサイト：「オバマおよびバイデンは、規則違反を犯す北朝鮮及びイランのような国家が、国際的な強い制裁を受けるよう、核不拡散条約を強化することにより、核拡散に対して断固たる処置を講ずる所存である。」

核テロ阻止における協力関係を樹立するために国際会議を招集すること。

プラハにおける演説：「我々は、テロリストの手に決して核兵器が渡らないことを確実なものにしなければならない。まず我々は、来年中に合衆国が主催する核安全保障のための国際サミット（a Global Summit for Nuclear Security）を開催することから始める必要がある。」

兵器級核分裂性物質の生産を禁止すること。

プラハにおける演説：「核爆弾のために必要とされる構成要素の入手を遮断するために、合衆国は、検証可能な形で、国家の核兵器に使われる核分裂性物質の生産を停止させる新しい条約を求める所存である。」

ホワイトハウスのウェブサイト：「オバマおよびバイデンは、新規の核兵器物質の生産に対する地球規模の検証可能な禁止を交渉する決意である。」

中距離弾道ミサイルに対する地球規模の禁止を創出すること。

ホワイトハウスのウェブサイト：「オバマおよびバイデンは、この協定が地球規模のものとなるように、中距離弾道ミサイルに対する米ロ間の禁止を拡大する目標を設定する所存である。」

懸念

期限：オバマ大統領は、いつ核軍縮の交渉のための全ての核兵器国の招集を提議するのかについては自分の胸の内をおくびにも出さなかった。

核エネルギー：オバマ大統領は、「厳格な査察を伴う」核エネルギーの平和的利用に対するイランを含む諸国家の権利を支持した。しかしながら、たとえ厳格な査察を伴うにしても、核エネルギーと核兵器の間に通り抜けられない障壁を構築可能であるか否かについては依然問題を残している。

ミサイル禁止：中距離弾道ミサイルに対する禁止を求める一方で、オバマ大統領は、既存の多くの核兵器国により使用される可能性の高い範疇のミサイルである長距離弾道ミサイルについては一切言及しなかった。

結語

最初の100日間において、オバマ大統領は、核兵器のない世界という構想を公にし、2009年12月に失効するSTART Iに代わる新しい条約に関して、ロシアとの交渉に着手し、また核兵器のない世界を創造するための交渉へ、すべての核兵器国の参加を求めるという合衆国としての最初の意向を示した。核兵器のない世界という目標を確約することは、

その目標を達成するための第一歩である。オバマ大統領はこのことを成し遂げたのである。次の段階は、この目標を達成するための徹底した計画を立案し、その計画を実行することである。このような計画を立案し、実行することが極めて困難であることは言うまでもないが、不可能なことではなく、この仕事はなんとしても着手されねばならないのである。

（伊藤　勧・訳）

出典
A 100-Day Nuclear Disarmament Agenda: President Obama Scores High
By David Krieger,　April 16, 2009
<http://www.wagingpeace.org/articles/2009/04/16_krieger_100_day.php?krieger>

資料 4

合衆国の核兵器依存の終焉と地球規模の核廃絶の達成
賢明な政策と法的要請

核政策法律家委員会の声明　2008 年 3 月

　ドナルド・レーガン大統領とミハイル・ゴルバチェフ大統領とが、レイキャビクにおいて本気で核兵器の廃絶を話し合ってから 20 年以上も経過して、「核兵器のない世界」の実現に、新たに超党派的な注目が向けられている。これは、ジョージ・シュルツ（George Shultz）、ウイリアム・ペリー（William Perry）、ヘンリー・キッシンジャー（Henry Kissinger）およびサム・ナン（Sam Nunn）により、『ウォールストリート・ジャーナル』の 2007 年 1 月および 2008 年 1 月の特集ページにおいて設定されたものである。

　政策論争におけるこのような推移は、期限を大幅に過ぎている。しかし、問題の一要因が等閑視されたままである。核兵器使用が根本的に違法であること、核兵器による威嚇が合衆国により依然依存されている抑止政策の基盤となっていることである。合法的な軍事作戦の要件として合衆国により認められている識別、均衡および必要性という基本原則を遵守する形で、核兵器を使用することはできない。

　この現実に正面から向き合うことは、法治国家であることを望むかぎり、合衆国の責任である。核不拡散条約で法的に求められているように、核兵器のない世界へと繋がる誠意に基づく交渉および措置の実行を大いに鼓舞・促進することになる。更なる国家への核兵器の拡散ならびにテロリストによる核兵器の獲得を防止する外交、法執行およびその他の非軍事的努力に強力な推進力を与えることにもなる。

核兵器依存の危険性

　さまざまな仕方で、核兵器を使用する危険はこれまで以上に高まっている。核兵器国の間に現存する恐怖の均衡に内存している危険に加えて、国家およびテロリストを含む非国家行為者による核兵器獲得のさらなる危険がある。もうひとつの危険要素は、核兵器を保有しない諸国家に対して核兵器の使用が見込まれる点を重要視する傾向が高まっていることである。このような状況においては、数千発にも達する大量の合衆国の核兵器が、その安全保障上の利益に資することにはならない。核兵器そのものが、合衆国が直面する主要な安全保障上の脅威となっている。核兵器は、合衆国およびその同盟国に対する弱小国家並びにテロリストによる非対称攻撃の潜在的な手段となっている。

　それ故に、合衆国は核兵器重視の低減および非合法化において世界を先導し、その廃絶に努力すべきなのである。にもかかわらず、合衆国は、核兵器使用の威嚇の合法性を支持している。そのため、他の国家も、少なくとも暗黙のうちに、国家政策の手段としてその合法性を支持している。

　冷戦の終焉およびソ連の崩壊以後長年にわたり、合衆国は抑止政策に固執し続けており、世界中の危機に対応する際に、即時かつ自発的な意思決定に基づき使用される通常兵器の一部を構成する実戦用の兵器として核兵器を受け入れている。この結果、核兵器と通常兵器の区別が曖昧になっている。合衆国の政策は、核、生物および化学兵器による攻撃あるいはその能力、圧倒的な通常兵器による攻撃、ならびに「思いがけない」軍事展開に対応して、すなわち、一言で言えば、実質的にいかなる状況においても軍事的に実益があると考えられる場合には、核兵器の先制使用または反撃使用を選択する余地のあることを認めている。

　これは単に誤った政策であるばかりでなく、極めて危険であり、かつ違法な政策である。武力紛争法の既定の原則は、核兵器の使用およびそ

の使用による威嚇を違法としている。合衆国はこれらの法の原則が核兵器に適用されることを長年にわたり認めてきたのである。

核兵器使用の違法性

武力紛争法は条約法（条約に基づく）でもあり慣習法（すべての国家を拘束する）でもある。このことは、合衆国の隊務に関する法律教範、合衆国が批准した1907年のハーグ条約および1949年のジュネーブ条約、1977年のジュネーブ諸条約議定書Ⅰ、および1998年の国際刑事裁判所ローマ規程を含む、その他の広く批准されている条約、ならびに1996年の核兵器による威嚇またはその使用の適法性に関する国際司法裁判所の勧告的意見に述べられている。

合衆国の軍務教範は、合衆国軍隊の手引として武力紛争法を記録かつ説明している。教範は、軍事作戦行動を合法的なものにするためには、必要性、均衡および識別の原則が順守されねばならないことを明示的に認めている。核兵器使用の違法性は、合衆国自らこれらの原則について陳述していることからも証明されるのである。

識別の原則は、その効力において軍事目標と非戦闘員および民用物とを識別できない兵器の使用を禁止している。その効力を制御できない、従って軍事目標に直接向けられない兵器を使用することは違法である。国家が兵器に対してこのような制御を維持できない場合、このような使用を、識別の原則に確実に適合させることは不可能であり、当該兵器を合法的に使用することは許されないことになる。「低威力」兵器を含む核兵器を、識別の原則に適合されることはできない。放射線効力を含む核兵器の効力は制御不能である。それらは、使用者あるいは地上のいかなる力をもってしても制御できるものではない。核兵器の爆風、熱線および電磁インパルス効力も、人間の制御を超えるものである。

国際司法裁判所は、「核兵器の破壊力は、空間または時間のいずれにおいても封じ込めることは不可能である」と述べている。裁判所は核兵器の爆発は、「膨大な量の熱およびエネルギーを放出するばかりでなく、

強力かつ長引く放射線をも放出する。最初の2つの破壊要素は、他の兵器よりもはるかに大規模な被害をもたらす。(中略)核爆発により放出される放射線は、健康、農業、天然資源および極めて広範囲にわたる人口に影響を及ぼす可能性がある。さらに、核兵器の使用は、将来の世代に極めて大きな危険をもたらすおそれがある。電離放射線は、将来の環境、食料および海洋生態系を損ない、将来の世代に遺伝的欠陥および疾病を引き起こす潜在能力を秘めている」と説明している。

均衡の原則は、非戦闘員または民用物に対する付随的な影響が、攻撃により予期される軍事利益の価値と比較して潜在的に不均衡となるおそれのある兵器の使用を禁止している。均衡の原則は、兵器を使用する国家が、当該兵器の効力を制御できることを求めているのである。国家がこのような効力を制御し得ない場合、攻撃の付随的な影響を、確実に予期される軍事利益と釣り合いの取れたものにすることは不可能である。核兵器の効力は制御不能であるため、その使用はこの要件により除外されることになる。

必要性の原則に基づけば、国家は、特定の攻撃にかかわる軍事目的を達成するために必要な程度の武力のみを使用することが許されるのである。いかなる付加的なレベルの武力も違法となる。多くの場合、現代のハイテク通常兵器——合衆国が圧倒的な優位性を誇っているのであるが——およびその他の戦術が軍事目的に対処可能であるが故に、核兵器を必要性の原則に適合させることはできないのである。さらに、攻撃の代替手段が存在しているか否かに関係なく、国家が核兵器の効力を制御できず、その結果、使用される武力を、目標を攻撃するために必要なもの以下に確実に抑えることができないという事実は、核兵器の使用を必要性の原則と相反するものにするように思われる。いずれにせよ、たとえ攻撃が必要性の要件を満たすと判断されたとしても、攻撃は識別と均衡の原則を満たす必要がある。核兵器は、その制御不能な効力の故に、このような要件を満たすことはできないのである。

核兵器の非制御性は別としても、その直接の(たとえば、爆風、熱線、

放射線、電磁インパルス）および間接的な（たとえば、エスカレーション）影響の故に、一般的に核兵器を識別と均衡の原則に適合させることはできない。直接あるいは間接的な効力のいずれも、軍事目標と文民および民用物とを識別できないが故に、核兵器を一般的に識別の原則に適合させることはできない。エスカレーションを含む潜在的な効力が、すべてとまでは言えなくても、大半の軍事目的の価値を越えるが故に、核兵器を一般的に均衡の原則に適合させることはできない。さらに、国際司法裁判所により陳述され、国際刑事裁判所ローマ規程に成文化されている均衡の原則の一面である自然環境にたいする影響も、均衡を評価する際に、考慮されねばならない。

　たとえ合衆国が最初に核兵器を使用することが違法であっても、核兵器は復仇に使用することは可能である、という主張が時になされることがある。すなわち、他の場合であれば違法な行為も、敵対国の違法な行為に対応する場合には、法的に正当化されるという主張である。しかしながら、合衆国も認めているのであるが、適法であるためには、復仇は、相手にその違法な攻撃を停止させるために必要なレベルの武力に限定され、相手の攻撃と釣合いの取れた、また攻撃に対応するために必要なものでなければならないと定められている。復仇の適法性に対するこのような前提条件は、復仇における核兵器使用の適法性を不可能にしている。核兵器の非制御性が、このような攻撃を許可された目的に限定することを妨げるからであり、またこのような攻撃の影響を、釣合いの取れた、必要性に応じたものに限定することもおそらく不可能だからである。更に、国際司法裁判所により陳述されているように、「根本的」かつ「違反の許されない」識別の要件に基づき、「国家は、**決して**文民を攻撃の目的にしてはならず、従って**決して**文民と軍事目標とを識別できないような兵器を使用してはならない」のである(強調附加)。

　戦争犯罪は、武力紛争法の違反である。必要性、均衡および識別の原則に対する違反は戦争犯罪である。合衆国による核兵器の使用は、戦争犯罪になるだろう。

このような結論は、国際司法裁判所の勧告的意見と一致している。裁判所は、核兵器による威嚇あるいはその使用は、一般的に武力紛争に適用可能な人道法の原則に反することになる、と勧告している。しかし、このような威嚇または使用が、国家の存亡にかかわる自衛の極度の状況において適法であるか、あるいは違法であるかを最終的に決定することはできなかったのである。裁判所は、すべての状況を対象にすることを拒否したひとつの理由として、自由に裁量可能な事実の不足を挙げている。核兵器の効力およびその使用に関する政策について極めて豊富な知識を持つ機関が、国際司法裁判所により陳述された主要な原則を適用して、我々の結論と類似の結論に達している。1997年の書籍、『合衆国核兵器政策の未来』(The Future of US Nuclear Weapons Policy) において、全米科学アカデミー国際安全保障・軍縮委員会（the Committee on International Security and Arms Control of US National Academy of Sciences) は、次のように述べている。「国際司法裁判所によれば、核兵器によるいかなる威嚇も、あるいはいかなる使用も、自衛のために必要な場合に制限されねばならず、民間人を攻撃目標にしてはならず、文民と軍事目標とを識別可能でなければならず、戦闘員に不必要な苦痛、あるいは軍事目的を達成するために避けられない以上の危害をもたらしてはならないのである。本委員会の見解では、もっとも限定的な核兵器の使用でさえも、より大規模な攻撃への段階的な拡大を招くという不可避的な危険性および核兵器固有の破壊力を考えれば、核兵器によるいかなる威嚇あるいはその使用も、いかに熟考されたものであれ、上記の基準を満たすことのできる可能性は極めて低いのである。」

威嚇および抑止

　核兵器の使用は武力紛争法に基づき違法になるという事実は、合衆国による核兵器を使用するといういかなる特定の威嚇も違法になることを必然的に意味し、また核抑止政策も違法となることを強く示唆している。これは、行使することが違法である武力を使用すると国家が威嚇すること、あるいは使用の体勢が整っていると示唆することさえも違法である

という武力紛争法の既定の原則に由来するものである。国際司法裁判所は次のように述べている。「兵器の予想される使用が、人道法の要件（識別を含め）を満たし得ない場合、このような使用に踏み切るという威嚇も、人道法に違反することになる。」抑止政策に関する公式見解の表明は拒否したが、抑止政策に従って自衛において核兵器を使用することが必要性と均衡の原則に違反する場合、抑止政策は国連憲章に基づき違法となるとの判断を裁判所は下している。

個人の責任

国家安全保障上の中核をなしている核抑止政策の違法性に対応することは、合衆国にとり重大かつ差し迫った関心事である。核兵器の違法性は、国家としての合衆国のみならず、政府の活動遂行を担っている職員——民間、軍部および産業界の指導者——に対して重大な意味を持っている。ニュルンベルグ判決で永遠に確立されているように、必ず大統領を含む国家指導者、主要な外交政策当局者、核兵器、関連計画および政策を管理している軍部指導者、さらにおそらく核兵器の設計者および製作者は、武力紛争法違反の廉で、刑事責任を問われる可能性があるのである。

広島・長崎で使用された原爆の潜在的な効力に関する、合衆国の文民および軍部の指導者の認識がどのような程度のものであれ、このような兵器の想像を絶するばかりの巨大な影響とその非制御性は——今日の核兵器のより強大な破壊力を考えればさらにこの影響の程度は大きくなっているのであるが——今や誰もが知るところである。この知識が、合衆国の文民、軍部および産業界の指導者に知られているか、あるいは注入されていることは確かである。国際法上の刑事責任を問う犯意の基準には、無謀および周知の危険の意識的な無視が含まれているが故に、このような自覚が重要なのである。狭義の意図性は要求されないのである。さらに、少なくとも核兵器が実際に使用されるか、あるいは未遂の場合、この結果に対する「共通の目的を持って行動する集団」（国際刑事裁判所ローマ規程）あるいは「共同計画の立案または遂行」（ニュルンベルグ憲章

における個人の寄与が、刑事責任が問われる一因となる可能性がある。

核軍縮を、誠意をもって交渉する義務

合衆国の現行の核兵器依存によりもたらされる安全保障、法および道義性上の大きな危険、ならびにジレンマに対する解決策が存在する。それは、核兵器の地球規模での廃絶のため他の諸国と確固たる協力をすることと相俟って、合衆国の政策における核兵器の役割を即座に低減することである。これは賢明な行動方針であるばかりでなく、法的にも求められていることである。

核不拡散条約（NPT）第6条は、条約の各加盟国に、「誠意を持って、早期の核軍拡競争の停止及び核軍縮に対する効果的な措置に関する交渉を遂行すること」を義務付けている。国際司法裁判所は、全会一致で、これは単に着手するのみでなく、「厳格な国際管理に基づき、あらゆる側面での核軍縮をもたらす交渉を完結させる」義務であるとの判断を下している。2000年のNPT再検討会議において、合衆国およびその他の核兵器保有国は、「核兵器の全面廃棄を完結させる明確な約束」をし、この目的のための具体的な措置を講ずることに合意したのである。その中には、包括的核実験禁止条約の実施、兵器用のプルトニウムおよび濃縮ウランの削減の検証可能な禁止に関する協議、核戦力の削減ならびに廃絶に対する検証、不可逆性および透明性の原則の適用、対弾道ミサイルシステム（ABM）制限条約の保持および強化、安全保障政策における核兵器の役割の低減、核兵器使用に対する危険の最小限化およびその廃絶の促進、ならびに核戦力の即戦態勢の低減が含まれている。

しかしながら、2000年以降、合衆国はこれらの措置および原則を実行できないでいる。ある場合には、ABM条約からの脱退、米ロ間の削減にかかわる検証の放棄、核兵器使用に関する政策のより明確な表明、ならびに今後何十年にもわたる合衆国の核兵器の維持および改良を可能にするための核兵器複合体の近代化といった例にも見られるように、この流れに逆行さえしているのである。しかし、明確な路線が、核兵器の

ない世界へ向けて展開するようすでに設定されている。政治的意思が、その路線を突き進むために結集されねばならない。

　合衆国のみに関係するか、あるいは世界の 25,000 発の核兵器の 95 ％を保有している合衆国とロシアに関係するか、いずれにせよ次にとるべき措置には、以下の事柄が含まれている。

・（包括的）核実験禁止条約の合衆国による批准
・合衆国の核兵器の削減、2002 年の戦略攻撃兵器削減条約（モスクワ条約）により定められている制限数を大幅に下回る線まで削減する用意のあることを一貫して宣言してきたロシアとの検証可能かつ不可逆的な戦略兵器削減協定に関する交渉
・合計 2500 発以上の核弾頭を即時発射可能な両国の臨戦態勢を解除させるためのロシアとの協力
・合衆国と NATO の管理下に置かれ、ヨーロッパ諸国に配備されている数百発の合衆国の核兵器の撤収
・チェコ共和国およびポーランドにミサイル防衛施設を配備するという合衆国の計画を巡るロシアとの論争の解決
・非核兵器国に対する核兵器不使用の保証の再確認（NPT の根底にある取引きの中心的な要素）
・核兵器不使用という一般原則の採択

　多くの国家の参加が求められるその他の措置には、以下の事柄が含まれている。

・既存の核分裂性物質の管理のための基盤となる核兵器用核分裂性物質の生産に対する検証可能な禁止の交渉
・核兵器を保有する他の国家を削減および廃絶の過程に参加させること
・ミサイルおよびミサイル防衛の地球規模の管理に向けての努力
・宇宙空間の兵器化に対する禁止の交渉
・IAEA の査察権限およびその他の核兵器拡散に対する障壁の強化
・原子炉に燃料を供給する核分裂性物質の生産を多国間管理下に移

管すること
- たとえば、国際持続可能エネルギー機関の設立を通して、原子力への依存度を低減し、エネルギー効率性および再生可能なエネルギーへの依存度を増大させること
- 核兵器を禁止かつ廃絶する条約を交渉することにより、何年も前に、生物および化学兵器に対してなされたように、核兵器のない世界のための枠組を新しく設定すること

成功という絶対的要請

核による恐怖の均衡の終焉、既存の核兵器の廃絶、ならびに核兵器拡散およびテロリストによる核兵器獲得の阻止に成功することは、合衆国および世界中の他の諸国の安全にとって必要不可欠である。国内ばかりでなく国際的にも、核兵器のない世界を達成する必要性および実現の可能性に関する合意が生まれつつある。2008年2月、ロシアのセルゲイ・ラブロフ（Sergei Lavrov）外務大臣は、このような目標を掲げる『ウォールストリート・ジャーナル』の特集ページを是認して引用した。2008年1月、イギリスのゴードン・ブラウン（Gordon Brown）首相は、「われわれは、核兵器保有国間の軍縮を促進し、新たな国家への拡散の阻止を図り、最終的に核兵器のない世界を実現する国際キャンペーンの最前線に立つ決意である」と述べている。

さらに、国連憲章を中心とする集団安全保障および国際法の体制を維持するためにも、成功を収めることが必要不可欠なのである。成功しなければ、この体制は予防戦争という教義によって、決定的に弱体化されることになるだろう。予防戦争という教義は、核兵器による脅威に対するというものであるが、それはイラクへの侵略を正当化するために利用されものであり、また予想されるイランに対する軍事行動を正当化するために利用されるだろうところの、新たに生起していると申立てられているが、実際はそれほど差し迫ったものとは考えられないものである。予防戦争は、現実あるいは差し迫った攻撃に対する自衛の場合、または安全保障理事会の承認による場合に限り、武力の行使を認めている国連

憲章に反するものである。予防戦争は更に、極めて危険でもある。戦争は予測不可能であり、どちらかの側が核兵器の使用に訴えることを検討するといった恐ろしい事態をもたらす可能性がある。合衆国は相手の核、生物または化学兵器の能力に対して核兵器を使用する選択肢を保留している。特に、予防戦争と核兵器の先制使用あるいは予防的使用とを組み合わせた教義は、武力の行使に対する現行の国際法上の規制とは基本的に相容れないものである。このような教義は混乱状態とニヒリズムの世界を暗示するものである。国連憲章、軍縮、不拡散義務および武力紛争法の促進と遵守という路線のほうが比較にならないほど優れているのである。

結 論

- 核兵器の使用および核兵器使用による威嚇は違法である
- 核兵器の悲惨な影響は、道義的にも受け入れることはできない
- 一部の国家による核兵器の保有とその他の国家による非保有という状態は、本質的に不安定である。合衆国がその核兵器依存の政策を終焉させ、核兵器の廃絶において地球規模の先導的役割を果たすべき時が訪れてから既に久しいのである。今こそ世界中あまねく核兵器の保有、使用による威嚇及び使用を公式に禁止する条約を締結し、実施する潮時なのである。

この声明の中心的な著者は、チャールズ・モクスレー（Charles Moxley）法務博士およびジョン・ボローズ（John Burroughs）法務博士である。

モクスレー氏は、『冷戦後の世界における核兵器と国際法』（Nuclear Weapons and International Law in the Post Cold War World 2000）の著者、開業弁護士・調停者、フォードハム（Fordham）大学特任教授であり、大学では核兵器法に関する講座を担当している。〈www.nuclearweaponslaw.com〉参照。核政策法律家委員会(LCNP)の役員・理事でもある。

ボローズ氏は、『核兵器による威嚇またはその使用の適法性 国際司法裁判所の歴史的勧告的意見への手引』（The Legality of Threat or Use of Nuclear Weapons: A Guide to the Historic Opinion of the International Court of Justice 1998）の著者である。核政策法律家委員会執行理事、ニューアークのラトガーズ（Rutgers）大

学特任教授であり、大学では核、生物および化学兵器にかかわる条約制度に関する講座を担当している。

　その他の寄稿者は、ピーター・ワイス（Peter Weiss）LCNP会長、エリザベス・シェファ（Elizabeth Shafer）同副会長、アナベル・ドワイアー（Anabel Dwyer）、アリス・スレイター（Alice Slater）およびイアン・アンダーソン（Ian Anderson）の各理事である。　　　　　　　　　　　　　　　　　　　　（伊藤　勧・訳）

出典

Statement of the Lawyers' Committee on Nuclear Policy March 2008
〈http://lcnp.org/disarmament/LCNPstatement2008.pdf.〉

資料 5

核兵器のない世界における安全保障上の挑戦に関するプレゼンテーションのためのノート

ジョン・ボローズ

　技術上および制度上の観点からすると、核兵器が、検証可能かつ法的強制力のある形で廃絶される世界を実現することは、極めて難しい挑戦である。廃絶に関する合意が、近い将来達成されるのか、あるいは遠い将来になるのかの如何にかかわらず、これは真理である。膨大な核弾頭数および膨大な量の核分裂性物質を考えたとき、たとえ測定に着手できたとしても、すべての核弾頭および核分裂性物質を測定済みと確信できるまでには何十年も要することであろう。

　非核の世界実現の使命は、このような根拠に基づき、見込みのないものとして放棄されるべきであろうか。いや、決して放棄されるべきではないが、この使命は、その難しさに相応しい形で取り組まれねばならない。

　第1に、核兵器による威嚇またはその使用は、奴隷制度やガス処刑室による大量虐殺同様に容認できない禁制（タブー）だという規範を定着させることが必要である。

実行可能な手段

　a）国際刑事裁判所ローマ規程の禁止兵器リストに核兵器を追加すること。

　現在、指定されている兵器は毒ガス、有毒ガスおよびダムダム弾であ

る。このリストに兵器を追加することを予見した特別修正手続が存在している。現在国際刑事裁判所（ICC）に非加盟の主要国――ロシア、中国、インド、パキスタン、合衆国――およびその他の諸国は、この制度に加盟すべきである。

　b）国連安保理の決議

　c）核兵器による威嚇またはその使用を禁止し、核兵器の廃絶に関する交渉の各段階を設定する国際枠組協定

　上記の努力が成功するなら、その他の挑戦課題の達成は緊急性と困難性がより低いものとなるであろう。

　第2に、戦争と平和、戦争法および禁止兵器の行使に関する国際規範の強制執行のための多国間の機関が、大幅に改善される必要がある。

　現在、例えば生物兵器及び化学兵器禁止条約の場合をみると、強制執行には、条約特権の撤回、締約国による集団的経済制裁、および制裁を要請し、軍事行動を許可あるいは指導できる国連安保理への委託が含まれている。国連安保理がきわめて重要な機関であるが、国連安保理への依存は、国連安保理慣行における一貫性の欠如、常任理事国による、その同盟国および従属国を保護するための拒否権行使の可能性、ならびに通例少数の大国による国連安保理の支配が存在するため、核兵器を禁止する際には不適切な機関だと考えられる。

　多国間の機関を強化するためのもっとも端的な方法は、国連安保理を改革することであるように思われる。国連安保理の改革は、それ自体がまったく独自の問題である。いくつかの改革手段を挙げれば、常任理事国数の拡大、選出理事国数の拡大、若干の選出理事国の任期の延長、ならびに拒否権の制限あるいは廃棄、核兵器、生物兵器および化学兵器に関連する違反に対処するための独自の手続規定を持ち、拒否権の制限あるいは排除を伴う国連安保理の特別機関の設立である。たとえどのような改革であれ、特定の国家は自らの利害関係に目敏いものである。それ故に、追加の常任理事国に関しては、パキスタンはインドの、中国と韓

国は日本の、またヨーロッパではドイツの常任理事国入りを望まない国家も出てくることであろう。その詳細の如何にかかわらず、国連安保理がより効果的な機関となるためには、これまでより諸国を公平に代表する、透明性の高い、責任の所在が明確な、また筋の通った機関でなければならないことは極めて明らかである。

ペルコビッチ（Perkovich）およびアクトン（Acton）が、最近の研究『核兵器の廃絶』（Abolishing Nuclear Weapons）<http://www.carnegieendowment.org/publications/index.cfm?fa=view&id=22748&prog=zgp&proj=znpp> で強調しているように、この領域における効果的な多国間の機関は、信頼可能かつ公正な検知、ならびに違反決定のための技術および機関の改善を必要とするのである。イラクとイランの場合が例証しているように、これは困難な使命である。

核兵器のない世界実現のため提案されているその他の手段

第3に、違反に対する対抗手段としての核能力再構築への依存。これは現在の専門家による議論において支持される傾向がある（より極端な例は、ある程度の核兵器が多国間の管理の下に保持されるべきだと主張するものである）。

・しかし、核能力の再構築が認められた場合、監視および検証を複雑にするおそれがある
・核能力再構築の可能性を認めることは、核兵器による威嚇またはその使用を禁止する規範の脆弱化を招くおそれがある

従って、核能力の再構築は明示的に認められるべきではない。しかし、諸国が制度設計にどのように取り組むかに影響を与える要因となり得るものである。規範が強力なものであれば、それに応じて核能力再構築による「抑止」の役割は低減することになる。

第4に、合衆国の非核軍事力への依存、特にミサイル防衛を含む。しかしながら、ここにはパラドックスが存在する。すなわち、片や、合衆

国の通常兵力の優位性は、他の諸国の核兵器放棄への志向を鈍らせるおそれがある。他方、「戦争防止のための地球規模の行動」の洞察によれば、核兵器の廃絶を達成するためには、攻撃的軍事能力の規模縮小が通常必要となるであろうし、また軍事能力を含めた多国間機関の漸進的な強化も必要となるであろう。

結論

核兵器、生物兵器および化学兵器の領域、さらに通常兵器の領域においても、「地球規模の統治（グローバル・ガバナンス）」が、当該取り組みの要であった。すなわち、問題の多い機関である国連安保理が結局は後ろ盾になったのだが、規範を軸とする体制、執行する機関、再検討の手続といった取り組みである。違反という妖怪と、最後の核弾頭および核分裂性物質が処理されたことを自信を持って検証する難しさを考えると、核兵器の場合、上記の取り組みだけでは、不十分だと考えられる。ひとつには、複数の国家が依然として核兵器を保持している世界で、核実験が行われ、あるいは中小国家が化学兵器を獲得することと、他方では、他の国家が核兵器を放棄した世界で、ある国家が核兵器の保持を明らかにし、あるいは獲得すること、この両者はまったく次元の異なる問題である。

打開策

私がまず最初に提示する打開策は、核兵器廃絶のための規範を定着させることの重要性である。しかしもうひとつの打開策は、核兵器のない世界を制度化するためには、「世界政府」とかつて呼ばれた制度への移行を目指す運動が必要だと認めることがである。「世界政府」は、もはや耳にすることもない黴臭い用語であるとしても。しかし、核兵器による威嚇またはその使用を犯罪として禁止し、これを適切な多国間の執行機関と結びつけることは、現存する国家中心の制度という閾を越える必要がある。結局、現在の大半の核保有国は、国際刑事裁判所（ICC）ローマ規程の加盟国ではなく、また核兵器を保持している国家自体が、

国連安保理を支配しているのである。核兵器のない世界では、これら諸国は、その主権を支える中心的な存在とみなしている核兵器の禁止に対する権限を、国連安保理にまたおそらく国際刑事裁判所に認めざるを得なくなるであろう。

(伊藤　勧・訳)

出典
Nuclear Weapons After Bush: Prospects for Abolition
Center on Terrorism, John Jay College of Criminal Justice,
City University of New York
January 16, 2009

第 2 部

力の支配か　法の支配か

序　文

　本書にまとめられた研究は、現存する国際法体制をむしばみ、新しい国際法体制の発展を阻害し、その結果安全保障、軍縮、国際正義、人権および環境保護に対する弊害を招いている諸々の大国の動向に関するいくつかの非政府組織（NGO）間の過去2年にわたる意見交換に始まる。アメリカ合衆国はこのような大国の代表格とみなされている。ただし、広く賞賛され、見習われるべき国内社会における法の支配体制を堅持する方針を維持している。

　この問題に関心をもつ2つの組織、すなわち「エネルギー・環境研究所」と「核政策法律家委員会」は、安全保障関連諸条約に対する合衆国の政策に的を絞った研究に着手した。合衆国が批准を完了している条約、すなわち「化学兵器禁止条約」（CWC）、「生物兵器禁止条約」（BWC）、「核不拡散条約」（NPT）、および「気候変動国連枠組条約」（UNFCCC）に対するその履行状況、「包括的核実験禁止条約」（CTBT）、「対人地雷禁止条約」、「国際刑事裁判所（ICC）規程」および「京都議定書」のような条約の締結拒否の現状、ならびに「対弾道ミサイルシステム（ABM）制限条約」からの脱退決定を査定しようと試みる。

　我々は、社会と人類に対する永続的な集団的利益の保護、紛争の平和的解決の促進、軍縮の実施、人権の保護および正義の確保、環境の保全のための有効な手段として条約を活用する、法の支配に基く取組みを通して、地球規模の問題が解決されるべきだと確信している。最強国が法を遵守することは、たとえいかに困難であり大きな犠牲を伴う場合でも、また経済、軍事、外交上の力関係の優位性により、遵守の必要性がないと考えられる場合でも、法の支配という理念自体にとり必要不可欠な条件である。この理由から、我々はまず合衆国の政策に焦点を当てること

にした。

　クリントン政権当時の対人地雷禁止条約の署名拒否、上院によるCTBTの否決、およびICC創設のためのローマ規程の作成を妨害する試み等により立証可能な、国際法からの離脱あるいは国際法への敵対という合衆国の動向は、ブッシュ政権下でますます顕著になっている。9月11日事件に至るまでの数か月間に、ブッシュ政権は、ABM制限条約破棄の意図を明確に表明し、その制定に重大な役割を果たした地球温暖化に関する京都議定書に対する支持を撤回し、BWCの履行を促進するための国際協定に関する交渉の完結に反対し、またクリントン政権末期に署名したICC規程の批准提出を拒否した。

　合衆国がテロとの戦いで国際協力の必要性を訴えた9月11日事件以降、法の支配に基く多国間協力が再び支持されるとの期待が高まったが、その期待に反して、国際協定ではなく、その軍事力と情報能力に優先的に依存する政策を合衆国は継続した。ブッシュ政権は、ABM制限条約から脱退し、前代未聞の措置として、署名したにもかかわらずICC規程の批准を拒否する意図を公式に国連へ通告し、BWCを強化するために設立された多国間プロセスの打ち切りを要求し、また提案済みの京都議定書の拘束的義務に取って代わる不適切かつ一方的な措置を提案した。

　合衆国は新しく設立された国際法メカニズムへの参加を拒否するばかりでなく、批准した条約に基き果たすべき義務の履行も怠っている。NPTは、合衆国に「核軍備競争の早期停止および核軍縮に関する効果的な措置につき……誠実に交渉を行うこと」を義務づけている。しかしこの義務と国家の核政策との一致が図られたことは皆無である。それどころか、2002年1月の「核態勢見直し」[1]において、合衆国は大規模かつ近代化された核戦力を無期限に保持することを図っている。UNFCCCの加盟国として、合衆国は「気候変動の原因を予測し、防止しまたは最小限にするための予防措置をとる」よう義務づけられている。しかし排出量全体の水準ではなくむしろ温室効果ガス「排出の伸び」の段階的低減を

図るというブッシュ政権の要求は、温室効果ガスの継続的な増加を阻止できなかった従来の緩やかなエネルギー効率増進政策の継続と本質的に変わらない。CWC の締約国として、合衆国は報告および査察要件を満たすことを義務づけられているが、議会は合衆国の遵守を制限する法案を可決した。BWC は、合衆国が生物兵器を製造することを禁止しているが、1990 年代において実験用爆弾の製造、炭疽菌の兵器化などの活動を秘密裏に進めてきた。このため合衆国の遵守状況を、他の国家が査定することが不可能となっている。

条約は、その本質上、国家主権のある程度の犠牲を伴うものである。その代わり条約体制は、国家および世界の安全保障に次のような重要な形で貢献する。

- 地球規模の規範の明確化
- 規範遵守の促進および認識
- 監視および執行メカニズムの設立
- 違反探知の可能性の増進および違反に対する効果的な対応
- 進渉度測定のためのベンチマークの提供
- さらなる進展のための信頼、信用、経験および専門的知識の基礎の確立
- 国家の活動および立法の指針となる基準、ならびに政策問題を議論する際の判断基準の提供

長期的な観点からすれば、圧倒的な力を誇る強国からの「真似するな、言われた通りにしろ」という指示と比較すれば、条約体制は国際政策目標の達成および規範遵守にとり、はるかに信頼できる基盤となる。

法の支配という概念は、合衆国の建国にとり必要不可欠な条件だったのであり、合衆国はこの概念をもっとも頑強に守り抜いてきた国家のひとつである。国際問題における法の支配は、いまだ発展途上にあるが、世界的な影響力が諸国間の関係をより緊密にするにつれて急速に発展しつつある。大幅に一元化された世界経済を抱える地球社会で暮らす国家および個人の要求が、この発展の主な原動力になっている。このような

地球社会においては、国家、非国家行動主体および個人の行動の影響を、温室効果ガスの蓄積、核実験、偶発的核戦争の危険性、あるいは過去百年にわたり繰り返され、いまだに続いている文民の大量虐殺といったどの問題を取り上げてみても、国境内に閉じ込めておける問題ではない。アメリカ国民もこの地球社会の一員であり、国際次元での怠慢は、他国民と同様、アメリカ国民の安全と安寧に悪い影響を及ぼすことになる。合衆国の重要性および影響力を考慮すれば、思い通りに事が運ぶ場合を除き、合衆国が地球規模の法過程から脱退することは、環境はもとより、安全保障上もきわめて危険な選択となりかねない。

　この研究において、「安全保障」という用語は広い意味に定義されており、それは国際正義、地球環境、特に温室効果ガスの蓄積に関わる環境の保護、ならびに大量破壊兵器の不拡散と軍縮を含んでいる。これらすべての分野における今後の展開が、紛争勃発の可能性およびその破壊の程度に影響を与える恐れがある。まず、合衆国における条約の締結プロセスおよび合衆国政府における国際条約体制の支持者と反対者との間の歴史的な対立関係を検討し、次に前述の各条約に関する最近の合衆国の政策と行動を考察する。最後に、国家の安全保障とおよび地球全体の安全保障の促進における国際法の意義に関する考察で締め括る。主要な安全保障および人権条約への各国の加盟状況を示す表、ならびに我々の研究結果の要約も収録している。

　本書は、2002 年 4 月にエネルギー・環境研究所および核政策法律家委員会により発表された報告書の最新版である。

　　2002 年 9 月 5 日

　　　　　　　　　　　　　　　　　　　ニコル・デラー
　　　　　　　　　　　　　　　　　　　アージャン・マクジャニ
　　　　　　　　　　　　　　　　　　　ジョン・ボローズ

第1章　国際法制システムに関する合衆国の政策の概観

　合衆国は現在、一連の地球安全保障関連諸条約に反対しているが、第2次世界大戦後の国際法制システムの主要な設計国でもある。本章では、国際法および国際諸制度に対する合衆国の相反する2つの姿勢の由来を尋ね、続く各章における個々の条約体制に関する検討の舞台を整えたい。国際法および合衆国国内法における条約の役割に関するいくつかの基本事項から始めることにする。

国際法の形成

国際法とは何か

　国際法は主に次の2つの方法により成立する。ひとつは条約として知られる、二国間あるいは多国間の文書による合意を形成することによる。もうひとつは国家の慣行から生ずる慣習法である。慣習法は、法的義務の観念（opinio juris）に由来する国家の一般的かつ一貫した慣行に基く、普遍的な拘束力を持つ法である。

　これら2つの方法は重複することが多い。多くの慣習的義務は後から条約に法典化される。たとえば、外交特権は「1972年に条約により法典化される前から広く受け入れられていた慣習的な法的義務」[1] であった。拷問を受けない権利や生命に対する権利といった多くの人権は、慣習法により与えられる権利であり、同時に条約に法典化されている[2]。さらに、慣習法は既存の条約の文言から生ずることもある。条約の規定が慣習的規則の基盤となっている場合、あるいは慣習的規則が条約に後から法典化された場合には、条約の非加盟国もその慣習的規則により拘束されることになる。たとえば、1925年のジュネーブ議定書に規定さ

れている化学・生物兵器の使用禁止は、同時に慣習法ともみなされており、従って議定書の非締約国に対する拘束力を持つ。

慣習法と条約法の違いのひとつは、国家が法により拘束されることを拒否する方法である。国家が条約法により拘束されることを望まない場合、その国家は条約への参加を止めればよい。しかし、慣習法の適用から逃れるためには、国家はそのような規則の存在を一貫して否定し続けねばならない。さらに、ある種の慣習法は異議申し立てを受け付けない。このような法、つまり強行法規は、例外のない拘束力をもつものとして国際社会全体により受け入れられた法である。ジェノサイド[2]はこのような法の一例であり、いかなる国家も、ジェノサイドの禁止に優先するような国際協定の締結、あるいは国内法の採択をしてはならないのである。

本書では条約として法典化された国際法に主に焦点を当てるが、国際法制システムを形成する、慣習法の役割と影響を認識することも重要である[3]。国際法は条約と慣習の両方をその基盤としており、合意に規定される国家の義務と国家の行動・慣行との両方を基に構築されるものである。

条約締結のプロセス

合衆国憲法第6条は、連邦法や憲法そのものと併せて、条約を「国の最高法規」の一部としている。合衆国内における条約の執行は、いくつかの規則がその条件を定めている[4]。それらには、条約が連邦法に抵触する場合、一番最近に採択された法が優先することを規定した「後法優先規則」が含まれている。もうひとつの重要な規則は、「非自動執行」条約は、国内実施法令なしには適用されないという規則である。しかし重要なことは、条約義務は合衆国内での扱いのいかんにかかわらず、国際的な場においては合衆国の法的義務であることを裁判所が認めていることである。

憲法第2条は合衆国が条約を締結するプロセスを次のように規定して

いる。「大統領は、上院の助言および承認を得て、条約を締結する権限を有する。ただしこの場合には、上院の出席議員の3分の2の賛成を要する。」。重大な例外もこれまでにあったが、一般的には、上院が条約交渉の完了に先立ち詳細な助言を与えることはない。むしろ上院の役割は「交渉が完了した条約が合衆国により批准されるべきか否かの判断を主として下すことにある」[5]。

条約締結のプロセスは大統領の交渉着手から始まり、次に交渉権限者が任命（上院の助言と同意を必要とする）され、当該合意の形式と内容に関する他国との交渉が開始される。議員がこの段階から、協議を通じてあるいは代表またはオブザーバーとして関与することも時にはある。交渉権限者が合意に達した場合、条約は採択され、大統領あるいはその代表による署名が行われる[6]。

次に、大統領は条約を上院に提出し、条約は上院外交委員会に付託され、同委員会は公聴会を行い報告書を準備する。上院外交委員会が条約を支持した場合、通常は批准決議の提案と共に、同委員会は条約を公表、つまり「報告」をする。外交委員会は、特定の条件をみたすことを前提にして条約が承認されるよう勧告することもある。

外交委員会から報告がなされると、上院は条約を投票に付すことができる。条約が3分の2の多数決により承認されると、条約は大統領に送られる。条約が3分の2の多数決を得られなかった場合、外交委員会あるいは大統領に戻される。再考慮あるいは再提出されない限り、条約は棚上げ状態に置かれることになる[7]。

ひとたび上院が条約を承認すれば、大統領は批准書を交換する（二国間条約の場合）ことにより、あるいは批准書を条約の「寄託者」（多くの場合、国連事務総長）に送付する（多国間条約の場合）ことにより、条約を批准することができる。通常、多国間条約は所定数の加盟国が批准書を寄託した後に発効する。条約の発効後においても、合衆国内で条約義務に拘束力を持たせるための「実施法令」と呼ばれる法律を可決するよう求められる[8]。

本書の研究の対象となる安全保障関連諸条約は、上記の憲法上のプロセスを踏んで交渉・批准されたものである。しかし国際協定は、上院の3分の2の多数決によるプロセスではなく、両院の単純多数決により承認される場合が増えている。このような「行政協定」も、国際法の下では条約と同じ拘束力を持つと考えられている。行政協定は、協定批准の法的根拠として共同決議や連邦議会制定法により、あるいは既存の立法により大統領が議会の権限の付与を求めることで実現する[9]。行政協定の中には、大統領が単独で締結するものもある。

　大半の行政協定は、事前に議会により大統領に権限が付与されているか、または承認のため議会に提出される。議会はこれまでに郵便協定、対外貿易、対外軍事援助、対外経済援助、原子力協力および国際漁業権のための国際協定の締結を承認してきた[10]。条約締結手続きをとらず、そのかわりに行政協定を利用することは、国際協定を審議・決定するために憲法により上院に付与されている主要な権限に挑戦するものである。行政協定方式の濫用を批判する人々は、行政協定のプロセスを通すことで、憲法が求める上院による3分の2の承認の条件が巧みに外されることに特に懸念を抱いている。たとえば世界貿易機関（WTO）の反対派は、WTOへの加入承認は、上院では必要な得票数に達しなかったはずだが、行政協定として提出されたため両院の単純多数決のみで事が足り、結局承認される羽目になったと主張している。

　国際協定に参加する手段として行政協定が使われるケースは、近年着実に増加しているが、一方上院は、軍備管理協定は伝統的な条約プロセスを経て採択されるべきだと主張してきた。1988年の中距離核戦力全廃条約（INF条約）[3]を皮切りに、軍備管理条約を承認するたびごとに、上院は将来の軍備管理協定は条約として締結されるべきだという主張を繰り返している[11]。

　上院の承認という要件は、これまでたびたび、国際体制への大幅な参加を求める大統領に対する足枷となってきた。国際的な約束に対する明確なビジョンを抱く機会の多い大統領は、その特質上、合衆国の国益を

条約が制限することを懸念する上院議員からの試練に晒されてきた。しかし多国間条約に対する反対の声が行政部門からも次第にあがっている。国際法制のシステムに対する合衆国の伝統的な動向と、新たに浮上してきた動向を探究することが、次の論義の目的である。

国際法体制に対する合衆国の相反する2つの姿勢（両義性）

合衆国は、近代国際法システムの創設者のひとつとしてその功績を認められてもよい。というよりもさらに言えば、合衆国自体が憲法制度に基いて、すなわち法の支配が国王による支配より優れており、また正当であるという理念に基いて建国されたのである。にもかかわらず、20世紀の歴史が浮き彫りにしているのは、つぎの点である。すなわち、合衆国においては、国家安全保障および地球安全保障を擁護する国際法創造の願望は、国際法上の義務によって合衆国の国益や主権が損なわれるという懸念によって相殺されていることである。

合衆国の国際法への関与についてのこのような 2 つの見解（約束擁護派と主権擁護派として識別される）[12] の闘争は、合衆国の国際指導力の制限と、国際体制自体の弱体化を招いてきた。これら2つの見解の対立は、他国に対する国際法の適用を支持する一方で、合衆国の行動がその規定から除外されることを求めるという結果をしばしば招いている。

国連に対する合衆国の政策を専攻するある学者は、このような現状について、つぎのようにいう。「アメリカの大局観の一見御し難い矛盾であった、それは合衆国が設立に努力を重ねてきた国際組織自体との関係において、ほとんど恒常的な危機状態を結果的に招いている」[13] と表現している。合衆国の姿勢と密接に関連するコストの問題に言及する前に、いかに合衆国の両義性が、20 世紀におけるさまざまな国際法体制への参加の仕方をどのように形成してきたかを探究しよう。

国際連合と国際連盟

　合衆国は 1945 年に国際連合の創設に関する国際的な法枠組に向けて思い切った大きな一歩を踏み出した[14]。しかし国連憲章採択の 25 年前には、合衆国は平和と安全保障を管理するために組織された最初の国際機関である国際連盟への加盟を拒否したのである。国際連盟はウッドロー・ウィルソン大統領の構想の産物ではあったが、上院内での反対が、国際連盟の設立条約（ベルサイユ条約）の批准を阻止したのである。

　その当時上院外交関係委員会の委員長であった、ヘンリー・キャボット・ロッジ上院議員が、国際連盟への反対運動を指導した。ロッジ上院議員は、今日まで多国間条約に関する討議において繰り返される主張、すなわち多国間制度によりもたらされる主権に対する危険性を持ち出した。

> このような偉大な目的のため、合衆国が孤立することなく、また他の国家との協力を妨げられることもなく、現状を維持することを私は望んでいるが、同時に自らの運命の支配者であることを願っている。合衆国が自国の運命を決定できる立場に置かれることを望んでおり、また継続を願う条約を破棄すること以外の頼れる手段を欠く他国の投票に合衆国を従わせることはしたくない。[15]

　国際連盟は合衆国の加盟なしに発足したが、第 2 次世界大戦を招いた侵略を阻止できなかった時点で崩壊した。

　真珠湾攻撃の後、合衆国の孤立主義者的な趨勢は戦争支持派にその席を譲り、合衆国は国際連合の創設における主導的な役割を担った。しかし合衆国は、安全保障理事会での拒否権（アメリカなど第 2 次世界大戦の戦勝国に認められた特権）の保有という条件つきで、初めて国連加盟国となることに合意した。合衆国の主張により、国連および安全保障理事会における中国の議席は 1972 年まで台湾が占めていた。

　国連本部の所在地としての合衆国の役割、また合衆国国民が国連のために示してきた全体的な支持にもかかわらず[16]、合衆国政府の声高な一

派は、国連に対する警戒感、しばしば敵意さえも露わにしている。かつての上院外交関係委員会の委員長であったジェシー・ヘルムズ議員[4]は、国連に対するもっとも声高な批判者の一人として行動し、国連は合衆国からの資金援助を受けながら合衆国の主権に対する脅威となっていると見ていた。

> 国連は、加盟諸国間の外交関係を促進することから離れて、完全に加盟諸国に取って代わろうとしている。国連を運営している国際エリートたちは、国家という概念を蔑視しており、国家を国連という概念によって取って代わられた信頼を失墜した過去の概念とみなしている。……国民国家はこのような国際的な利害関心事項の最重要性を認め、それらを遂行する国連の主権に従うべきであると信じる。[17]

合衆国の主権に対する脅威の認識に加えて、国連にたいする反対者は、国連の官僚機構の非能率性を訴え、また国連は他国を利用して合衆国に不利な課題を強要しようとすると異議を唱えた。議会内でのこのような国連批判は、国連分担金の支払い拒否という結果を招くことになった。

1985 年、レーガン大統領は、国連改革の必要性を根拠に、分担金の支払いを停止しようとする議会の努力を承認した、最初の大統領となった[18]。分担金の不払いは1999年まで続いた。その時点までに合衆国は、国連に 10 億ドル以上の延滞金を負う羽目に陥っていた。分担金の不払いは、主に国連平和維持活動費に対する合衆国の分担金の上限を一方的に規定する国内法と国連を改革（官僚機構の縮小および主権保持の確保を含む）しようとする願望に基くものであった[19]。国連分担金支払いの問題は、きわめて異論の多い政治問題に関する譲歩を引き出すための有利な交渉材料となった。たとえば議会は滞納金の支払いの条件として、自己資金で妊娠中絶を行っている国際家族計画諸団体への資金提供の制限を持ち出した[20]。さらに議会は、国際刑事裁判所への協力を禁止する立法を支払いの条件として設けようと企てた[21]。

一方的に分担金支払いを停止する合衆国決定の適法性は、合衆国政府

内でも大いに議論の的となった。国連憲章は、「この機構の経費は、総会によって割り当てられるところに従って、加盟国が負担する」と規定している[22]。軍備削減・国際安全保障担当国務次官であり、主権重視主義的見解の有力な擁護者であるジョン・ボルトン[5]は、分担金の不払いは違法ではなかったのであり、ただし「合衆国は、もし公約を守ることが合衆国の国益に適い、また他の諸国がその公約を守っているのであれば、支払うべきだ」と主張した[23]。これにたいする反対者は、不払いは拘束力を持つ条約上の義務が問題となる議会の戦略（上の問題）であると反論した。「もし国連から脱退したいのであれば、そうできるよう我々に投票で決めさせればよい。もし国連には、びた一文たりとも使わないと言いたいのなら、そうできるように我々に投票で決めさせればよい。しかし契約により支払義務を負っているものを支払うと最初公約しておきながら、次にその公約の破棄を主張することはとうていできかねることだ」[24]。さらに、合衆国の行為の適法性に関する問題はさておいても、資金不足が国連を「財政危機」の状態に追い込み、崩壊が切迫していると懸念する声が多くあげられた[25]。

　1999年、合衆国議会は、「国連がその膨大な官僚機構を改革し、合衆国の財政負担分を軽減する」ことを条件に、9億2600万ドルの滞納金の支払いを認める法案を可決した[26]。9月11日以前の段階では、国連への支払いに計上された予算のうち1億ドル分だけが送金されたに過ぎなかった。9月11日のテロ攻撃以降、下院は全会一致で、5億8200万ドルの滞納金の国連への支払いを認める法案を可決した[27]。国連が合衆国の主権を脅かしているという懸念は、国家および国際安全保障に対する脅威と戦うためには協調的努力が必要だという合意に屈したのである。下院国際関係委員会の古参メンバーであるカリフォルニア選出のトム・ラントス議員は、「分担金を滞納する有様では、困難に直面している人々に自由を与え、テロと戦い、国際紛争を解決し、また大規模な平和維持活動を行うよう国連に要請することはできない」[28]と主張した。

　下院議員たちは国連への資金供給は協調的努力を促進するのみならず、合衆国の政策に対する国連の注意を確実に促すことになるとの結論

を下した。「国連に対するわが国の財政義務を果たすことは、わが国の政策策定者が、国際テロとの戦いにおいて安全保障理事会メンバーを結束させる多様な政策に確実に集中できる一助となるだろう」[29]。

合衆国にとって分担金の支払いは、その条約の義務を遵守すべきか否かの問題であると同時に、少なくとも国連が合衆国の政策に従うか否かの問題でもあった。

国際人権法システム

第2次世界大戦の終結および国連の創設と共に、人権関連の国際法システムが発展し始めた。この国際法システムの主要な創設者である合衆国は、他国と同じ基準により拘束されたくないという理由であって、いくつかの重要な人権条約を拒否してきた。

国際刑事裁判所

第2次世界大戦の終わりに、大虐殺実行者の裁判において、合衆国は刑事国際法という大義を主導した。ニュルンベルグ裁判[6]では、合衆国は「被告人の権利が尊重される公正な裁判により、特定の範疇の国際犯罪者が裁かれる法制度の設立において先導的な役割を担った」[30]。ニュルンベルグ裁判で合衆国を代表する主席検事を務めたロバート・H・ジャクソン合衆国最高裁判所判事は、この法廷はナチの訴追のみならず、人類全体の行為を支配する拘束力を持つ法を発展させようとしていることを確信した。

　　　平時には、国際社会における効果的な法の支配へ向けての進展は実に遅々としたものである。このような遅々たる進展は、いかなる他の集団より国家集団に、より重大な責任がある。世界の思想、制度および慣習が、無数の人命を犠牲にした世界戦争の衝撃により揺さぶられているまれな瞬間に現在直面している。このような機会が訪れることはめったにないし、またすぐ去ってしまう。政府機関と国民の命運をその掌中に納めている権力者たちに戦争をうま味のあ

る行為と考えさせないように、この不安定な時期の行動により、国際行動についての法規範がより確実に執行される方向に世界の思想を導くことを見届けるという重大な責任を、我々は負っている。[31]

　ニュルンベルグ裁判で合衆国が大きな役割を果たしたことは、合衆国の利益およびすべての個人の権利を保護する手段としての国際法の承認と堅守を示唆するものだった。旧ユーゴスラビアとルワンダに対する戦争犯罪法廷[7]、さらに国際刑事裁判所（ICC）にニュルンベルグ裁判の影響が見られる。「国際社会はジャクソンおよびこの裁判所が拠り所にした次のような中心的な概念を信奉している。つまり、特定の犯罪に対する普遍的な不許容性と、このような犯罪の遂行に対する個人と国家元首の責任所在の明確化である」[32]。

　しかし本書第9章で論じているように、合衆国は、主に合衆国国民が、他の諸国の国民と同様に、国際刑事裁判所の管轄権に従わねばならないという事実に対する反発のため、ICCへの参加を拒否している。国際刑事裁判所を設立するための規程の批准を拒否しているばかりでなく、合衆国はICCの権限を制限するために積極的に活動してきた。かつて国際刑事裁判の先導者であった合衆国は、今やその実現に反対を表明している最有力の国となっている有様である。

人権条約システム

　刑事国際法の発展に呼応して、人権保護が国連憲章と1948年の世界人権宣言に組み込まれた。拘束力を持たない国連総会決議ではあるが、世界人権宣言は「すべての人民とすべての国民とが達成すべき共通の基準」[33]となることを目指した。1946年に国連人権委員会[8]が設立され、「集団殺害罪の防止及び処罰に関する条約」（ジェノサイド条約）は1948年に年採択され、1951年に発効した。エレノア・ルーズベルトなどのアメリカ人が、主要な人権法の起草と発展に重要な役割を果たした。

　しかし合衆国では、人権条約を基準とすることに対する根強い抵抗が政界の主流内に引き続き存在する。主権に関する一般的な懸念に加えて、

反対派は人権法があまりにも曖昧であると考え、また人権法が社会問題に集中していることを考慮すれば、国家の権利を侵害する可能性があると固く思い込んだ。さらに、人権法により政府を訴える権利が国民に与えられることになるのではないかと恐れた [34]。たとえばジェノサイド条約は、合衆国のアフリカ系アメリカ人あるいはアメリカ先住民族に対する政策はジェノサイドに該当するという法的要求の根拠として利用されるのではないかと反対派が恐れたため、1948 年に合衆国により署名されながら 1988 年まで批准されなかった [35]。

1950 年代、ジョン・ブリッカー上院議員は、合衆国の人権条約締結を差し止める運動を先導した。国家の権利の擁護者であり、市民の権利の反対者であったブリッカーとその追従者は、「合衆国の人権条約遵守を不可能にする」ために、憲法の修正を要求した [36]。ブリッカーは彼の目的を「いかなる政府当局者もその復活をあえて試みることがないよう、いわゆる人権規約を完璧に葬り去ること」と説明している [37]。

提案された修正案によれば、「条約がない場合でも有効である国内法令により」初めて条約は効力を有する [38]。この修正は、条約がもはや自動執行性をもち得ない（つまり国内実施法令の採択なくしては効力をもたない）ことを確保し、「条約は国家が留保している権限に優先しない」[39] ことを明確にするものだった。

この修正案は否決されたが、その代わりアイゼンハワー政権は、合衆国がこれ以上の人権条約を締結しないと公約した [40]。カーター政権まで、合衆国が人権条約の締結に再び関与することはなかった。この時以来、批准済みの人権条約、「市民的および政治的権利に関する国際規約」、「拷問および他の残虐な、非人道的なまたは品位を傷つける取り扱いまたは刑罰に関する条約」は、少なからぬ留保と条件（批判的な人々は、合衆国内における条約上の義務の遵守を妨げるものだと反論している）[41] の対象にされてきた。基本的に、既存の法律に対する変更を一切加えない形で、合衆国はこれらの条約を批准してきた [42]。さらに、合衆国はいまだに「女性差別撤廃条約」（CEDAW）[43]、「経済的、社会的、文化的権利に関する

国際規約」(CESCR) および「子どもの権利条約」(CRC) を批准していない。CRC の批准ができないでいることは唯一、ソマリアと合衆国が共有している特質でもある。

合衆国は人権の擁護・保護における指導的な立場にあることは確かだが、条約に基く人権制度への完全参加という形で指導的役割を担うことを拒否している。このような政策の結果、国際規範が発展するにつれて、合衆国により保証される保護が国際法システム内で発展している保護の水準に達しないということにもなりかねない。

国際司法裁判所

国際司法裁判所 (ICJ または世界法廷) への合衆国の参画は、国際法の下で合衆国が例外的な待遇を執拗に要求するもうひとつの例を示すことになる。1945 年に創設された ICJ は、「国際連合の主要な司法機関」として国連憲章に基き設立されたものである [44]。1922 年から活動してきた常設国際司法裁判所に代わる機関でもあった。この当時設立された他の国際機関の場合と同様に、合衆国はその設立に指導的な役割を担った。ICJ の 2 つの主要な職務は、国家により提出された紛争問題を解決すること、および権限を有する国連機関により諮問された法的問題に関する勧告的意見を申し渡すことである。

国家は ICJ による事件の聴取に同意する必要がある。ICJ 規程第 36 条 2 項に従い、加盟国は裁判所の管轄権を、同様に受諾している他の国との係争事件において義務的であると認める。1948 年、合衆国は義務的管轄権を受け入れたが、その際、上院は ICJ の管轄権から、「**合衆国が決定するところに従い、国内管轄権に属する問題に関する紛争**」(強調附加) を免除するという条件を付けた [45]。コナリー修正 (上院外務委員会のトム・コナリー委員長にちなんで) として知られるこの規定は、「裁判所が管轄権を有するかどうかについて争いがある場合には、裁判で決定する」[46] と規定している ICJ 規程の条項に違反するものだった。さらにコナリー修正は、「何人も己の事件を裁くことはできないという」[47] 法の

基本原則を無視した。1950年代初期の合衆国国連大使であったアーネスト・A・グロスの言葉を借りれば、「裁判所の鍵を自分のポケットに入れておくことを執拗に要求することは、法の支配の中心的な先駆者として、裁判手続きを尊重するアメリカの伝統とは妙に調和しない」[48]。このように、ICJの発足当時から合衆国は、その行動に対する法の平等な適用を拒否する選択肢を保持したのである。

1984年、現政府の転覆を図るため、ニカラグア湾内に機雷を敷設し、また反政府グループ（コントラ）に資金援助と訓練を行ったかどで、ニカラグアはICJに合衆国を告訴した。ニカラグアは「合衆国は、ニカラグアの主権、領土保全と政治的独立、ならびに国際法のもっとも基本的かつ普遍的に受け入れられている原則に違反して、ニカラグアに対し軍事力を行使し、またニカラグアの内政に干渉している」[49]と主張した。合衆国は、「ICJはこの事件に対する管轄権を持たない。中央アメリカの紛争は政治問題であり、法的な問題ではない。ICJは集団安全保障および自衛の問題を解決するよう意図された機関ではない。このような役割には明らかに不向きである」と強硬に主張した[50]。

ICJは合衆国の主張を退け、集団安全保障および自衛の問題を裁く権限を付与されているとの判断を下した。これに応えて合衆国は訴訟手続きから離脱し、裁判所の義務的管轄権からも脱退したのである。合衆国の脱退を弁護して、当時のジーン・カークパトリック合衆国国連大使は、「正直なところ現在の裁判所は、その名が示している機関、すなわち国際司法裁判所とは言えない。それは国家が時には受け入れる、また時には受け入れない準法的、準司法的、準政治的機関である」[51]と説明した。少数の上院議員はニカラグア事件への合衆国の対応に憤怒の声をあげ、成功はしなかったものの、合衆国がICJの義務的管轄権に復帰し、それを受け入れない限り、国際機関への資金援助を禁止する修正を提案した。

> 合衆国は国際司法裁判所がわが国に有利な判決を下したときは賞賛してきたが、国際法は合衆国がニカラグアのサンディニスタ政権を武力によって転覆するうえでは桎梏となった。現在の世界情勢か

ら判断して、唯一の適切な国家政策は、国際法の支配を推し進めることである。もうひとつの選択肢はジャングルの世界である。テロがジャングルの最大の武器である。わが国の行動は、ポル・ポト、ホメイニおよびカダフィー[9]が、無法の世界において、己の欲するところを行う能力を強化する事態を招いたに過ぎない。いかに不完全であれ、国家が意見の相違を平和的に解決できるシステムの、将来の発展を約束することを拒否しようとしているのである。[52]

合衆国の参加のないまま、最終的にICJはニカラグアを支持する判決を下し、特に、ニカラグアに対する賠償金の支払いを合衆国に命じた。国連安全保障理事会が判決執行の試みをしたのに対して合衆国は拒否権を発動した。合衆国は賠償金の支払いを拒否した。選挙により新政権がニカラグアに誕生した後、両国はこの問題に終止符を打った。合衆国は裁判所の義務的管轄権を現在も受け入れていない[53]。

合衆国の9月11日事件以降のテロへの対応

2001年9月のテロ攻撃にたいする合衆国の対応は、関与と主権保護的な要素を伴ってはいるが、本書で検討された他の分野における合衆国の行動と比較すれば、多国間協力的な性格をより強く匂わせている。

他の主要国と協力して、合衆国はアフガニスタンの軍事作戦における主導的な役割を担った。安全保障理事会は、国連憲章に基く国際の平和と安全の維持の義務を負っているが、事実上脇役に回された。2001年9月12日、安全保障理事会は、攻撃を非難する決議第1368号を採択した。その前文は、「国連憲章に基く個別的または集団的自衛の固有の権利」に言及しているが、この決議は明示的に軍事行動の権限を付与したものではなかった。この決議は安全保障理事会の「あらゆる必要な措置を講ずる**準備**」（強調附加）に言及しており、安全保障理事会が、後日軍事行動に関する一定の任務、少なくとも軍事行動の権限を明確に付与する任務を遂行することが示唆されていた。しかし安全保障理事会がこのような措置を講じなかったため、合衆国とその同盟国は、自衛への言及を軍

事行動の是認と解釈した。このような解釈に対する表立った反対の声は国連加盟国からはあがることはなかった。その後、合衆国の支持の下に、タリバン後のアフガニスタンの政治体制を確立・確保するために、安全保障理事会および国連事務局が中心的な役割を果たしている。

　テロの容疑者の逮捕、抑留、起訴については、合衆国は単独行動の道へ突き進んでいる。合衆国はルワンダと旧ユーゴスラビアに対する法廷の例に倣い、容疑者を裁くための特別国際法廷設立の要求を無視してきた。さらに合衆国は、第3ジュネーブ条約に「疑わしき場合の扱いの決定は権限のある裁判所によりなされねばならない」(第5条)と規定されているにもかかわらず、捕虜となったタリバン軍兵士を、この条約に基き捕虜として処遇することを十分な検討も経ずに拒否している。これらの兵士が捕虜としての資格を備えているという正当な根拠もあり、また捕虜としての地位を与えることは、合衆国兵士の処遇における相互主義の促進にも資することになるだろう。

　9月11日事件以降の全体的なテロの脅威に応えて、合衆国は、国連システム内での合衆国の強力な地位を全面的に生かし、国連および多国間条約に依存しながら関与するという戦略を採用した。前にも述べたように、議会は国連への延滞金の支払いを承認した。もうひとつのきわめて重要な措置は、合衆国が安全保障理事会を先導して、2001年9月28日の決議第1373号を採択させたことだった。この決議により、テロ活動の資金援助を抑制するための措置を実施すること、テロリストに対する安全な隠れ家の提供を拒否すること、テロリストへの武器の供給を廃止すること、テロ行為の資金援助、計画、遂行に関わる人物を法に基き裁くこと、このような目的を達成するため他の国家と協力すること、テロリストの移動を阻止するための効果的な国境警備を行うこと、これらをすべての国家に求める、緊急の地球規模の法が作成された[54]。この国際法は、特に「国際テロと国際的組織犯罪、不正薬物、マネー・ロンダリング、不正武器取引、ならびに核・化学・生物その他の潜在的致死性物質との密接な関係に重大な関心を持って注目し」、また国家的、小地域的、地域的および国際的な協力を通しての世界的な対応を義務づけて

いる。

　これらの措置を講ずる命令が真摯に受け止められている証は、決議の実行を監視するためすべての全安全保障理事国で構成されている委員会、イギリスが議長国を務める「テロ対策委員会」を設置していることである。この委員会は、2001年末までにすべての国家が提出を求められていた決議の遵守に関する報告書を検討しており、またそれに対処している。これまでのところ、国家の参加率はきわめて高く、この事実は、おそらく決議目的の達成に付された重要性、ならびに安全保障理事会と合衆国が決議に割り当てた優先度を諸国が認識していることを示唆している。

　安全保障理事会は、この決議が国連憲章第7章に基く権限に従って採択されたため、すべての国家に同じ措置を講ずるよう求めることができた。第7章によれば、安全保障理事会がひとたび国際の平和と安全に対する脅威が存在すると判断すれば、安全保障理事会は各国に対して、脅威への対処に適切であると決定した措置を遵守するよう義務づける権限を持つ。このような措置は、過去における経済制裁、軍事力の行使および国際法廷の設立の際に講じられてきたものである。決議第1373号は、国内法システムの編成方法に関する安全保障理事会による大幅な介入を最初に記録した決議となった。

　このような地球規模の法作成は、本書で分析の対象となった条約と同様に、通常は多国間条約によりなされるものである。実際、決議第1373号の主要な目的の達成を求めたひとつの条約がある。それはテロ活動のための資金援助の抑制である。決議同様に「テロ資金供与防止条約」は、テロリストのための資金の調達や提供を有罪とするよう、またテロ支援のために使用される資金の凍結を加盟国に義務づけている。さらに条約は、金融機関が次のような措置を講ずるよう指導することを諸国に義務づけている。つまり、口座の真の所有者を確認すること、また機関が扱う資金がテロ活動を支援するために使用されないことを確実にすること、である。このような要件は、テロ活動に従事するか、あるいはテロ

活動を資金面で支援する人物に、国民が資金やサービスを利用可能にすることを禁止するという、より包括的な決議の要件に匹敵する。条約の交渉は 1999 年に終了し、2002 年 4 月に発効した。しかしこの条約は締約国に適用されるだけであり、多数の国家が締約国となるまでには何年もかかることが予想される。決議第 1373 号はすべての国家に適用され、しかも採択された瞬間から法として成立したのである。その上、決議はより厳しい要求を突きつける。たとえば、決議はテロ活動支援のための資金を「遅滞なく凍結する」よう国家に義務づけているが、一方条約は、このような資金を「その国内法原則に基く適切な措置」により凍結するよう、国家に義務づけているに過ぎない。

このように、他の安全保障理事会諸国の支持あるいは黙認の下に、条約交渉とそれに続く各国の憲法手続きに基く批准という煩雑で時間のかかるプロセスを回避するため、合衆国は国連憲章に基く安全保障理事会の巨大な権限を利用したのである。決議第 1373 号は、諸国が参加している政治的プロセスとは対照的に、実際は世界諸国に対する高所からの命令だった。このプロセスには明白な利点がある。つまり、スピードと批准手続きに立法府の承認が求められる諸国における議会承認の必要性の回避である。このような国家のひとつが合衆国であることは言うまでもない。合衆国上院が、条約批准に対する助言と同意を与えるのに手間取り、また扱い難い存在であることは周知の事実である。もし 2001 年 9 月の攻撃前であったら、金融機関業務への介入となるため、テロ資金供与防止条約について、上院が同様な姿勢を示したであろうことは確かである。

明確ではないが重大な結果を招く恐れがある、いくつかの問題がある。そのひとつが、条約の交渉には必ず付随する、問題に対する慎重な考察なしに済まされることである。たとえば、金融取引の透明化に関わるプライバシーの問題や、出入国管理に関わる難民の権利の問題等が考えられる。もうひとつは、綿密な検討に基く各国政治機関からの同意を欠くことで、実施に対する意欲の欠如という結果を招くことである。3 番目は、安全保障理事会、合衆国その他の強国に対するすでに蔓延している

憤り、さまざまな問題に対する価値ある目標を達成する際の国際協力を阻害することになりかねない憤りをいっそう煽り立てることになる、国際政策の策定における民主政治の欠如である。

　安全保障理事会を法作成機関としての利用することには慎重な検討を要する。安全保障理事会の5つの常任理事国は、すべての安全保障理事会決定に対する拒否権を保有している。国連憲章が起草されたとき、中国、フランス、ソ連、イギリスおよび合衆国は、常任理事国として指名された。以後50年以上にわたる改革に対する執拗な要求にもかかわらず、拒否権は未修正の状態であり、またいかなる他の国家にも同等の地位は与えられていない。この状態は、特に世界第2の（人口）大国であるインドのような主要国のみならず、先進国および発展途上国の多くの国家が、国際の平和と安全の問題に関する意思決定から締め出されていることに他ならない。安全保障理事会は世界の諸国家と人民を適切に代表する構成とはなっていないため、地球規模の法の創造に利用することは問題である。安全保障理事会の代表性の欠落を考えると、広く承認された多国間条約により創造される法と比較すると、理事会が作成する法は効力に欠けるものとなる恐れがある。

　決議第1373号は例外的な事例であると判明する可能性もある。9月11日以降、テロに関しては、多国間条約という伝統的な法作成の手法を進んで活用する意向を合衆国は示している。攻撃後、ブッシュ政権は、爆弾テロ防止条約と共に、テロ資金供与防止条約を、批准のための助言と同意を求めて上院に提案した。上院は両条約を承認し、ブッシュ大統領は2002年6月26日それらを批准した。合衆国は現在テロに関連する12の現行国際条約の加盟国である。ほとんどの場合、これらの条約は、航空機のハイジャック、空港における暴力行為、船舶内での暴力行為、人質の誘拐、外交官への攻撃といった特定の禁止行為に関わる条約である。これらの条約は、このような行為を犯した人物の訴追を可能にする国内法、および容疑者の訴追または管轄権を持つ国への容疑者の引き渡しを可能にする国内法の制定を加盟国に義務づけている。さらに、合衆国は核テロに関する条約、また最近の一連の交渉においては、すべてのテロ

行為に適用されることになる包括的な条約創設に関する交渉にも参加している。

合衆国の条約政策に繰り返し現れる主題

20世紀の歴史から現在にいたるまでの合衆国の言動の様子を観察すると、「国際連盟に関する大論争から80年を経ても、いまだに国際協定参加による国家主権への影響に関する意見の相違を合衆国が克服できないでいる」[55] ことは明らかである。孤立主義者の最初の理念は、合衆国は世界の指導者とならねばならないという認識と共に進化してきた。しかし多国間法制度が重要な方法で現実に合衆国を制限する恐れのある場合には、このような制度への参加につきまとう不安が鎮められることはなかったのである。合衆国はその国益と主権を保護するために、条約ではなく主に自らの力に依存すべきだと固く信じている、有力で大きな影響力をもつ一派が合衆国の政策策定者の中には存在している。ブッシュ大統領が就任して以降、この傾向はより顕著になっている。このような見解の支持者のひとりであるチャールズ・クラウサマーは、「この10年にもわたる愚行、すなわち国益より規範という外交政策の命運は尽きた」と公言している[56]。

法の支配に基く多国間主義にたいする合衆国の抵抗は、合衆国が批准した条約により課せられた義務の軽視、また条約交渉への参画とその後の条約の拒否という構図に明白に現れている。このような傾向は、以下のように簡潔にまとめることができる。続く各章において、特定の安全保障関連諸条約に関する合衆国の政策を検討する。

批准後における義務の軽視

合衆国は、その多くの条約上の義務に対処する際に、ご都合主義的遵守政策を採用してきた。たとえば、核不拡散条約（NPT）は合衆国に「核軍備競争の早期の停止および核軍備の縮小に関する効果的な措置につき……誠実に交渉を行うこと」を義務づけているが、この軍縮義務をその

国家核政策に統合する動きを合衆国は一切示していない。それどころか、2002年の「核態勢見直し」は、大量かつ近代化された核戦力の無期限の維持を企てている。NPT に基く己の軍縮義務の軽視にもかかわらず、NPT 条の義務に違反しているか、あるいはその可能性を持つ特定の国家と対峙するという役割を、厚かましくも担ってきたのである。

化学兵器禁止条約の加盟国として、合衆国は報告と査察要件を満たすよう義務づけられている。しかし議会は合衆国の遵守を制限する法を可決した。生物兵器禁止条約は、合衆国が生物兵器を生産することを禁止している。しかし 1990 年代の後半、合衆国は実験用爆弾および兵器としての基準を満たす炭疽菌を開発した。もし他国によりなされた場合には間違いなく条約不履行とみなされるこのような活動が秘密裏に実行されたのである。気候変動国連枠組条約の加盟国として、合衆国は「気候変動の原因を予測し、防止しまたは最小限にするための予防措置をとる」よう義務づけられている。しかし排出量を削減するブッシュ政権の政策は、その大部分が非強制的であり、予想水準以下まで排出量を削減できる可能性は低いものと考えられる。合衆国の米ロ対弾道ミサイルシステム制限条約からの脱退は、ロシアとの 30 年にもおよぶ安全保障体制からの急激な別離であり、合衆国の同盟国からの意見も含め世界の大多数の意見によれば、この脱退は、いろいろと考え合わせると、国際安全保障を損なうことになる無分別な措置であった。

協定作成における合衆国の参加とその後の条項拒否

合衆国の条約政策における最近のもうひとつの傾向は、多国間条約の交渉および作成への参画と、条約採択後の署名または批准の拒否である。最近、合衆国は数多くの重要で広く知られている安全保障関連諸条約の交渉には参画するが、加入を拒否している。

国際刑事裁判所（ICC）の交渉では、合衆国は積極的にさまざまな提案をした。法の適正手続の保護に関する提案のように成功を収めた場合もあったが、より重要な任務の安全保障理事会への付与を確実にする企

てのように、不成功に終わった提案もあった。クリントン大統領は ICC 規程に署名したが、加盟国が合衆国の「懸案事項」に関してさらに譲歩するまでは批准を勧告しなかった。ブッシュ政権は条約の批准を追求しないことを国連に通告した。合衆国は包括的核実験禁止条約（CTBT）および京都議定書の交渉に参画、署名した。またその諸条項作成で中心的な役割を果たした。しかしまず上院が、次にブッシュ政権がその批准に反対した。生物兵器禁止条約（BWC）の強化を図るよう意図された議定書については、議定書の枠組を支持し、合衆国の利益を保護するための妥協案の交渉・成立まで漕ぎ着けたが、完成前の草案すら拒否し、その結果成立の機会をも葬り去ったのである。

第 2 章　核不拡散条約

　核不拡散条約（NPT）の締約国は、国連憲章の加盟国に次いで 2 番目に数が多い。187 か国が締約国であり、インド、パキスタン、イスラエル、キューバのみが非締約国である[10]。この条約は 2 種類の締約国、すなわち核兵器の保有を認められその廃絶の交渉を公約している国家と、核兵器の取得を禁止されている国家の存在を前提とする、唯一の安全保障協定でもある。1968 年に NPT は署名され、1970 年に発効した。その当初の有効期間は 25 年間だった。1995 年、NPT は無期限に延長された。

起　源

　1961 年、国連総会は全会一致で、「核兵器を保有する国家数の増加は切迫した状態にある」ことを明言し、このような進展を阻止するための「国際協定の締結を確実」にするようすべての国家に求める、アイルランド提案の決議を採択した[57]。1965 年夏、合衆国とソ連は、ジュネーブの 18 か国軍縮委員会（ENDC）[12]に条約草案を提出した。この草案は、単に非核兵器国による核兵器の取得と、非核兵器国への核兵器の移譲を禁止するものだった。その年の秋に国連総会で採択された決議は、合衆国とソ連の草案内容をはるかにしのぐもので、条約が基くべき原則を定式化したものだった[58]。この決議は、ブラジル、ビルマ、エチオピア、インド、メキシコ、ナイジェリア、スウェーデンおよびアラブ連合共和国（エジプト）により提案されたもので、93 対 0（棄権 5）で採択された[59]。この決議は「次の主要な原則に基く」条約を交渉するよう ENDC に要求した。

　　a　この条約は、核兵器国または非核兵器国に、直接・間接のいかん

を問わず、たとえいかなる形態の核兵器であれ、その拡散を許すような抜け道を一切設けないこと。

b この条約は、核兵器国と非核兵器国の相互的な責任と義務の受け入れ可能な均衡を実現すること。

c この条約は、全面的かつ完全な軍縮、特に核軍縮の達成を一歩前進させるものであること。

d この条約の実効性を確実にする、容認でき実行可能な規定であること。

e この条約のいかなる規定も、各国の領域内での完全非核化を確実にするための地域条約を締結する国家集団の権利に不利な影響を及ぼさないこと。

これらの原則に従って交渉が進行する中で、合衆国とソ連により提案された取得・移譲禁止規定に、つぎの2つの基本的な規定が追加された。原則bと原則cを踏まえて、第6条に規定されている核軍縮を交渉する誓約が、そのひとつだった。この規定は、「核軍備競争の早期の停止および核軍備の縮小に関する効果的な措置について、また厳重かつ効果的な国際管理の下における全面的かつ完全な軍備縮小に関する条約について、誠実に交渉を行うこと」を各 NPT 締約国に義務づけている。原則bを踏まえての第4条の第2規定は、非核兵器国に対する平和目的の核エネルギーの研究、生産および使用に関する援助の公約だった。核兵器の取得・移譲に関する禁止は、第1条と第2条に規定されている。さらに第3条では、非核兵器国は、核分裂性物質の兵器転用を防止する国際原子力機関（IAEA）主導の「保障措置」の受け入れに合意した。保障措置は核兵器国には適用されない。第9条は核兵器国を、1967年1月1日以前に核兵器あるいは核爆発装置を製造しかつ爆発させた国、すなわち合衆国、ソ連（その後継者であるロシア）、イギリス、フランスおよび中国と定義している。最初の3か国は NPT 発足当時からの締約国である。フランスと中国は、20年後までこの制度には加入しなかった。この2か国が加入したとき、NPT の核兵器保有5か国の構成は、第2次世界大戦の戦勝国である安全保障理事会の常任理事国と同じ構成になっ

た。第 10 条は、脱退しようとする国が、この条約が「自国の至高の利益」を危うくしていると認める「異常な事態」について、諸締約国および安全保障理事会に 3 か月前の事前通知を行えば、条約から脱退できると認めている。

　非核兵器国は、NPT に加入する 3 つの主な利点を認識していた。ひとつは特定の国家にとり不安のある地域における拡散を含め、核兵器のさらなる拡散を防止することにより安全保障を強化することだった。この利点が大半の国家には大前提となっており、軍縮義務が遵守されないことにひどく失望している国家による、NPT に対する継続的な力強い支持の原因となっている。多くの国家にとって 2 つ目の利点は、核エネルギー開発に関する援助の公約だった。3 つ目の利点は、核兵器国の核軍縮に関する交渉を、誠意を持って遂行するという公約だった。

　条約の交渉時点で、核エネルギーに関する第 2 の利点が大きく浮上してきた。非核兵器国は、核兵器を取得しない義務とそれに伴う IAEA の保障措置により核エネルギーの開発が阻害されることを防ぎたいと願っていた。さらに第 4 条の公約を、取得しない義務の埋め合わせとみなしていた。3 巻にわたる NTP の研究書の中で、モハメッド・I・シェイカーは、次のように説明している。

> NPT は、核兵器の拡散を防止するために核の平和利用活動にこのような制限を設けることにより、将来の進歩と繁栄にもっとも必要とされる原子力の平和利用に関する知識と技術への十分なアクセスを妨げることにならないか、国際査察は産業スパイ活動に変身するのではないか、また条約により、核燃料および必要な機材の主要な供給者としての特権的地位を享受し続ける核兵器国の意のままにされるのではないか、という不安を非核兵器国は表明していた。非核兵器国は、その利益のために原子力を平和目的で活用する自由を、核兵器取得の放棄に見合う、もっとも明確な代償とみなしていた。[60]

　誇大な美辞麗句が飛び交い、平和利用のための核エネルギーを開発する「奪い得ない権利」に言及している第 4 条にもその影響が色濃く反

映されていた。発展途上国の観点から、ある分析家は「人間の尊厳の問題は、核時代への参画を最大限に生かせるか否かの問題にすりかえられている」とその著作の中で主張している[61]。このような見解は、なにも発展途上国に限られていたわけではない。ENDC でのイタリア代表は第 4 条を新しい人権の法典化とみなしており[62]、また西ドイツのウイリー・ブラント外相は、工業国としての西ドイツの将来はこの原則に依存することになるため、核エネルギーの平和利用を妨げるものは一切受け入れることはできないと言明した[63]。IAEA の設立をもたらした合衆国による 1950 年代の「平和のための原子力」という唱導を継続することは、最初から NPT に次のような矛盾をはらませる結果を招いた。つまり、核兵器の取得を望むいかなる国家にたいしても、核分裂性物質と専門知識を提供する核エネルギー計画を推進することになるという矛盾である。

軍縮義務は 5 年ごとに開催される NPT 再検討会議の中心的な課題であった。本章の大半は、この義務の特質および内容に関する理解がどのように進展してきたかの説明と、遵守の現状評価に充てられる。第 6 条の交渉経過を見れば一目瞭然である。合衆国とソ連は条約の前文規定を除き、核軍縮と一切関連させない方針を望んだが、一方非核兵器国は核軍縮と関連づけることを求めた。1965 年、スウェーデンとインドは、核兵器使用に対する安全保障、核兵器生産の凍結、包括的核実験禁止および核兵器としての基準を満たす核分裂性物質生産のカットオフを含むさまざまな措置と不拡散協定とを組み合わせた「パッケージ」解決案を提唱した[64]。その後、インドは核兵器の生産を禁止する条項を提案し、さらに核兵器国が核軍縮措置に「着手する」ことを確約する条項を提案した[65]。多くの国家は、条約義務の均衡を維持する必要性から、核兵器の不取得に同意した国家に対する核兵器の不使用の保証を要求した[66]。合衆国は選択肢の制限に対する軍部からの抵抗があり、この提案に反対した[67]。妥協案としてメキシコは、核実験禁止、核兵器生産の停止および核兵器と発射装置の廃絶に関する協定についての交渉を、「誠実に交渉を行う」義務を提案した[68]。ブラジルも同様の提案をした[69]。最終的

に合衆国とソ連は、いかなる特定の措置とも無関係に、核軍備競争の停止と核軍縮に関する誠実な交渉義務のみを受け入れることになった。

シェイカーが述べているように、交渉経過は「交渉することは本来の目的ではなく、できる限り早い段階での具体的な成果を達成するための手段である」[70] と一般的に考えられていたことを明白に示している。軍縮義務の主張は、1965 年の国連総会決議の原則 b に述べられているように、条約義務の釣り合いを維持する必要性の認識とも密接に関連していた。シェイカーは核兵器国の第 6 条義務は、「より安全な世界を実現するという観点からばかりでなく、核兵器の放棄に対する代償ともみなされていた」ことを詳細に述べている [71]。ブラジル代表の以下の発言はそのあたりの事情をよく物語っている。「非核兵器国に課せられた義務が、条約の主題に関する核兵器国側の重大な公約に応じて果たされることが必要不可欠であるように思われる」[72] と。特定の措置が第 6 条で規定されなかったが、このような措置は、引き続き国際軍縮交渉の重要な議題となっている。NPT 前文は、包括的核実験禁止と「核兵器の製造を停止し、貯蔵されたすべての核兵器を廃棄し、ならびに諸国の軍備から核兵器およびその運搬手段を除去すること」に言及している。重要なことは、NPT が 1968 年 7 月 1 日に署名のため開放された後の ENDC の第 1 会期に、合衆国とソ連が、その表題が第 6 条から引用された、第 6 条で規定されるよう提案された措置を含む、以下のような交渉議題を提案したことである。

> 1　核軍備競争の早期の停止および核軍備の縮小に関する、より効果的な措置。上記の表題に従って、構成国は、実験の停止、核兵器の不使用、兵器としての基準を満たす核分裂性物質の生産停止、核兵器の生産停止、削減、それに続く貯蔵核兵器の廃棄、非核地帯等に対処するための措置を検討することを望んでいる。[73]

そしてまた、国連総会が NPT を承認した 1 週間後の 1968 年 6 月、安全保障理事会は積極的安全保証として知られるようになった規定を定めた決議第 255 号を採択した。それは核兵器による侵略的な威嚇または使

用が行われた場合、安全保障理事会と常任理事国は、「国連憲章に基く義務に従って直ちに行動しなければならない」こと、すなわち国際平和と安全を回復するために、おそらくは軍事手段による行動を起こさねばならないことを「承認」したものである。さらにこの決議は、このような状況に直面した際の「迅速な援助を提供または支援する」という合衆国、イギリスおよびソ連により発表された意向を歓迎した。その後 1978 年に、合衆国、イギリスおよびソ連は、一定の例外を条件に、消極的安全保証、すなわち NPT の不取得義務を遵守している国家に対する核兵器の不使用政策を宣言した。合衆国の宣言は次のように言明している。

> 合衆国は、攻撃の遂行あるいは継続において、核兵器国と同盟、または連合する下記の国家による、合衆国、その領土または軍隊、あるいはその同盟国に対する攻撃の場合を除き、NPT に加入している、あるいは核爆発装置の不取得を NPT に相当する国際的に拘束される形で公約している非核兵器国に対して核兵器を使用しない。[74]

1995 年、合衆国、イギリスおよびロシアは、フランスと中国も参加する形で再度類似の宣言を行った[75]。1995 年 4 月 11 日に採択された安全保障理事会決議第 984 号は、この宣言および 1968 年に宣言された積極的安全保障と類似の宣言にも言及している。

このいずれもが、軍縮公約の曖昧さと、消極的安全保証の法的拘束力の欠如を理由に NPT への加入を拒否したインドを満足させることはできなかった[76]。皮肉なことに、インドが中国の 1964 年の実験に続いて核武装化するのではないかという懸念が、合衆国が NPT の交渉を推進した主な理由だった。1998 年の核爆発実験によって顕在化された、1990 年代後半のインドとそれに続くパキスタンによる公然の核武装化は、1970 年に NPT が発効して以来何十年間も、軍縮公約を履行できずにいる NPT 核兵器国の怠慢さを浮き彫りにしたのである。実際、NPT の交渉において強調され、ENDC の議事項目とされた特定の措置は、今日でもその大半が達成されていないありさまである。このような怠慢の長期

化が、インドを説得して、実際に自国の軍備計画において少なからぬ自制を促したその長年にわたる反核的な言動を実行させることを、結果的にいっそう難しくしたのである。もうひとつの NPT 非締約国であるイスラエルも使用可能な核兵器を保有しており、核兵器不取得義務により拘束される中近東の他の国家に、NPT についての深刻な危惧感を抱かせる結果を招いた。4 番目の NPT 非締約国であるキューバには、核兵器の取得に関する疑惑は一切なく、また条約に加入することを公表している。

最近の展開

1995 年の NPT 再検討・延長会議まで、宣言核保有国は、条約によりその核兵器の廃絶が義務づけられているという事実を一貫して無視してきた。選択的解釈が軍縮ではなくむしろ拡散に焦点が集中することを許してきた。しかし 1995 年、条約の無期限延長を承認させるために、核保有国は「核不拡散および軍縮の原則と目標」の中で、1996 年を期限とする包括的核実験禁止条約の交渉、核兵器としての基準を満たす分裂性物質の生産禁止に関する「交渉の早期開始および早期締結」、ならびに「核兵器廃絶という究極的目標の下に、世界的な核兵器削減に向けての体系的かつ前進的な努力の核兵器国による確固たる遂行、およびすべての国家による、厳重かつ効果的な国際管理の下における全面的かつ完全な軍備縮小撤廃の確固たる遂行」を公約したのである。第 6 条は、各締約国の憲法上の手続きを経て承認された条約に規定されたものであるため、引き続き基本的な法的義務である。しかしながら「原則と目標」は、その条件に従って条約を無期限に延長する拘束力を持つ法的決定と連動していることからすれば、いっそう重い責任を伴う核兵器国による政治的公約である。

1996 年は 2 つの主要な成果を残した。ジュネーブ軍縮会議において交渉された原文に基き、国連総会は包括的核実験禁止条約（CTBT）を採択し、条約は署名のため開放された。さらに、国連の司法機関である

国際司法裁判所（ICJ）は、国連総会より要請された核兵器による威嚇または核兵器の使用の合法性に関する勧告的意見を申し渡した[77]。

ICJ は、人道法上、国家は「文民の目標と軍事目標を区別できない兵器を絶対に使用しては」ならないと述べ[78]、核兵器による威嚇またはその使用は「一般的に」国際法に違反するとの判断を下した[79]。国家の存続自体が脅かされる自衛の極限状況における核兵器による威嚇または使用については、裁判所の意見が分かれ、明確な結論を下すことはできなかったが、勧告的意見の全体的な基調は明らかに違法性を示唆するものだった。核兵器の実態と抑止理論に精通している研究者により行われた全米科学アカデミーの研究は、いかなる核兵器による威嚇またはその使用も、裁判所により示された合法性の基準を満たすことは「ほぼ有り得ない」と考えている[80]。ICJ は、考え得る限りの核兵器による威嚇またはその使用はすべて違法であるとの明確な判断は下さなかったが、その勧告的意見は、主要な抑止理論の違法性を強く示唆するものとなっている[81]。

さらに、予想外の出来事だったが、国連総会の要請に応えての勧告的意見の単なる申し渡しでは満足しなかった裁判所は、全員一致で NPT 第 6 条の解釈を提供し、第 6 条により国家は「厳重かつ効果的な国際管理の下におけるあらゆる面において、核軍縮に至る交渉を誠意をもって遂行し、完結させること」を求められる、との判断を下した[82]。明示的に主張されてはいないが、裁判所の論理は、この義務が NPT 以外の法源に基くものであり、従ってインド、パキスタン、イスラエルなどの核兵器国を含む少数の NPT 非締約国にも適用されることを明確にしている[83]。

2000 年 4 月の NPT 再検討会議までの軍縮の成果は、1996 年の CTBT 交渉完結と、米ロ戦略核兵器削減のための 1994 年の START I 条約[13]の継続的な遂行を除き、芳しいものではなかった。1998 年、インドとパキスタンは核実験を行い、1999 年秋、合衆国上院は CTBT 批准の承認を拒否した。核分裂性物質条約に関する交渉は行き詰まっていた。重

大な行き詰まりの原因は、交渉は新規生産に関する上限枠の設定のみならず、既存の備蓄の削減をも取り上げるべきであるといういくつかの国家の主張にあった。さらに、中国その他の国家は、包括的な核軍縮の遂行、および宇宙における軍拡競争の阻止といった、他の分野に関する確約抜きの交渉に反対した。最終的に合衆国は上記2点に関する討議は認めるが交渉には応じないという形で譲歩したが、不十分な譲歩であると退けられた。行き詰まりの根底には、合衆国のミサイル防衛[14] 推進の問題があった。ミサイル防衛により、合衆国の先制攻撃とミサイル防衛との併用に対して中国は、第2撃能力の維持に必要となる核兵器増強用の核分裂性物質増産という選択肢を残さざるを得なかったのである。

　2000年の再検討会議において、ブラジル、アイルランド、メキシコ、ニュージーランド、南アフリカ、スウェーデンからなる新アジェンダ連合が陣頭に立って、否定的な展開を逆転して軍縮確約を促進することを強く求めた [84]。このグループは1998年に結成され、核兵器のない世界を求める「新アジェンダの必要性」を宣言した（1998年新アジェンダ宣言）。1998年と1999年には、軍縮措置を明確に示し、また核兵器国に「迅速かつ完全な各国の核兵器廃絶に対する明確な公約を行動で示し、また結果的に第6条に基く義務の遂行に繋がる核兵器の廃絶に至る交渉を、遅滞なく誠意を持って遂行し、完結する」よう求める国連総会決議を提案した（1998年国連決議、1999年国連決議）。新アジェンダ連合の影響力は、2000年再検討会議の冒頭において、核兵器保有5か国の次の共同声明（NPT史上初めて）により実証された。「我々は、引き続き条約に基くすべての義務の遂行に無条件に全力を傾ける所存である」、また「我々の核兵器は、いかなる国家をもその攻撃目標とはしていない」と共同声明は記している（2000年常任理事5か国声明）。「明確」という言葉は、核兵器国に「核兵器備蓄の完全廃棄の達成、交渉参加のプロセス促進を明確に約束」（2000年新アジェンダ連合の作業文書）させようと迫る新アジェンダ連合の意欲に対する承認を示すものだった。

　新アジェンダ連合は、核兵器国の声明には満足せず、核兵器備蓄の廃棄のみならず一連の軍縮措置に対する公約をも要求した。会議の終了ま

でに、新アジェンダ連合と核兵器国は成果の基礎となった個別の交渉を行った。

このような展開は、核軍縮を達成するための 13 の「体系的かつ漸進的努力のための実際的な措置」に関する最終文書の中心的な一節に最も明確に示されている [85]。多くの国家にとって、このような措置に対する表現方法にはさまざまな選り好みがあったが、合意された措置は新アジェンダ連合の要求を色濃く反映したものとなっていた。主要な要素は、「第 6 条に基きすべての締約国が義務づけられている核軍縮に繋がる核兵器備蓄の完全廃棄を達成するとの核兵器国による明確な約束」であった（第 6 措置）。この規定は新アジェンダ連合にとり必須条件であった。その他の措置は、核実験禁止の支持といった既存の義務を再表明したものであり、新アジェンダ連合により支持される措置を含んでいたが、NPT 核兵器 5 か国によるある程度の駆引きの余地を残す表現で作成されていた。これらの措置は以下のものを含んでいる。

・包括的核実験禁止条約（CTBT）の早期発効および発効するまでの核兵器爆発実験の一時停止(第 1、第 2)

・核兵器としての基準を満たす核分裂性物質の生産を禁止する条約に関する「交渉の必要性」、および「5 年以内での締結を目標に、このような条約に関する早急な交渉開始を含む」、軍縮会議の作業計画に関する合意（第 3）

・ 核軍縮に対処する任務を持つ適切な補助機関を軍縮会議内に設立する必要性（第 4）

・核軍縮に適応されるべき不可逆性の原則（第 5）

・START Ⅱ の早期発効および完全実施、ならびに戦略的安定の礎石および戦略攻撃核兵器のさらなる削減の基盤としての ABM 制限条約の維持及び強化と START Ⅲ の早期締結（第 7）

・ 一方的な核兵器備蓄削減のための核兵器国によるいっそうの努力（第 9a）

・核兵器国による核兵器戦力に関する透明化のいっそうの強化（第 9b）

・非戦略核兵器のさらなる削減（第9c）
・核兵器システムの即応態勢をいっそう低減するための合意された具体的な措置」(第9d)
・これらの兵器が使用される危険性を最小限に抑え、その完全廃絶のプロセスを促進するための安全保障政策における核兵器の地位の漸減（第9e）
・すべての核兵器国による核兵器の完全廃絶にいたるプロセスへの妥当な限り早期の参加(第9f)
・各核兵器国により非軍事目的用と指定された核分裂性物質をIAEAまたはその他の関連する国際的検証の管理下に置くための実行可能な限り早期の核兵器国による協定、ならびにこのような物質を平和目的用に処理するための協定 (第10)
・核兵器のない世界の達成および維持を図る核軍縮協定の遵守を確実にするために必要とされる検証機能のさらなる発展 (第13)

　これらの義務は、本質的に「法的」義務ではなく、むしろ「政治的」義務と広く理解されている。しかしこの課題が再検討会議により異議なく採択されたことを考えると、2000年時点における全NPT締約国の第6条の要件に対する見解を代表したものとなっている。さらに、核兵器備蓄を廃棄する「明確な約束」は、第6条の意味を明確にし、ICJの権威ある解釈の強化に資している。新アジェンダ連合代表は、最終文書を「画期的な出来事」と称しており、国際的な市民社会連合である中堅国家構想の議長、カナダのダクラス・ローチェ上院議員は、「核軍縮における新しい動きが出現した」と記している [86]。しかし最終文書が採択された直後の新聞記者に対する談話の中で、ロバート・グレイ合衆国大使は、この約束は「過去の場合と同様、特に大きな影響を及ぼすことにはならない……同じ事の繰り返しに過ぎない」と語ったのである [87]。

　NPTの成果は、2000年の秋、この13項目の軍縮措置を取り入れた新アジェンダ決議において国連総会により強力に支持され、「核兵器のない世界は、普遍的かつ多国間の交渉による拘束性を持つ法または相互補完的な一連の法を包括する枠組という基盤を最終的に必要とすることを

確認する」[88] という点でさらに踏み込んだものとなった。決議の投票を説明する際に合衆国は、2000 年の NPT 最終文書が「核不拡散および核軍縮努力に対するわが国の指針である」と述べた[89]。

核不拡散条約および軍縮義務の遵守に関する評価

1970 年以降、諸国の NPT 核兵器不取得義務の遵守成績は、かなり良好な状態である。すべての非核兵器国がほぼ不取得義務を果たしていることは広く認められている。イラクと北朝鮮の 2 国が例外である。イラクの場合、その核兵器計画は、湾岸戦争に続き、厳しい制裁措置に裏づけされた集中的な査察が国連安全保障理事会決議に基き実施された際に暴露された[90]。安全保障理事会は、核、化学および生物兵器計画を中止し、その計画終止を国際査察官が満足できる形で証明するようイラクに命じた。安全保障理事会により設立された機関（IAEA ではない）による査察は、1998 年に中断され、現在その再開に関する交渉が続けられている[91][12]。1998 年以降、IAEA は、イラクの申告済み核施設の保障措置が機能していることを検証した。しかし IAEA は、この事実が安全保障理事会命令の遵守を実証することにはならないと強調している[92]。イラクがその核兵器計画を再開したのではないかという疑惑が依然残されている[93]。北朝鮮は、1990 年代の初頭に核兵器計画を持っていたようであるが、保障措置協定に基づき求められる IAEA 査察の受け入れを拒んでいる。北朝鮮はいまだに IAEA の完全査察を承認しておらず[94]、2002 年 10 月、核兵器を開発する計画の存在を認めたのである[13]。さらに合衆国はイランも核兵器計画を進めていると申し立てているが、イランはその保障措置協定を遵守していると IAEA は言明している[95][14]。

1970 年以降何十年にもわたり、再検討会議文書に繰り返し言及されてきた目標である NPT の普遍化を促進する動きも見られた。南アフリカは、その小規模な核兵器備蓄を放棄し、非核兵器国として NPT に加入した。核兵器計画を進めていたブラジルとアルゼンチンの両国も同様の措置を講じた。ウクライナとカザフスタンを含む旧ソ連共和国は、領

土内の核兵器をロシアに引き渡し、非核兵器国として NPT に加入した。しかしインド、パキスタン、イスラエルを非核兵器国として加入させるという狙いは達成されておらず、この点に関する動きも見られない。NPT 核兵器保有 5 か国を巻き込む核軍縮の達成を図る明確な実行可能なプロセスを抜きにして、インドやパキスタンが、NPT やそれに続く制度に加入する可能性はきわめて低いように思われる。イスラエルが非核兵器国として NPT に加入する見通しは、少なくとも中東における恒久的な平和解決の成果に左右されるものと考えられる。

　第 6 条軍縮義務の遵守については、1991 年ブッシュとゴルバチョフの一方的戦術核兵器同時撤去、ならびにロナルド・レーガンおよびシニア・ジョージ・ブッシュ政権とゴルバチョフ政権の間で交渉された、中距離核戦力（INF）全廃条約と戦略兵器削減条約関連の START 諸協定以降、全体としてさしたる進展は見られていない。フランスとイギリスはその核兵器備蓄を削減している。1996 年 CTBT 交渉は完結し、1996 年以降、NPT 核兵器国による核実験は行われていない。現在、インド、パキスタン、北朝鮮が CTBT に未署名であることに加えて（第 3 章参照）、合衆国上院とブッシュ政権の批准に対する反対もあり、CTBT が発効する見通しは立っていない。2002 年初頭の核態勢見直し（NPR）および 2002 年 5 月の米ロ戦略攻撃兵器削減条約において公にされた合衆国の計画は、合衆国とロシアによる配備された戦略核兵器が削減されることを示唆している。後述する理由から、重大な点でその削減が 2000 年の NPT 再検討会議により設定された基準に達しない恐れがある。さらに NPR は、非核兵器国に対する核兵器使用の選択肢を縮小するどころか拡大しており、これは「核のならず者国家としてのアメリカ」と題された社説の中で『ニューヨーク・タイムズ』により非難された動きであった [96]。2000 年合意最終文書に含まれる措置に関して次により詳細な分析が行われる。

米ロ戦略兵器削減

　核態勢見直しにおいて合衆国は、「運用中の」戦略核兵器の配備を 2007

年までに3800発、2012年までに1700〜2200発までに削減することを発表した。合衆国の計画を反映して、モスクワで2002年5月24日に署名された、短く、きわめて簡潔な戦略攻撃核兵器削減条約（モスクワ条約）では、合衆国とロシアは、戦略核弾頭を2012年までに1700〜2200発に制限することを求められている[97]。この条約は、もし延長されなければ2012年に失効し、また「国家主権」の行使に基き、3か月の事前通告を条件に終了する。国家の「至高の利益」を危うくする「異常な事態」の場合という典型的な核兵器条約の脱退条項は見当たらない。

　米ロ協定および両国の公表された計画は、ソ連の崩壊以降膠着状態にあった削減プロセスの進展を図るという点では少なくとも前向きの姿勢ではあるが、今後10年で両国が到達するそれぞれ約2000発という戦略核兵器戦力が意味するものは、敵対国の全社会を破壊する戦力、また我々が知る限りの地上の生命体を絶滅させる戦力が配備されることである。このような基本的な問題以外にも、NPT関連の13項目の措置の構想に沿わないかぎりでの削減に追いやる、いくつかの深刻かつ相互に関連する問題も含まれている。

　まず始めに、総体的な合衆国の計画では、発射装置の廃棄または核弾頭の解体は求められておらず、モスクワ条約においてもこのような措置は必要とされていない。核態勢見直し（NPR）の天然資源保護評議会（NRDC）による分析によれば、50発のMXミサイル[15]が非活性化されるが、そのミサイル発射台と核弾頭のみならず、地下格納庫も引き続き維持されることになる[98]。18隻の合衆国トライデント型原子力潜水艦のうち4隻が戦略核戦力から外されるが、その後通常型巡航ミサイルを装備する潜水艦に改造されることになる[99]。これらの措置以外に、いかなる戦略発射台も核戦力から追加廃棄される予定は皆無である[100]。これとは対照的に、START Ⅰでは発射装置の廃棄が必要であり、またSTART Ⅱでも廃棄が求められる予定だった。1997年のSTART Ⅲへ向けてのヘルシンキ目標では核弾頭の非活性化と解体も構想されていた。さらにNRDCによれば、合衆国は「2020年に稼動予定の新ICBM（地上発射大陸間弾道ミサイル）、2030年には新SLBM（潜水艦発射弾道ミサイル）

とSSBN（弾道ミサイル原子力潜水艦）」、ならびに2040年には新重爆撃機を、上記ミサイル用の新核弾頭も含めて」計画しているという[101]。

次に、運用中の配備戦略戦力以外に、合衆国は数週間あるいは数か月以内に再配備可能な即応戦力としての大量の核弾頭を保持する計画である。モスクワ条約ではこのような備蓄は抑制されていない。NRDCは、10年で到達予定の1700～2200発の運用配備戦略核弾頭水準に加えて、数十発の予備弾頭と、さらに即応戦力としての1350発の戦略核弾頭が保持されることになると推定している[102]。このような政策は、「柔軟性」の必要に基き正当化されているが[103]、NPTの13項目の措置に含まれる「不可逆性」の原則に反する政策である。

3番目に、合衆国は運用配備戦略核兵器の待機水準を低減する計画を一切示していない。今日、米ロ両国は約2000発の核弾頭を、命令後数分以内に発射可能な厳戒態勢下に置いている。現状をそのまま適用すれば、2012年の1700～2200発の運用配備核弾頭水準では、約900発を合衆国は高度の警戒態勢に置くものと推定されている[104]。このような動きは、まるで警戒態勢解除過程をスローモーションで見ているようなものである。合衆国により計画されている即応戦力が実質的な警戒態勢解除状態に置かれることを考えれば、いっそうその感を強くせざるを得ない。しかし、運用配備戦力の削減が、これほど長期間に引き延ばされねばならない根拠は一切見当たらない。また数量の多寡にかかわらず、それらが継続的に高度の警戒態勢に置かれる必要性もまったくない。「核兵器システムの運用態勢をさらに低減し、また安全保障政策における核兵器の役割漸減を図るための合意に基く具体的な措置」というNPTの約束は、削減される核弾頭のみならず配備される核弾頭にも適用されるべきである。

4番目に、削減の透明化および検証の可能性の程度が、今後の決定待ちであることが指摘される。モスクワ条約と共に署名された、法的拘束力を持たない、政治的約束を表明している共同宣言は、START I諸規定が、「透明化に関する措置を含むその他の補足措置と共にさらなる戦

略攻撃兵器削減の合意を図る際に、信頼、透明性および予測可能性を構築する基盤となる」と述べている[105]。透明性（検証という用語は、この条約あるいは宣言には一度も使用されていない）の問題は、宣言により設立される協議部会、条約により設立される実施委員会、あるいは START Ⅰ の協議機関で交渉されることになる。ロシアと合衆国は、条約に使用されている「戦略核弾頭」という用語の意味を共通理解さえしていないのである。さらに、運搬手段の廃棄または核弾頭の解体抜きで、どのように透明化または検証を達成できるのかは不明である。運搬手段の廃棄がSTART Ⅰ における検証の主要な方法となっている。

5 番目に、完成しているが未発効の START Ⅱ では、複数弾頭地上発射ミサイルは禁止される予定だった。2002 年 5 月の米ロ協定は、複数弾頭ミサイルまたはその範疇に属するいかなるミサイルにも制限を課しておらず、その代わりに各締約国が「その戦略攻撃兵器の構成および構造を自ら決定する」と定めている。このような制限の省略は、特に合衆国のミサイル防衛開発と配備の推進を考えると、それによりロシアは既存の配備複数弾頭ミサイルの維持と新たなミサイルの配備を余儀なくされることを考慮すれば、不安定化を招く要因ともなりかねない[106]。さらにこのような展開は、両国にその戦略戦力を引続き一触即発の警戒態勢で維持することを余儀なくさせ、その結果、判断ミスによる核戦争の危険性を残すことにもなりかねない。

6 番目に、削減の速度は、START Ⅰ の進行と比較すると遅くなっている。合衆国の計画では、2007 年までに配備戦略兵器数を 3800 発にすることを予定しているが、START Ⅱ では、2007 年までに配備戦略兵器数を 3000 ～ 3500 発に削減する構想だった。START Ⅲ へ向けての 1997 年のヘルシンキ目標においては、2007 年までに戦略核弾頭数を 2000 ～ 2500 発に削減することが予定されていた。算定方式の変更（ブッシュ政権は、「配備」戦略核弾頭の中に、常時点検整備している約 250 発の潜水艦搭載核弾頭を含めていない）により、ヘルシンキ目標の値域と核態勢見直しおよび 2002 年 5 月の条約により示された 1700 ～ 2200 発との値域が、計算上ほぼ同じになる。従って、2012 年までに配備戦略核弾頭を 1700 ～

2200 発に削減するという新計画は、ヘルシンキ目標期日を実に 5 年も先延ばしすることになる。[17]

安全保障政策における核兵器の役割の低減

　冷戦後の時代に、米ロ 2 大核兵器国は核戦力を軍事戦略に統合し、核戦力の役割を拡大してきた。

　1993 年、ロシアは核兵器の先制不使用政策を放棄し、その 2000 年の「安全保障概念」は、「重大局面を打開するすべての他の手段が使い尽くされた際には、武力攻撃を撃退するために」核兵器が使用され得ることを公式に表明した [107]。2000 年の再検討会議以降、ロシアは先制使用選択への依存を破棄または制限する動きをまったく示していない。

　2002 年の合衆国核態勢見直し（NPR）は、核兵器が高性能通常精密誘導兵器を含む「新非核戦略戦力と統合される予定である」と表明している。さらに核態勢見直し（NPR）は、核兵器が使用される事態の範囲を拡大している [108]。『ロサンゼルス・タイムズ』と『ニューヨーク・タイムズ』により入手された核態勢見直しの機密箇所では、ロシア、中国、北朝鮮、イラク、イラン、シリア、リビアに対する核兵器使用のための緊急事態対処計画が求められており、また「イラクのイスラエルまたは近隣諸国に対する攻撃、北朝鮮の韓国に対する攻撃、あるいは台湾の地位を巡る軍事対決」といった、合衆国の核使用が必要とされるものと予想されるあり得べき「差し迫った緊急事態」を特定している。また核兵器が「非核攻撃に抵抗可能な戦力を保有する目標に対して」、核、生物あるいは化学兵器の使用に対する報復として、または「突発的な軍事的事態の際に使用され得る」ことを示している [109]。核兵器使用に対するNPR の選択肢は、現在知られている限り、大統領指令（最近の大統領指令では、1998 年のクリントン大統領によるものが公にされている）という形で成文化されておらず、また合衆国政府当局者も、できる限り控えめに、その重要性に触れてきた。しかし NPR はラムズフェルド国防長官により署名されており、いくら控えめに見ても、合衆国の核政策における確

固たる動向を示していることは確かである。このように、2000年のNPT13項目の措置により求められた安全保障政策における核兵器の役割低減どころか、合衆国は核使用の選択範囲を拡大してきたのである。

合衆国は、現実あるいは切迫した核攻撃に対する大規模な報復または先制的対戦力攻撃、および圧倒的な通常兵器による攻撃に対する核兵器の先制使用を引き続き計画している。過去において、合衆国は核兵器が化学・生物兵器攻撃に対する報復として使用されることを示唆してきた。現在では、その選択は明確に表明されている。しかし、これに加えて、合衆国は指揮統制施設を含む地下構築物あるいは生物及び化学兵器の備蓄といった目標に対する核兵器の第一撃先制使用の条件を明らかにしてきた[110]。このような予定の計画は、これまで軍事計画書において言及されたことはあったが、核態勢見直し（NPR）のような権威ある文書での言及は今回が始めてである。「突発的な軍事的事態」という新しい包括的な範疇は、広範な状況における核兵器の先制使用を網羅することになりかねない。

安全保障政策における核兵器の役割低減というNPTの公約に違反するばかりでなく、合衆国の計画は、非核兵器保有NPT締約国に対して合衆国により提供された消極的安全保障を骨抜きにすることにもなりかねない。このような保障は控えめに見てもNPTの根底をなす交渉にとり必須の政治的公約であり、異論はあるものの、法的拘束力を持つ公約となっている。特に、これらの保障が1995年のNPT無期限延長と関連して繰り返されたことを考えるとなおさらの感がある[111]。核兵器国との共同作戦下にないNPT遵守国家に対する核兵器使用はこのような保障に違反することになりかねない。しかし核態勢見直しは、非核兵器保有NPT締約国であるイラク、イラン、北朝鮮、リビア、シリアの5か国を潜在的目標として確認している。これらの国家のいずれもが、現時点では、IAEA、共同して行動するNPT締約国あるいは安全保障理事会から有権的にかつ終局的にNPTに違反すると決定されたわけではない。上記のように、NPRは核・生物・化学兵器の事前使用に対する反撃とは異なる核兵器の先制使用の条件を明らかにしている。

化学・生物兵器攻撃に対する反撃としての核兵器の使用については、合衆国は「復仇」、すなわち国際法に違反して化学・生物兵器を国家が使用することに起因するものであって、さらなる違法行為を阻止するために実行される別の違法行為として正当化し得ると、従来から示唆してきた [112]。しかし、核兵器の使用あるいはいかなる兵器の使用も、復仇の場合も含め、必要性、均衡性および攻撃目標の区別という基本的な要件を満たす必要がある。従って国際司法裁判所は、国家は「文民の目標と軍事目標とを区別できない兵器をけっして使用しては」ならないと断言したのである（強調附加）[113]。核爆発の放射能による影響は、ICJ が述べたように、空間的にも時間的にも限定することが不可能なことを考えると [114]、核兵器がこれらの要件を満たすことが可能な現実的な状況は皆無である [115]。さらに、たとえ限定された付随的損害を伴う報復的な核兵器使用という仮説的状況を想起できたとしても、政策と作戦上の問題とみなして核兵器使用をさらに容易にすることは、一般的に核不拡散制度の弱体化を招き、またとうてい受け入れることができない結果のひとつとして、合衆国本土での核爆発にも繋がりかねない核の無秩序状態に世界を追いやる危険を冒すことにもなる。『ニューヨーク・タイムズ』は次のようにその社説で論じている。

> ペンタゴンの見直しが正道を踏み外した点は、核兵器使用の敷居を低くし、核不拡散条約の実効性を弱体化したことにある……核兵器は単なる軍備の一部ではない。それらはまったく質的に異なる軍備であり、その使用の敷居を低くすることはまったく無謀な愚行である。[116]

米ロ非戦略兵器削減

13 項目措置の中の第 9c 項目は、「一方的なイニシアチブに基く、かつ核兵器削減および軍縮過程の必須要件としての非戦略核兵器のさらなる削減」を義務づけている。2000 年以降、この件に関するいかなる進展も公に報道されていない。実際、1991 年のブッシュ・ゴルバチョフ

121

による非戦略兵器配備の一方的同時撤収も、未だに「削減および軍縮過程」の要件に従っていない状況下にある。すなわち撤収は不透明、可逆的、未検証の状態で、また法的拘束力を持つ形に法典化されてもいないのである。2002 年の合衆国の核態勢見直しは、戦術システムに配備可能な地中貫通の低威力弾頭のさらなる開発計画[16]を含んでいる[117]。

ミサイル防衛

NPT は迎撃ミサイルシステム自体を取り扱っていない。しかし、2000 年の最終文書第 7 措置では、「ABM（対弾道ミサイルシステム）制限条約の維持および強化」が求められ、「戦略安定化のための礎石であり戦略攻撃兵器のさらなる削減の基盤」と述べられている。これに関連して、第 9 措置では、この措置が示すいくつかの措置が「国際安定を促進する形で、またすべての国家に対する安全保障非逓減の原則に基づき」講じられるべきことが表明されている。それ故に、ミサイル防衛が核軍備管理と軍縮の過程および核兵器備蓄の完全廃棄を妨げてはならないこと、また国際安定とすべての国家に対する安全保障非逓減の原則とに一致すべきことが、13 項目の措置の前提条件であった。

ミサイル防衛に関する合衆国政策は、NPT13 項目の措置の推進に逆行するものである。合衆国は ABM 制限条約から脱退し、軍事戦略全体におけるミサイル防衛の役割を引き続き強調している。核態勢見直しによれば、高性能攻撃核および通常戦力、核兵器の開発・生産と核実験再開可能な即応防衛基幹施設、それにミサイル防衛が、核装備地上配備ミサイル、潜水艦配備ミサイル、重爆撃機という従来の 3 本柱に取って換わる「新 3 本柱」を形成することになる[118]。NPR は 2008 年までに戦略ミサイル防衛の限定配備を予定していると報道されている[119]。

このこと自体、ABM 制限条約を維持するという要求に反する行為である。しかし、ABM 制限条約が、合衆国のミサイル防衛推進により、少なくとも現在の形で維持可能か否か危ぶまれる状態にあることは周知の事実である。ミサイル防衛が軍縮を阻害しないことを保証する合衆国

による明確な公約が現在抜け落ちているのである。2000 年、クリントン政権は、合衆国のミサイル防衛の限定配備に対抗するための、ロシアによる将来にわたる大規模かつ警戒態勢下に置かれる核戦力の保持を黙認した [120]。2002 年 5 月の共同宣言は、情報交換、防衛に関する協力が可能な分野の研究等を提案することにより、ミサイル防衛に関するロシアの懸念の緩和を図った。しかし、ブッシュ政権がミサイル防衛を制限し、あるいはミサイル防衛計画を透明化と交渉に委ねるための具体的かつ実際的な公約を進んで引き受けるという証拠は皆無である。このような措置は、米ロの多弾頭地上配備ミサイルの廃棄および 2002 年 5 月に合意された削減以外の削減の促進、警戒態勢解除の実現、さらなる中国の核兵器増強を促し、その結果アジアにおける軍拡競争を招くことを回避するためにも必要とされる（第 4 章参照）。[18]

核実験

NPT 核兵器保有 5 か国のうち、合衆国と中国は包括的核実験禁止条約を批准していない。合衆国を含む 5 か国は引き続き一時停止を確約している。合衆国エネルギー省国家核安全保障管理局局長であるジョン・ゴードン将軍は、「核態勢見直し（NPR）のいかなる条項も」一時停止に対する合衆国の支持を変更させることはないと議会で証言し、「長年にわたり、核実験を実施しなくとも、備蓄管理計画が備蓄兵器の安全性と信頼性を確実にする手段を提供してくれるものと確信している」と説明している [121]。しかしゴードン将軍は「核実験停止の確実な保証は一切なく」、合衆国が「その実験準備計画」の「強化」を図る意図を持つことを付け加えている [122]。合衆国の姿勢は CTBT の早期発効を求める 2000 年の措置に反するものであり、一時停止に対する公約と条件つきで一致しているに過ぎない。NPT の完全性および実行可能性にとっての CTBT 発効達成の重要性も強調される必要がある。CTBT は NPT の前文に言及されており、第 6 条の「軍備競争の停止」部分の必須要素であると理解されてきた。さらに CTBT 交渉の公約が、1995 年の延長決定の際の決め手となっていた。

合衆国が核兵器維持の近代化、研究と開発のための基幹施設に対し大規模な投資を行なっていることも重大な意味を持つ[123]。2003 会計年度において、核兵器活動（発射装置は含まれない）のために、59 億ドルを合衆国議会に対して要請した際、エネルギー省は、予算請求の正当化の根拠として主に核態勢見直し（NPR）をその頼みの綱とした。エネルギー省は次のように述べている。

> 核態勢見直し（NPR）は、抑止および諫止の維持における強固かつ即応核兵器基幹施設の重要性に対する幅広い認識を示している。この点に関連して、......わが国の永続的な核兵器備蓄の維持、現在の核兵器の新任務への適応、あるいは必要に応じての新兵器の実戦配備に対する柔軟な対応は、核兵器生産のための強固な基幹施設に併せて、備蓄管理のための健全な計画がその前提となる。[124]

ほぼ 60 億ドルの予算案は、冷戦期間中の類似の活動に対する平均 42 億ドル（2002 年のドル基準で）をはるかに凌ぐ金額となっている[125]。

ゴードン将軍によれば、核態勢見直し（NPR）は「核兵器先進化構想活動を再活性化する必要性」を認めており、エネルギー省は、

> 核態勢見直し（NPR）の保証を背景に、小型新型弾頭構想チームの再開を唱導してきた......このチームは、既存の設計の修正か、あるいは新しい設計の開発かの選択を含め、ひとつあるいはそれ以上の構想に関する理論的、工学的設計研究を実施することになっている。場合によってはこれらの活動は、「机上」設計の段階を越えて進められ、部品の組合せ及び部品の組立実験、並びにシミュレーションを包括するものとなる。[126]

『ニューヨーク・タイムズ』は、核態勢見直し（NPR）が「地下軍事施設および強化陣地構築物」を破壊するために使用可能な地中貫通兵器を改良する必要性に言及し、核降下物を減少可能な低核出力を備え、同時に地中深くの目標物を攻撃可能な高核出力を持つ兵器を求めていると報道した[127]。「既存の核弾頭を 5000 ポンド新型『地中貫通』爆弾へ組

み入れる」ことに関する研究は 2002 年 4 月に始められる計画だった[128]。すでに 1996 年には、合衆国は地中貫通性能を発揮できるよう改良された核兵器、B-61-mod11 を配備していた[129]。

核兵器基幹施設と核兵器備蓄の長期維持、ならびに近代化のための合衆国の計画は、CTBT、安全保障政策における核兵器の役割逓減に対する 2000 年の公約と、第 6 条に基く核兵器備蓄全廃に対する公約の精神に反している。特に、新型または改良兵器の研究と開発は、「軍備競争の早期の停止」に関する誠実な交渉という第 6 条義務に逆行する。実際、1995 年の延長会議を見越して、軍縮会議でなされたフランス、ロシア、イギリス、合衆国による宣言によれば、「核軍備競争は既に終わっている」はずである[130]。

核分裂性物資の計量、管理および廃棄

すでに述べたように、核分裂性物質に関する条約の公式交渉を開始するという 1995 年の公約は、未だに果たされていない。中国を除き、NPT 核兵器国は「さまざまな程度の一方的あるいは交渉による透明化措置を講じてきた」[131]。ロシアの軍事用核分裂性物質保有量は 2 万発以上の核弾頭相当量であると合衆国は推定しているが、この推定は 30 ％プラス・マイナスの誤差を伴う程度の正確さに過ぎないと報道されている[132]。一定量の「余剰」軍事用核分裂性物質保有量を IAEA の監視下に置くという米ロの計画も、その進展は遅々たるものである。NPT 未加入の核兵器国の核分裂性物質保有量は、核弾頭備蓄同様不透明な状況にある。核弾頭のみならず兵器転用可能な非軍事用プルトニウムの備蓄を含む、核分裂性物質の計量及び管理が緊急に必要であることは、核爆発装置のテロリストによる使用という懸念をもたらした 2001 年 9 月のテロ攻撃後においては広く理解されている。この領域には、今後対処すべき問題が山積している。

核軍縮一般

ICJ による権威ある解釈および核兵器備蓄を全廃するという 2000 年の明確な約束に照らして理解されている形で、第 6 条義務が国家核計画に織り込まれた形跡は皆無である。むしろその実施は依然として国際舞台用の美辞麗句の域にとどまっているように思われる。従って核態勢見直しは、「ここ当分、核兵器が合衆国の国家安全保障戦略の主要な要素であり続ける」ことを再確認したものである、とゴードン将軍は証言したのである [133]。中国の長年にわたる先制不使用の姿勢を除き、核兵器国の政策には、核兵器の役割逓減、あるいは核兵器による威嚇または核兵器の使用は一般的に違法であるとする ICJ の判断を遵守しようとする努力の痕跡はまったく見当たらない。2000 年の公約に反して、軍縮会議には包括的な核軍縮プロセスを交渉する委員会もまったく設立されていない。また NPT 核兵器国は、核戦力の削減および廃絶に関わる多国間プロセスにも着手していない。完全核軍縮への支持を表明している中国とイギリスは、このようなプロセスに着手する意欲を公にしているが、これも合衆国とロシアの核戦力が現状よりはるかに低い水準に達したとき初めて実現することである。

結 論

核兵器国は、NPT が、非核兵器国に現行の特定かつ法的強制力を持つ義務を課す一方、核兵器国には、たとえ実現するにしても、はるか先にしか完結する見込みのない核軍縮の誠実な交渉という一般的かつ曖昧な公約のみを求める、非対称的な取引であると理解していた。1996 年の国際司法裁判所の勧告的意見という強力な援軍もあり、1995 年と 2000 年の再検討会議はこのような考え方をきっぱりと退けたのである。現在 NPT は義務の対称性を備えており、また第 6 条は、法的拘束力を持つ協定に組み込まれた特定の措置により、透明性、検証、不可逆性という基準に従って果たされるべき義務であることが認められている。2000 年の再検討会議で合衆国の支持を受け採択されたこのような妥当な基準

に照らして判定すると、核兵器国、特に合衆国は、特定の分野における進展の欠如の故ばかりでなく、とりわけ軍縮を核兵器に関する国家計画および政策における推進力になし得なかったことを考えると、NPT 上の軍縮義務の遵守についての期待を裏切り続けている[19]。

第3章　包括的核実験禁止条約

経 緯

　核実験の全面禁止は、半世紀にわたり核軍縮を目指す世界的な運動、および多くの国家の政府が目指した目的であった。合衆国とソ連・ロシアを含む核兵器国により、条約、公式宣言、文書において繰り返しなされてきた公約でもある[134]。

　最初の主要な措置は、しばしば部分的核実験禁止条約と呼ばれる限定的核実験禁止条約（LTBT）に、合衆国、ソ連およびイギリスが署名した1963年にとられた。この条約は、大気圏、宇宙、水中あるいは地上での核兵器実験を禁止したものだった。他国にまでおよぶ放射性降下物は禁止された。LTBTは時を移さず批准され、1963年10月に発効した。多数の他の諸国（インド、イスラエル、パキスタンを含む）も署名したが、フランスと中華人民共和国は署名しなかった。合衆国はその批准の際に、大気圏実験を再開する準備体制の維持を含む、「安全措置」と呼ばれるいくつかの条件をつけた[135]。その準備体制はLTBTが発効した後も約25年にわたり維持された。地下実験のみが禁止から除外された。フランスは1974年まで、また中国は1980年まで大気圏実験を継続した[136]。

　1974年の米ソ地下核実験制限条約は、150キロトンまでに実験の規模を制限した。LTBTの第3条では、平和目的核爆発の問題に関する交渉が求められていたが、地下核実験制限条約では扱われなかった。さらに、150キロトン制限を比較的小規模に逸脱するという形での「意図せぬ違反」がいかに対処されるかに関する公式合意がなされた。合衆国は、批准承認のため上院へ条約を提出する前提条件として、後者の件（平和目

的核爆発)に関する交渉の完結を望んだ。両問題に関する米ソ交渉は 1976 年に終わり、その直後地下核実験制限条約および平和目的核爆発を禁止する条約は、批准のため上院に提出された。両条約とも 1990 年 12 月に批准された[137]。その時までにはベルリンの壁は取り壊され、冷戦は終わりを告げていた。

1963 年の LTBT 締約国は、その前文で「核兵器のすべての実験的爆発の永久的停止の達成」を約束した。締約国は、「その目的のために交渉を継続することを決意し」、また「放射性物質による人類の環境の汚染を終止させることを」希望していると表明した。環境汚染は、地下核実験を含む核兵器実験に必然的に伴うものである[138]。そして 1963 年の部分的核実験禁止条約加入の 3 か国は、核不拡散条約(NPT)に署名した 1968 年、包括的核実験禁止を再び公約した。NPT は 1970 年に発効した。LTBT の締約国である核兵器保有 3 か国は、NPT において包括的核実験禁止の公約を再確認し、特に 1963 年以前になされた公約にも言及した[139]。

1990 年の NPT 再検討会議で、多くの非核兵器国は、包括的核実験禁止の達成をなし得ないでいる核兵器国に対する強い不満を表明した。NPT は延長される予定になっており、もし延長されなければ 1995 年に失効することになっていた。1991 年 1 月の会議で LTBT 加入の非核兵器国は、実験禁止を包括的にするための条約の改正を求めた[140]。この改正は、合衆国の同意が条約規定により必要とされていたため、同国からの反対を受け採択されなかったが、この発議は包括的核実験禁止に向けての気運を高めた。核実験禁止に対する要求の高まりが、結果的に 1991 年 10 月、ソ連による 1 年間の核実験の一時停止をもたらす環境形成に寄与したのである。1 年後の 1992 年 10 月 2 日、ジョージ・H・W・ブッシュ大統領の政権は同様の一時停止を実施し、さらにクリントン大統領により 1993 年および 1995 年に延長された。ロシアは 1992 年、合衆国の一時停止が実施された 2 週間後にその核実験の一時停止を延長した。フランスと中国は、それぞれ 1996 年の 1 月および 7 月まで、すなわち同年の CTBT 署名に繋がる交渉の最終段階の直前まで核実験を停

止しなかった。以後、NPT 締約国である核兵器国による核実験の一時停止は現在も継続している。

CTBT およびその現状

1996 年の包括的核実験禁止条約（CTBT）の成立は、1995 年の NPT 無期限延長の一部として、NPT 全締約国に対して核兵器国によりなされた明示的な公約だった。延長文書自体には、CTBT に関する条件は一切含まれてはいない。CTBT 公約は、延長プロセスの一部として NPT 締約国により行われた了解事項の一部だった。（第 2 章参照）

1996 年 10 月、100 か国以上の国家およびイスラエル（NPT 非締約国）に加えて、NPT 締約国である核兵器保有 5 か国も CTBT に署名した。CTBT の第 1 条は、戦争または平和利用のいかんを問わず、いかなる目的であれ、すべての核爆発を禁止している。第 1 条は次のように述べている。

> 1　締約国は、核兵器の実験的爆発または他の核爆発を実施せず、ならびに自国の管轄または管理の下にあるいかなる場所においても、核兵器の実験的爆発および他の爆発を禁止し、および防止することを約束する。
> 2　締約国は、また、核兵器の実験的爆発または他の核爆発の実施を実現させ、奨励し、またはいかなる様態によるかを問わず、これに参加することを差し控えることを約束する。

CTBT 第 1 条は、単に核爆発の遂行を自粛するよう締約国に義務づけるだけにとどまらず、さらに進んでいる点に注目することが重要である。締約国は、このような爆発の「実施を実現させ、奨励し、またはいかなる様態によるかを問わず、これに参加すること」も禁止されている。さらに一言加えると、この条約は核兵器その他の核爆発装置の保有を禁止しているわけではない。それは「爆発」を禁止しているのであって、「核爆弾自体」を禁止しているのではない。

条約の重大な曖昧さのひとつに核爆発の公式の定義が含まれていないことがあげられる。また、CTBT は核エネルギーの突発性の放出に関わるすべての核実験を必ずしも禁止しているわけではない。しかしいかなる核実験も適法とみなされるためには、少なくとも次の2つの条件を満たす必要のあることを、交渉経緯が明確にしている。

　核爆発出力が、合衆国がこの例外を撤回して「ゼロ核出力」条約に向けての交渉開始を決定する前に求めていた「非ゼロ」制限である、TNT 火薬 4 ポンド以下に相当するものであること。核分裂性物質の爆縮に関わる核分裂実験は、核臨界を達成してはならないこと。[141]

　平和目的爆発は、たとえ実験される特定の装置が兵器に転用不可能な場合でも、核爆発に関する全面禁止に該当する。中国は平和目的核爆発（PNE）の除外を求め、また合衆国は「水素核」爆発の除外を要求した。合意に達するためには多岐にわたる複雑な問題があり、このためクリントン大統領は合衆国の「ゼロ出力」実験禁止の支持を宣言（1995年8月1日）する決意を固めた。中国も平和目的爆発の除外要求を取り下げた。それ故に、署名時の条約ではすべての核爆発は禁止されているのである。

　結局、交渉の経緯により、核分裂性物質の質量が臨界に達しない「未臨界」核実験は、この条約では核爆発とみなされないことになった。条約では「核爆発」の定義は事実上与えられていないが、記録によれば、この定義に関して論争する余地がほとんどないこと、また平和目的爆発あるいは水素爆発に対する除外を認めることが不可能なことが明らかになる。一方、未臨界実験過程におけるある程度の核中性子の生成は、核臨界が存在しないという条件で許されることになる。水素の同位元素を必要とする水素爆発に関する公にされた類似の交渉記録はいっさい存在しない。（後述）

　この条約はすべての締約国に平等に適用される。言い換えれば、NPT とは異なり、CTBT は核兵器を保有する国家と保有しない国家とをいっ

さい区別しない。この理由で、CTBT は NPT の対象である核爆発装置ではなく核爆発そのものを対象にしている。CTBT には、第 14 条に規定されている発効の条件に関する 2 種類の締約国が存在する。この条項は条約の議定書の付属書 2 に言及しており、その付属書には CTBT が発効する前に条約に署名・批准が必要な 44 か国のリストが含まれている。研究用原子炉あるいは実用炉といったなんらかの形態の核能力を保有しているため、これら諸国はリストに記載されている。1996 年の条約交渉期間中にインドは、軍縮条約ではなく単なる不拡散条約であるといった条約には加入する意思のないことを再三にわたり表明した。これは 1960 年代に NPT 加入を拒否したインドの立場の繰り返しであった (第 2 章参照)。署名する意図がないことから、インドはリストに記載されるべきではないと要求したが、この付属書 2 に記載された 44 か国の中に含まれる結果に終わった。

第 2 条は CTBT 機関の設立を定めており、この機関は核実験を探知するための広範囲にわたる地球規模の監視システムを設置する任務を持つ。さらに第 2 条は、さまざまな査察を規定している。第 5 条は、検証に関する締約国の権利と義務を規定している。

監視システムの目標は、核爆発を探知することである。1 キロトン以上のすべての爆発が、きわめて高い信頼度で探知可能なことが一般的に認められている。現行および将来のシステムに関する大半の予想は、1 キロトンをはるかに下回る実験も確実に探知可能であることを示している。同じ理由から、数十キロまたは数百キロの TNT 爆薬相当のきわめて小規模な爆発も、この監視システムによる探知を逃れることはできないことも一般的に認められている。条約の現地査察規定は、このような不正行為に対する安全措置とみなされている。すべての条約締約国は現地査察を要求することができ、またその要求手続およびこのような査察行為は特定されている。検証問題に関する独立委員会は、次のように結論を下している。

このシステムは、きわめて高い信頼性を持って、すなわち非回避的

に行われた少なくとも 1 キロトンの爆発を探知できるものと考えられている。この核出力を相当程度下回る爆発を探知する現実の可能性があるため、1 キロトン以下の秘密裏に行われる実験に対する少なからぬ抑止効果も期待できる。国際監視制度（IMS）は、現地査察で許される最大の面積である 1000 平方キロ以内で爆発の位置を測定することもできると考えられている。[142]

第 9 条は、「締約国は、この条約の対象である事項に関係する異常な事態が自国の至高の利益を危うくしていると認める場合には …… この条約から脱退する権利」を締約国に付与している。他の締約国および安全保障理事会への 6 か月前の通告と事情説明が要求される。

CTBT はいまだ未発効の状態である。条約が発効する前に署名・批准が必要な 44 か国のうち、ロシア、フランス、イギリス、中国、イスラエルなど 31 か国は、2002 年 3 月時点ですでに署名・批准を完了しているが、1999 年 10 月、合衆国上院は批准を拒否した（後述）。インド、パキスタンおよび北朝鮮（正式には朝鮮民主主義人民共和国）は署名していない。合衆国上院が条約批准問題を近い将来取り上げる見込みのないことは明白である。上院が最終的に批准するか否か、またいつ批准するかについては、推測の域を脱しない。その他の主要国による署名・批准のプロセスは、合衆国の姿勢がより明確になるまで中途半端な状態を抜けきらないだろう。条約が発効する前に条約に記載されている全 44 か国の批准が必要なことを考えると、CTBT の発効は、合衆国上院のこの件に関する気運が実質的に変化するまでは実現する見込みはないように思われる。

最後に、公にされていない部分がこの条約には存在している可能性がある。ハーキン上院議員からの質問はローレンス・リバモア国立研究所に建設された「国立点火施設」における熱核融合反応に関わるある種の実験の適法性に関するものであったが、これに答えて[20]、エネルギー省は、「交渉記録そのものが機密である」[143] と述べている。言い換えれば、秘密の交渉記録が存在していることになる。

133

この秘密記録に係わったのはどの締約国であるかはっきりしない。安全保障関連条約の交渉中、全体のグループとは別に、ある件に関して大国間の実力者会議が催されることは特に珍しいことではなかった。CTBTの場合には、実験規模の熱核融合爆発の適法性の問題は見過ごされるように隠されているが、このような爆発が行われることを認めるある種の合意が少数の国家間に存在するか否かに関する問題が持ち上がっている。本章の執筆者は、この問題の調査中に数名の外交官と接触したが、これらの個人的な対談では、交渉に参加していたほんの数か国の締約国しか、いくつかの熱核融合実験案の適法性に関わる論争に気づいていなかったことが明らかにされている（詳細は後述）。

合衆国上院による CTBT 批准拒否

　当時の上院外務委員会の委員長であったジェシー・ヘルムズ上院議員は、1999 年 10 月 7 日の CTBT 批准に関する上院における意見聴取の冒頭発言で、次のように述べた。

　　この採決は共和党が求めたものでなかったことを思い起こす必要がある。大統領と通路の反対側に陣取っている 45 名の上院議員（民主党）とにより我々に押し付けられた採決である。しかし、条約が次の火曜日に採決に付された場合、それが否決されるであろうという事実にはなんら変わりはない。大統領がその採決を白紙撤回するただひとつの道がある。それは a 条約を撤回すること、b 大統領の任期中は CTBT を検討対象としないことを、文書で公式に要請することである。
　　もし大統領がこのような道を選択すれば、かつてカーター大統領が上院に類似の文書による要請を提出した後、SALT Ⅱ条約が事実上葬られたときと同様に、CTBT は事実上葬られることになるだろう。クリントン大統領が文書による要請を提出しなかったら、我々は採決を進め、CTBT は間違いなく否決されるだろう。大統領はど

ちらか一方の道を選択することになる。[144]

　ヘルムズ上院議員は、クリントン政権に CTBT の批准を否決する道を選択できると通告した。ヘルムズ上院議員の見解では、批准の可決はその選択肢になかったのである。

　クリントン政権および政府内外の多様な軍事専門家による CTBT に対する支持にもかかわらず、条約に反対する人々の力が優っていることが判明した。批准のために CTBT を提出する中でクリントン政権が合意した6項目の「安全措置」にもかかわらず、反対派が圧倒的に優勢だった[145]。これらの安全措置の中には、合衆国の核兵器備蓄を維持するための「備蓄管理計画」、実験再開が可能な状態のまま実験場（おそらくネバダ実験場）を維持すること、ならびに合衆国統合参謀本部と核兵器実験場管理責任者による、合衆国の核兵器備蓄が安全かつ信頼できる状態にあることの年次認証が含まれていた。備蓄が認証されなかった場合には、合衆国は条約から脱退し、実験を再開することができるものと理解されていた。さらに備蓄管理計画は、核兵器設計能力の維持と新型核兵器設計のための研究を進めるよう意図されていた[146]。

　合衆国における条約に対する政府側支持派の主要な論拠は、CTBT は水平拡散、すなわち非核兵器国が核兵器を開発することを困難にするための文書だという論拠だった。しかし CTBT の支持派を突き動かしてきたのは、1950 年代から 1996 年に CTBT が署名されるまで一貫して、不拡散と軍縮の両面に対する考慮だった。CTBT を、核軍縮を促進する要因としたいという歴史的な願いを込めて、起草者たちはその期待を CTBT 前文の一部に含めたのである。合衆国は条約の内容と表現を決定する際に指導的な役割を果たした。しかし批准に関する意見聴取の期間中、クリントン政権は条約を支持する積極的な要因として、NPT に基づく合衆国の義務であるにもかかわらず、核軍縮に関する主張を持ち出すことは一度もなかった。たとえば、当時の軍備管理担当国務次官であったジョン・ホラムの記者会見における次のような陳述に注目するべきである。

135

わが国にとって、この条約の主要な安全保障上の価値は不拡散にある包括的核実験禁止条約により、核兵器の拡散に対する世界的な基準が強化され、いかなる国家も核兵器、特にわが国にとり最も脅威となるだろう、隠匿・運搬が容易な小型軽量設計の核兵器を生産することがきわめて困難になる。

　南アジアにおいては、インド・パキスタン両国も、署名に応ずることをさまざまな機会に公約している。CTBT が、核不拡散条約では抑制することができない南アジア 2 国間の核軍拡競争の封じ込めに寄与することが可能だ。北朝鮮を実験禁止に引き入れることができれば、わが国に対してその弾道ミサイル能力を不当に利用する機会も少なくなるものと考えられる。同じ理論がイランにも当てはまる。しかもイランは包括的核実験禁止条約に署名しているのでなおさらのことだ。

　核不拡散は緊急を要する国家の優先事項である。合衆国は大量破壊兵器の拡散に対する世界的な努力の指導的役割を担っている。ならず者国家が核兵器を保有する世界は、すべてのアメリカ人により危険に満ちた世界となるだろう。包括的核実験禁止条約は、魔法の解決策ではないが、もうひとつの有効な手段である。核不拡散は困難かつ苦しい仕事である。もし上院によりわが国がこのような手段を拒否されるようなことになれば、当然の結果としてアメリカ国民は良い結果を期待することはできなくなる。[147]

　この条約が、核兵器「保有」国よりむしろ核兵器「非保有」国に制限を課すことになる不公平な条約であることは、同じ記者会見でのエネルギー省アーネスト・モニッツ次官により、次のように明らかにされている。

　この討議における主要な問題のひとつが、実験抜きで安全かつ信頼できる核兵器備蓄を維持するわが国の能力の問題であることは言うまでもない。ボブ・ベルが以前述べたように、今でもこの問題が

わが国の最高関心事であることに変わりはない。この仕事に関して次のいくつかの課題が存在する。次第に老化する核兵器の維持管理、新しい核兵器部品の交換および認証能力の確立、次世代の核科学者の養成、運用可能な生産能力の再構築。

これらの課題は、今日解決されつつあることを、まずわが国の過去の実績、すなわち50年にわたる1000回以上の核実験の経験、新型核兵器に関する150回あるいはそれを上回る回数の実験、さらに約1万5000回にものぼる監視実験に基き、自信を持って言うことができる。これこそが真にわが国の計画の基礎をなす。永続的に備蓄されているそれぞれの核兵器が、完璧に試験され、定期的かつ綿密な監視を受けているのだ。

さて、わが国の最新の実験経験から、7年にわたるこの政権下において、信頼性を維持できる統合的な構成要素を提供するために、実験およびコンピュータ・シミュレーションを使用する実験に基く科学的な計画を進めてきた。私は、この計画はすでに数多くの成功を収めていることを強調したい。わが国は詳細にわたりよく調整された統合的な核兵器計画、軍事的要請とも一体化された計画を保持している。各研究所、戦略司令部、核兵器会議および科学顧問を含む、その他の機関が関与する3種類の厳格な認証手続が存在している。今日長年にわたる実験機関中には解決できなかった備蓄問題を解決している。

核実験抜きでも新しい軍事的要請、たとえば、地中貫通兵器（いわゆる B-61-11）といった要請に十分対応してきた。核実験に頼らない新しい、重要な科学データを入手している。たとえば、備蓄を維持するための主要な問題のひとつである、老化につれてプルトニウムがどのような動きを見せるかを現在理解している。[148]

このような考察にもかかわらず、長期間にわたる核戦力の維持および新型または改良型の配備を、自信を持って実行したいという合衆国の念願が、自らの軍事的準備の中で、おおむね独力でそれを成し遂げたい

という念願と相俟って、優先してきたのである。実際、核兵器国によりなされた積年の公約に対する返礼として前文に言及されており、CTBTが核兵器国に対して示唆していると思われるささやかな軍縮の含意も、条約の反対派の手にかかると攻撃手段に変身してしまった。1981年から1985年まで合衆国の国連大使だった、ジーン・カークパトリックは、1999年10月7日の上院における証言の中で、多くの条約反対派の論拠を簡潔に要約した。一連の反対理由の皮切りに「法の支配あるいは人権にほとんど敬意を示さない他国政府」という発言をした後、彼女は次のように述べた。

わが国の政府が、その公約を真剣に受け止めているという事実が先ず第1点。もしわが国がこの条約に署名したとすれば、その条項により拘束状態に置かれると考えるだろう。多くの政府とは異なり、随意に条約違反を犯しても差し支えないとは考えないだろう。爆発実験を行うこともないだろう。

第2点は、皆さんもご承知のように、この条約では検証は不可能だ。CIAは、この条約では低核出力の実験を探知できないことを最近公式に認めている。私の懸念は、いつ他国政府が不法行為を犯すかを知ることが不可能だということであり、また不法行為を犯す政府が出現するものと予想されることだ。

第3点は、ブルー・リボンおよびFARR委員会での私の仕事[21]から、わが国の核兵器備蓄の安全性と信頼性は当然視できるものではなく、監視する必要のあることを知った。（この条約案により永遠に禁止される）実験は、わが国の核兵器の信頼性と安全性を確実にし、維持するために必要不可欠な要素である。さらに、実験は核兵器を近代化するために必要な手段でもある。

実験は、核抑止力の信頼性および信憑性を維持するための必須条件だ。

この条約の起草者たちは、実験が核兵器の実行可能性を維持する

ためにいかに重要であるかを理解している。条約の前文を引用すると、

「核兵器のすべての実験的爆発およびすべての核爆発を停止することは、核兵器の開発および質的な改善を抑制し、ならびに高度な新型の核兵器の開発を終了させることによって、核軍備の縮小及びすべての側面における核不拡散のための効果的な措置となることを認識し、さらに、核兵器のすべての実験的爆発および他のすべての核爆発を終了させることが核軍備の縮小を達成するための系統的な過程を実現させる上での有意義な一歩となることを認識し」と述べている。

第4点は、わが国の都市および国民を攻撃する能力の開発を図る、ならず者国家が台頭している今日ほど、この抑止力がアメリカ国民の安全にとり重要であったことはない。アメリカとその同盟諸国は、これまで以上に攻撃され易い状況に置かれている。

合衆国は「現実あるいは潜在的に、わが国に敵対する諸国が、核兵器と弾道ミサイルを取得することを阻止するために、この条約に依存することはできない。合衆国が唯一頼りにできるのはその核抑止力であることを考えれば、核兵器備蓄は維持されねばならない。わが国にはそれに代る防衛手段は存在しない」というのが、彼女の結論だった[149]。

さらに条約反対派は、広島を破壊した原爆が戦時使用に先立つ実験を経なかった事実を指摘して、実験が核兵器を開発するために必ずしも必要でないことにも言及した。

上院による条約の審議期間中、条約の批准を求める世界的な懇請が合衆国に向けなされた。イギリス首相、フランス大統領、ドイツ首相など東西の主要な合衆国の同盟国は、条約を批准するよう上院に対して公に懇請した。日本の首相[22] は合衆国宛てに私的書簡を送った。合衆国の老練な解説者たちは、不利な外交結果を招くと激しい言葉で警告を発した。たとえば『ワシントン・ポスト』に掲載された意見記事は、もし合

衆国が条約に批准しなければ、合衆国は「拡散のごろつき国家とみなされるだろう」[150] と述べていた。これらすべての懇請は徒労に帰した。核兵器の増強か拡散防止か、という選択において、合衆国は再び前者を選択したのである [151]。合衆国上院は多数決で CTBT を否決した。批准には 67 票（議席数の 3 分の 2）が必要であったにもかかわらず、賛成票はわずか 48 票だった。

　条約の否決と条約内容自体の適切さとの関連性は薄く、むしろこの結果の根底にあるのは、合衆国は特定の拡散事態に対処するため、何を置いても核兵器を含む自らの軍事力にもっぱら依存すべきだという一般論である [152]。この論拠には、合衆国自体が他国に対する義務を負うか否かを問うだけの余地はまったく残されていない。核不拡散の手段としての、またささやかな程度ではあるが軍縮の手段としての CTBT の内容の適切さは十分明白である。初歩的な核兵器は実験抜きで設計可能かもしれないが、実験抜きで大陸間弾道ミサイルにより正確に運搬される形をした核弾頭を開発することはまず不可能である。従って、この点に関する限り、すでに大規模な実験を実施してきた国家、特に NPT 締約国である核兵器保有 5 か国は、大陸間弾道ミサイルに搭載可能な核兵器設計を以前に実験済みであるという点で有利な立場にある。TNT 換算数百トン規模以上の爆発実験が技術的な方法により検証可能であり、その他の疑わしい活動に対する査察手段も利用可能である。軍事力があらゆる場合に安全保障目標を達成できるとは限らないから、軍事力はいかなる場合にも完全に禁止されるべきだと主張するのと同様、条約が完璧な査察制度を備えていないことが条約に反対する論拠とは成り得ない。CTBT に対する反論の中で問われている問題は、技術上の問題ではなく、NPT に基く合衆国の軍縮義務にもかかわらず、すでに大規模な核兵器能力の保持にとどまらず、それらのさらなる開発を長期間にわたり継続する権利の主張なのである。このような政策は、最近では、ブッシュ政権の「核態勢見直し」において成文化されている（第 2 章参照）。

CTBT署名および合衆国上院による否決の余波

　CTBT は軍縮と核不拡散で役だつのでなく、核不拡散の役割に限定されるだろうという予想が、交渉期間中に浮かび上がってきた。核兵器国は、その核兵器備蓄の維持、および実験抜きでも核兵器使用の可能性を確実にする計画の実行を図るという予定路線を取るものと考えられた。核兵器国の中で、中国のみが完全核軍縮を達成するための交渉に応ずる姿勢を見せていたが、他の核兵器国からその姿勢の真価を問われることはなかった。

　合衆国は、冷戦当時の核実験計画より高くつく「備蓄管理計画」をすでに実施していた。条約が署名された年である 1996 年に入ってもフランスと中国は核兵器実験を継続していた。インドはこのような条約を支持する意図のないことを宣言した [153]。

　1998 年 5 月、インドは数度にわたる核実験を実施した。この決定には複雑な問題が絡んでいた。そのひとつの要因は、長年にわたりインドが宣言核兵器国になることを望んでいたインド人民党が率いる政府[23]が樹立されたことだった。その 3 週間後、パキスタンもインドの後を追って核実験を実施した。

　1999 年 10 月の合衆国上院による CTBT の否決に先立ち、同年 4 月、NATO の軍事ドクトリンにおける核兵器の中心的な役割に関する NATO による再確認が行われたが、そこには非核兵器国に対する核兵器の先制使用の可能性がふくまれていた。2000 年の NPT 再検討会議は、署名・批准を完了していないすべての国家の署名と批准を強く要請した。しかし合衆国は、この会議以降さらに条約から距離を置く方針を取った。ブッシュ大統領は選挙運動中、CTBT を支持しないことを宣言し、それ以後ブッシュ政権は不支持の姿勢を貫いている。ブッシュ政権は、無期限に継続するという保証は一切なされてはいないが、核実験の一時停止の継続を再確認している。しかし、合衆国は明らかに新しい核兵器の設計活動に着手したように思われる [154]。この事実により、合衆国が将来核

兵器実験を再開する可能性が高まっている。合衆国上院での条約に対する一脈の期待も、新核兵器設計を含む合衆国の核政策により、ますます先細りの状態に追い込まれている。44か国中、条約に署名・批准していないその他の13か国においても、これまでのところまったく進展は見られない。このような不履行が他の条約、特にNPTにどのような影響を与えるかについては、現時点では推測の域を出ない。

履行状況

「条約法に関するウィーン条約」第18条は、条約に署名している国家は批准しないという意図を明確にするまで、あるいは条約に批准している場合には発効を不当に遅延させないという意味で、「条約の趣旨および目的を失わせることとなるような行為を行わないようにする義務がある」と規定している。CTBTの目的は、核爆発あるいはこのような爆発の実現、奨励または参加の禁止に関する第1条に組み込まれている。

合衆国はこのウィーン条約を批准していないが、署名国であり、たとえばSALT II条約に関しては、義務的慣習法として第18条を扱っている[155]。上院でのCTBTの否決に続き、クリントン政権は、当時のオルブライト国務長官が国家元首たちに宛てた書簡の中で、合衆国はウィーン条約18条署名国としての法的義務を遵守する、言い換えれば、核実験を行わないという基本的な義務が引き続き適用されるという立場を表明した[156]。NPTを無期限に延長するための法的決定との絡みで、また2000年のNPT再検討会議において、合衆国がCTBTを公約しているという事実により、ウィーン条約の要件は拡充されている。さらに、NPTの発足当時から、CTBTは核軍備競争の停止および核軍縮の交渉という第6条の義務遂行のための必須の手段であるとみなされてきた。

CTBTは上院外交委員会で引き続き審議されており、上院が条約の批准承認を選択することも依然可能である。ブッシュ政権はCTBTの批准を支持しないことを公に表明しているが、現在のところ、条約の寄託者

である国連事務総長に、批准に応じない意図を公式に通知していない。憲法および国際慣行上、このような公式の通知があれば、条約の趣旨と目的にそぐわない行動を慎むという署名国としての合衆国の義務に十分終止符を打てることになる[157]。CTBT に署名あるいは批准した他の国家も第 1 条の禁止により拘束される。

　合衆国はこのような公式の通知をまだ行っていない。この問題がブッシュ政権の CTBT に関する政策によりいくぶん曖昧にされていることは認めなければならないが、法に則り実施されている核実験一時停止を遵守する義務を負うばかりでなく、1970 年の NPT 発効および NPT 無期限延長に伴う以前のプロセスに基く実験禁止義務をも負うことは確かである。CTBT に署名あるいは批准したその他の国家については、このような曖昧さは一切存在しない。これらの国家は、核実験の実現、奨励、参加を行わないという第 1 条に拘束される。最後に、次節で述べる実験室熱核融合爆発の問題は、これが CTBT に違反しないという合衆国の主張を再検討する中で検討されている。

　合衆国を含むすべての核兵器国は、その実験の一時停止を継続しているが、合衆国とロシアは、核分裂性物質が核臨界を達成しない「未臨界」実験を継続している。これらの実験は CTBT では許されている。未臨界実験は、実験場を持つ諸国が、実験場を核実験再開可能な準備状態で維持するのに役立つ種類の能動的な実験を提供している。CTBT の核兵器締約国の中で、フランスのみが CTBT の結果その実験場を閉鎖している。イギリスは長年にわたり独自の実験場は持たず、相互の合意に基き合衆国のネバダ核実験場を使用してきた。従って、合衆国の核実験場が再開準備状態で維持されている限り、イギリスもその核実験場を引き続き利用可能な状況にあると推定される。インドとパキスタンは CTBT の未署名国であり、その実験場を維持している。核実験に関わるイスラエルの緊急事態対処計画は、核兵器備蓄を認めていないこともあり、不明である。

レーザー核融合爆発と条約の遵守 [158]

　純粋熱核爆発、すなわち核分裂性物質を伴わない核爆発の適法性に関する推論は、交渉の経緯と技術上の考察に基きなされる必要がある。このような爆発（その他の類似の活動同様、CTBT下では許されている爆発を伴わない「慣性閉じ込め核融合」、略してICFとも呼ばれているレーザー核融合実験とは明確に区別される）に関する公の交渉記録は一切存在しない。

　合衆国、フランス、イギリス、日本およびドイツがCTBT第1条に違反しているものと思われるという結論は、エネルギー・環境研究所によるこの問題に関する1998年の分析に基いている[159]。合衆国とフランスは、純粋熱核融合爆発を引き起こす目的で、それぞれ国立点火施設（NIF、カリフォルニア州リバモア）とレーザー・メガジュール（LMJ、ボルドー近郊）を建設中である。イギリス、日本およびドイツはこのプロセスを援助している（後述）。

　すでに述べたように、CTBTは施設または爆弾の保持を禁止していないが、締約国に核爆発の実施または核融合爆発実施の「実現、奨励またはいかなる形での参加」も禁止している。合衆国とフランスがこれらの施設を建設する意図は、レーザー光線により誘発される純粋熱核融合爆発を引き起こすことにある。さらに、これらの計画されている爆発の中に約10ポンドのTNT爆薬に相当する規模の爆発に達するものも含めることが両国の意図である。このような爆発は、水素核爆発（核分裂爆発）に関する禁止条約に基き禁止されている4ポンドの核出力を明らかに超えている。

　核実験の一時停止を継続する政策との絡みで、ネバダ核実験場の再開準備状態を維持するのとは別に、合衆国とフランスがNIFやLMJを建設するのは、核爆発の実施能力を維持するためではない。両国は準備が完了した時点で、これらの施設を実用に供する目的で建設しているのである。従って、NIFとLMJを建設することは、核実験の実施能力の維持とは基本的に異なる種類の活動である。これらの施設が完成次第、核爆発が実施されるであろうことを考えると、その建設はこのような爆発

を引き起こす過程の一部とみなされる。それ故に、合衆国とフランスは、あらゆる核爆発を禁止している CTBT 第 1 条 1 項に違反する行為を積極的に準備していることになる。さらに両国は、NIF および LMJ で核爆発の引き起こしを図る活動に参加しているため、CTBT 第 1 条 2 項にも違反していると考えられる。同様にイギリスも、合衆国の国立点火施設を資金面で援助し、そこでの核爆発実験に参加するつもりで、CTBT の遵守違反を犯しているものと考えられる。最後に、日本に本社を置く企業である HOYA 社による、NIF と LMJ の建設に必要不可欠なガラス[24]の供給を阻止する措置を、日本は一切講じていない[160]。つまり日本も、合衆国とフランスによる違反行為を奨励しており、CTBT 第 1 条に違反しているものと考えられる。同様にドイツに本社を置く企業であるショット社は、NIF と LMJ にガラスを供給している[161]。従って、ドイツも日本と同じ状況下にある。CTBT 第 3 条は、「自国の国籍を有する自然人がいかなる場所においてもかかる活動（つまり、この条約によって締約国に対して禁止されている活動）を行うことを国際法に従って禁止する」よう政府に義務づけている。日本とドイツは、世界のいかなる場所であれ、その国民による核爆発実施の実現、奨励または参加を阻止する責任を負うのである。

　合衆国は NIF 誘導の爆発は、レーザー核融合施設は CTBT 第 1 条の禁止から免除されており、CTBT 違反にはならないと主張している。合衆国は NPT に基くこれらの実験に対して適用される免除は、CTBT にも適用されると公言してきた[162]。しかし NPT は平和目的爆発を認めているが、CTBT は認めていない。NPT は、5 か国を除くすべての国家による核兵器の保有あるいはその他の核爆発装置を禁止している。言い換えれば、NPT には 2 つの範疇に属する締約国が存在しているのである。主張されている免除が、核爆発装置不取得の義務に違反することなく、非核兵器国にこのような実験の実施を許すという結果を招くことになりかねない。CTBT はすべての締約国に平等に適用され、また上にその全文を引用した第 1 条の単刀直入な正文からも明らかなように、あらゆる核爆発を禁止している。合衆国とフランスのレーザー核融合施設は、核

兵器維持、設計および、主張されているところによれば、発電装置をもたらす実験のために使用される予定だが、いずれにしても、CTBT は平和利用に繋がる核爆発を含めあらゆる核爆発を禁止しているため、核爆発は許されない。さらに、大型であるためそれ自体が兵器化されることは考えられないにしても、NIF や LMJ が純粋核融合兵器の設計に寄与することも十分有り得ることである。

アイオワ州選出のトム・ハーキン上院議員からの書簡に対するエネルギー省 (DOE) の回答では、この問題を明確にされなかった [163]。エネルギー省は、NIF は兵器化できないと主張した。しかし CTBT はすべての核爆発を禁止しており、従って核爆発が兵器に転用可能か否かは、条約第 1 条の遵守とは無関係である。さらに、NIF は合衆国の核兵器備蓄の維持能力と新兵器の設計能力にも貢献するものとして公に評価されている。最後に、レーザー核融合技術の他の諸国への拡散は、その熱核爆弾の生産能力をおおいに高めることにもなりかねない。

DOE はレーザー融合研究を認めている 1975 年の NPT に基く合意は、CTBT に対しても有効であると主張している。しかし CTBT のこのような解釈を認めることになる交渉経緯には一切 DOE は触れていない。それどころか、特にこの件に関しては、ハーキン上院議員からの質問に対する次の回答が示すように CTBT 交渉経緯が機密扱いであることを主張したのである。

 質問 4：公式声明では DOE が、NIF 爆発が CTBT の下で適法であるとの決定において、核不拡散条約 (NPT) 再検討会議の協議を参照していることが示唆されている。CTBT の交渉過程において、NPT の核爆発に関する免除が CTBT に持ち越されることを認める交渉記録が存在しているのか。もし存在しているのであれば、その交渉記録文書を私に提供していただきたい。

 回答 4：交渉記録自体が機密扱いになっているが、このような見解を支持する公文書が存在している。たとえば、最終条約 (CTBT) に対する 1995 年 9 月 26 日のローリング・テキスト[25] は、ICF (慣

性閉じ込め融合）を禁止することになったであろう規定が、交渉期間中に特別に考察され、拒否されたことを示している。[164]

　このように、ICF 実験とその装置は CTBT では禁止されていないため、この質問に対する DOE の回答は、特定の ICF 装置、国立点火施設における計画されている特定の爆発に関する問題を回避していることになる。条約には明示的な免除は示されていないが、CTBT の文言と意図によれば、ICF 爆発は禁止されるが、ICF 非爆発実験は許されることになる。NIF および LMJ の計画されている爆発は CTBT を遵守しているという公の主張は、それらが核兵器計画の維持を意図したものであるという事実によりいっそう説得力を欠くものとなる。

　要約すると、我々が主張する CTBT 違反は、必ずしもすべてのレーザー核融合研究を対象にしたものではない。実際、これまでになされてきたすべてのレーザー核融合研究は、その規模と構造において、明らかに未臨界核分裂実験に見合う核反応を伴うものであるため、CTBT 下では適法と考えられる。合衆国とフランスが犯している違反は、NIF と LMJ の建設のためではなく、TNT 爆薬 4 ポンド相当量を超える規模の爆発を引き起こす目的でこれらの装置を使用する計画のためである。公の交渉記録は、たとえ最終的にいかなる核爆発の定義が選ばれようと、きわめて短期間に発生する核反応（すなわち爆発）の最大許容核出力が TNT 爆薬 4 ポンド相当量をはるかに下回るものでなければならないことを明らかに示している。レーザー核融合爆発の問題が、あらゆる核爆発に関する完全禁止を再確認するために、CTBT 締約国により明示的に検討されることがきわめて重要である。この点に関連して、一部の締約国のみが承知している可能性のある極秘交渉経緯の公表を強く求めたい。

第4章 対弾道ミサイル・システム制限条約

経 緯

対弾道ミサイル・システム（ABM）制限条約は、各個に目標を設定可能な複数弾頭を搭載したミサイル、MIRV（巻末参考文献 York 1970、Spencer 1995 参照）として知られるいわゆる「多弾頭各個目標再突入弾」の配備が増加の一途を辿るという状況の中で、合衆国とソ連が締結した条約である。MIRV による奇襲第一撃は、相手国のほとんどすべての戦略核戦力を壊滅させることになると想定される。さらに第一撃後、ABM を使用すれば、相手国の残存戦略核弾頭の報復攻撃から自国領土に損害が与えられることも阻止できる。このように、名目上「防衛」目的であるように一見思われる ABM は、第一撃戦略における中心的な要素とも成り得る可能性を秘めていた。

従来は報復攻撃の脅威が核抑止力の要だと考えられていた。正確な核弾頭による第一撃とミサイル防衛により、ミサイル防衛を欠く敵対国がその抑止機能を失う可能性が生じた。飛来する核弾頭に対して、それぞれ 100 発を限度とする迎撃ミサイルを配備するミサイル防衛基地を、双方 2 か所に制限した ABM 制限条約は、ソ連と合衆国が、第一撃を受けた後でも相手国の都市を脅かす十分な報復戦力を確実に保持でき、その結果、冷戦時における両超大国の核抑止力が維持されるよう意図されたものだった。さらに条約の前文は、対弾道ミサイル・システムの制限は、「戦略核兵器制限に関する更なる交渉のための、より有利な条件の醸成に寄与するであろう」という「前提」を記している。

ABM 制限条約は、米ソ間の戦略バランスを維持するために将来の技

術開発にも制限を課すという点で異例の条約だった。アメリカ科学者連盟は、次のように条約諸規定を要約している。

> さらに、技術革新および戦略バランスへの不安定な影響という重荷を軽減するため、地上発射の可動式 ABM システムと共に、両国は海上、空中または宇宙発射の ABM システムおよび部品の開発、実験または配備の禁止に合意した。将来の技術により、現行システムに採用されているものとは『異なる物理的原理』に基く新 ABM システムが作り出された場合には、このようなシステムは、条約の協議および改正規定に従って検討されることが合意された。[165]

ABM 制限条約は、両締約国による 5 年ごとの再検討を定めている（第 14 条）。「この条約の主題に関わる異常な事態が自国の至高の利益を危うくすると判断した場合」、条約からの各国の脱退を認めている（第 15 条）。脱退に対する罰則は一切存在しないが、脱退は相手国への 6 か月前の通告を必要とする。

1974 年、合衆国とソ連がミサイル防衛基地を 2 か所から 1 か所に削減する議定書に署名して、ABM 制限条約は改正された（1974 年 ABM 議定書）。

1991 年のソ連崩壊以降、ジェシー・ヘルムズ上院議員など合衆国指導者の中には、条約がその存続が終焉したソ連との間で締約されたものであることから、ABM 制限条約の有効性に疑問を呈する者も現れた[166]。ロシアにおいてジェイムズ・ベイカー国務長官が、合衆国はロシアを ABM 制限条約の承継国とみなすこと、また条約は引き続き有効であることを確認していたため、ロシアに関しては実質的な問題は起こらなかった[167]。その他の旧ソ連共和国に関する問題を考慮して、1997 年、合衆国、ロシア、ウクライナ、ベラルーシ、およびカザフスタンは、これらすべての国家を ABM 制限条約の承継国家として指定する協定に署名した[168]。

クリントン大統領は、批准を求めて承継国家に関する 1997 年協定を

合衆国上院へ提出することはしなかった。これは、当時の上院外務委員長であったヘルムズ上院議員が、批准同意に関する検討の機会を利用して、ABM 制限条約を完全に葬り去ると公言していたことによるものと推測される[169]。

　ブッシュ政権およびその他の ABM 制限条約からの合衆国の脱退支持派は、この条約は、冷戦期まで遡る核抑止理念を法典化したものであることを考えれば、時代遅れであると主張してきた。たとえばジョン・カイル上院議員は、次のように述べている。

　　変化する世界では、アメリカ国民の安全と安全保障を確保にするための異なる姿勢が求められる。ミサイル技術が拡散し、テロリストはわが国に危害を加えるための新たな、より破壊的な手立てを引き続きたくらんでいることを考えれば、わが国は核および生物兵器による攻撃に対して極めて脆弱な状況に置かれている。ならず者国家やテロリストにより発射されるミサイルに対して、町や都市を意図的に無防備のまま放置するようわが国に求めている条約から脱却する必要がある。ABM 制限条約は、冷戦後の時代とは無関係な束縛だ。

さらに、いわく。

　　ABM 制限条約は、イラクからわが国を保護してはくれないし、イラクや北朝鮮の独裁者の核兵器備蓄増強を抑止する機能も果たしてこなかった。この条約は、偶発的なミサイル発射または核ミサイルを入手したテロリストからの攻撃に対してわが国を保護することもない。要約すると、この条約は過去の遺物であり、だれ一人としてその終焉を惜しむことはないだろう。[170]

ミサイル防衛構想を支持する一方、ABM 制限条約からの脱退に反対する人々は、ブッシュ大統領の条約からの脱退通告前日になされたバイデン上院議員の次のような発言に沿う反論を展開してきた。

　　私の見解では、ごく控えめに言っても、脱退規定の発動は少々行

き過ぎであるように思われる。わが国のミサイル防衛が阻止するよう意図されている唯一のミサイルである ICBM を実戦配備する新たな敵対国は皆無であり、ABM 制限条約は戦術ミサイル防衛を禁止しておらず、その上、ロシアは合衆国の拡大実験計画を認めるよう条約の改正に応ずるとまで公に表明している。このような状況からすれば、わが国の至高の利益に対する危険性などどこにも存在しないはずだ。

政府は ABM 制限条約に違反することになる実験を実施したいと述べているが、ペンタゴンの弾道ミサイル防衛機構の長は今年の初めに、必要かつ計画されているすべての実験を実施するために違反を犯す必要性などまったくないと議会で証言している。

情報通の科学者によれば、数か月前に軍事委員会に国防総省が提出した実験計画に付け加えられた、条約違反の可能性を伴う部分は、特にこの段階では必要性のきわめて低いものだ。ペンタゴンの前実験局長であるフィル・コイルは、条約の規定に違反することなく必要とされる実験を数年間継続して実施可能であると述べている。[171]

2001 年 12 月 13 日、ブッシュ政権は合衆国が条約から脱退する旨をロシアに通告した。大統領は次のように述べている。

本日、合衆国はほぼ 30 年継続した条約から脱退する旨を、条約に従い、正式にロシアに通告した。ABM 制限条約が、将来テロリストまたはならず者国家によるミサイル攻撃からアメリカ国民を保護する手段を開発する政府の機能を阻害しているとの結論に達したためである。

1972 年の ABM 制限条約は、現在とはまったく異なる時代、大きく異なる世界情勢の中で、合衆国とソ連により署名された。相手国が反撃し、その結果両国とも破滅するであろうことを承知していたため、理論上どちらの側も核攻撃を仕掛けられないという厳しい状況下にあった。署名国の一方であるソ連は、もはや存在しない。ま

たかつては両国に何千発もの核兵器を非常警戒態勢下に置かせた敵対関係も存在しない。

9月11日事件が余すところなく明らかにしたように、今日両国に対する最大の脅威は、相互に、すなわち世界の一方の大国にその源を発するのではなく、警告もせず攻撃してくるテロリスト、あるいは大量破壊兵器を求めるならず者国家からの脅威なのである。[172]

脱退通告は、2002年6月13日に発効した。

ABM制限条約からの合衆国の脱退通告の分析

一般的には「スター・ウォーズ」と呼ばれている、核攻撃から合衆国全土を防衛するための防御網を新たに設置することを目標とし、後に戦略防衛構想として知られる研究計画をレーガン大統領が発表した1983年3月、合衆国でABM制限条約に関する広範囲にわたる公の尋問が始まった。スター・ウォーズ計画は核報復からも合衆国を防衛することになるため、ABM制限条約創設の基本理念そのものを疑問視させる結果を招いたことは明白である。数か月後、合衆国はソ連が建設中のクラスノヤルスク（シベリア）のレーダー基地の適法性を問題にした。ソ連は始めこのレーダーが違法な施設であることを否定したが、1984年1月、合衆国はこの基地をABM制限条約の規定に違反すると宣言した。冷戦も幕を閉じようとしていた時でもあり、ソ連はABM制限条約違反と認め、1989年9月、この基地を解体することに無条件に合意した[173]。

1980年代の残りの期間、合衆国は、防衛は抑止に優るという理念に基き、宇宙配備の防衛兵器を含むさまざまなタイプのミサイル防衛を認める協定をABM制限条約に置き換える可能性について、ソ連との交渉を継続した。だがこの中では、ミサイル防衛が第一撃兵器の一環として、すべての、またはいくつかの核兵器国の抑止能力を無効にする兵器の一部として使用される可能性について言及されることはなかった。

抑止力の無効化により合衆国は、たとえば台湾において、核破壊を恐れることなく意のままに通常戦力を使用できることになる。このようなミサイル防衛の潜在能力について、最近『ニューヨーク・タイムズ』のビル・ケラーは次のように指摘している。

　　（ミサイル防衛に関し）現在行われている論争で、この計画者たちが懸念しているのは、少数の核兵器を保有するいかなる国家であっても、（冷戦期間中の）ソ連がわが国にしたのと同じこと、すなわちわが国のきわめて優越した通常戦力の世界への投入を阻止することができるのではないかということである。これらの少数国家が、イラク、北朝鮮あるいはイランを指しているとの解釈も可能であるが、もっとも重要な対象国は中国である。……

　　「ミサイル防衛の論理は、武力政策に対する掛け金をその保険金と釣り合わせることである」と、抑止理論の権威者であり、ミサイル防衛の熱烈な支持者でもあるケイス・B・ペイン（国立公共政策研究所長）は述べている。言い換えれば、ミサイル防衛は、防衛ではなく攻撃に関する政策なのである。[174]

　さらに、ミサイル防衛の攻撃能力は、核による第一撃能力、特に潜在的な敵対国の脆弱さ、あるいは少数の核兵器備蓄に対する核による第一撃能力の増強とも関係してくる。中国を例に取れば、現在液体燃料を使用する約 20 発の長距離弾道ミサイルを保有している。これらの大半が第一撃で壊滅された場合、残存ミサイルが機能するとしても、小規模なミサイル防衛でも対処可能となる[175]。

　1980 年代末、合衆国は、レーガン時代の完全ミサイル防御網という大規模な当初の構想を、実行不可能な構想という理由で放棄した。すなわち、防衛システムの一部は、宇宙における核爆発に基くシステムだったからである[176]。1990 年代、飛来するミサイルあるいは核弾頭を破壊するよう設計された非核装置が計画の中核となり、ミサイル防衛システムの一部として宇宙配備の核兵器という構想は放棄された。1999 年、

合衆国は、技術的に可能な限り早期に、ミサイル防衛が配備されることを求める法を採択した。1998 年の北朝鮮による日本に着弾するミサイルに改良可能な潜在能力を秘める中距離ロケットの実験[26] との絡みでこの法は制定された。

　1990 年代の後半、合衆国とロシアは、ミサイル防衛のみならず、核兵器削減、兵器削減協定の実施、検証、冷戦後に軍用所要量超過分と宣言されていた軍用プルトニウムの備蓄廃棄に関する冷戦後の合意に達するための集中的な交渉を行った。2000 年の合衆国大統領選挙までに、意見の相違を調整することはできなかった。ブッシュ大統領は選挙運動中、ABM 制限条約からの合衆国の脱退を支持する旨を公式に表明していた。

　2001 年 12 月 13 日の ABM 制限条約からの脱退通告は、次のような重要な意味を持つ。

・死を覚悟で抑止不可能な大量破壊兵器取得を熱望する者が明らかに存在しているため、防衛がより重要であるという論拠に基き、9 月 11 日事件の攻撃の約 3 か月後になされたこと。

・脱退は、ロシアからの継続的な反対に逆らってなされたこと。しかし、反対の声は現在のところ収まっている。

・脱退前にロシアの同意を実際に確保するという点に関する限り、ブッシュ政権の ABM 制限条約に対する姿勢が、「テロとの戦い」へのロシアの協力により影響されることはなかったこと。

・この問題における中国の戦略上の権益は無視されたこと。中国の反応も、これまでのところ控えめの反対という形を取っている。

・合衆国が京都議定書や包括的核実験禁止条約など他の条約を拒否していること。

　ロシアとの交渉に基く協定抜きでなされた合衆国による ABM 制限条約からの脱退決定は、ミサイルの脅威および防衛の観点からすれば理解

し難いところがある。まず、条約の枠内でさまざまな実験を実施することは可能である[177]。効果的なシステムは、たとえ実現するにしても、今後何年も、おそらく何十年も配備される可能性はない。ささやかな成功を収めた場合もあったが、これまでに実施された多くの実験は結果的に失敗に終わっている。迎撃ミサイルの「成功」が、現実の世界では「おとり」によって阻止されることが一般的に認められている。同時に、ミサイルに依存しない大量破壊兵器、特に核兵器に関わる脅威が、9月11日事件以前と比較すると大きくなっており、またはるかに危険であることが認識されている。たとえば最近の「国家情報評価」によれば、「情報機関は、合衆国領土が（弾道ミサイルではなく）ミサイルに依存しない手段による WMD（大量破壊兵器）で攻撃される可能性がいっそう高いと判断している」[178] とのことである。しかし、ミサイル防衛に充てられている予算（年間80億ドル）[179] は、トラックまたは船舶内の核爆弾の阻止、あるいは盗難防止のためにプルトニウムや高濃縮ウランを非軍用形態に転換する計画のために充てられている予算をはるかに上回っている。この一連の優先事項は、防衛自体に応えるものではなく、むしろさまざまな条件下での核兵器使用を含む、多岐にわたる戦闘能力を選択できるよう、大量の核兵器の警戒態勢下または待機態勢下での維持を求める「核態勢見直し」の路線に沿うものである。核兵器の設計と実験のための合衆国の年間予算は、現在冷戦時代の平均を上回っている。ABM 制限条約脱退が、さらなる米ロの軍備削減交渉を阻害するであろうことは国際的に認められている。ロシアは、合衆国の ABM 制限条約からの脱退を受けて、START II 兵器削減条約（未発効）に基く義務の撤回をすでに表明している。その他の悪影響として、中国の核兵器備蓄増強の促進または強化、これに付随するインド、パキスタン、あるいは日本さえも含む諸国への連鎖的な影響、あらゆる核兵器の警戒態勢解除の実現がいっそう困難になること、そして宇宙の武装化への道を開くといったことが挙げられる。最後の問題について言えば、ABM 制限条約は、人工衛星、空中または地上目標を攻撃するために必要となるミサイル迎撃に使用可能なレーダーを含む宇宙配備システムを禁止していた。

緊急のやむにやまれぬ脱退の理由もなく、ABM 制限条約から一方的に脱退することは、合衆国がその法的義務に対してきわめて軽率に振舞うことを意味する。しかし、合衆国の政治および司法制度を通して脱退を詰問する以外に方法はないように思われる。議会はいっこうに詰問する気配を見せていないが、脱退は議会での承認を経ていないため無効であると主張する訴訟[27] が一部の議員により起こされている。合衆国は必要とされる6か月前の事前通告および主張する「異常な事態」に関する陳述を提出しており、これ以上のものは何ひとつ必要とされない。条約の枠組内には、申立ての理非曲直を裁定するプロセスは存在しないし、またロシアは脱退規定に違反するという異議も唱えてはいない。しかし、合衆国の脱退は、条約の遵守および法の支配に関するより広範な問題を提起する。これは主要国家が発効後の軍備管理条約から公式かつ一方的に脱退した最初の事例なのである。合衆国およびその他の諸国が、NPT、生物兵器禁止条約、化学兵器禁止条約、包括的核実験禁止条約といった他の重要な安全保障条約でも、同様の規定を利用する前例が作られたのである。合衆国が、戦略的安定の要とみなされていた条約から一方的に脱退できるのであれば、他の諸国が適切だと判断した場合、条約からの脱退を妨げることは一切できなくなる恐れがある。たとえば、NPT は、3か月前の事前通告を求めているが、ABM 制限条約同様、脱退に対する罰則規定はいっさい存在しない。ABM 制限条約とは異なり、NPT では安全保障理事会への通告が求められている。安全保障理事会は、この通告に基き脱退が国際の平和と安全に対する脅威であると判断すれば、行動に訴えることは可能である。しかし、理事国自体または保護したいと望む国家のための安全保障理事会の行動が、いずれかの常任理事国の拒否権により妨げられることにもなりかねない。同様に、CTBT からの脱退も安全保障理事会への通告が必要である。

　安全保障理事会への通告に関する規定には、脱退に対応するための行動の明示的な権限付与は含まれてはいないが、常任理事国が全会一致でこのような行動が正当であると決定した場合には、行動に訴える可能性は残されている。常任理事国が、自国または同盟国に不利な行動に訴え

ることは、言うまでもなく有り得ない。NPT が認める核兵器国の不平等な権限が、すでに法の前での平等という原則に違反しているのである。合衆国による一方的な脱退の決定が、さらに安全保障理事会の行動の弱体化をもたらす結果を招いている。合衆国自体が安全保障条約からの脱退の根拠として「異常な事態」を一方的に利用したため、この脱退により、条約から脱退する他の国家に対する行動がいっそう正統性をもたなくなることにもなりかねない。

　合衆国の ABM 制限条約からの脱退は、合衆国が、特に「テロとの戦い」との絡みで、義務の遵守を他の諸国に期待しなければならない時期に実行された。さらに合衆国は、核兵器の攻撃目標となり得る国家のリストを作成している。対象国選定戦略の理論的根拠のひとつが、条約義務に違反する国家による大量破壊兵器の保有である。しかし、現在 NPT の締約国であるいずれかの対象国家が、合衆国の政策により国家の存続が脅かされていると考え、NPT からの脱退を決定し、核兵器備蓄の増強を図ったとしたら、その結果はどうなるだろうか。最近核計画の開発を認めた北朝鮮が、このような行動に訴える危険性は十分に考えられる[28]。このような事態は、いつまで現行の NPT 体制が存続可能かに関するきわめて大きな問題を提起することになる。

　意図的あるいは偶発的な大量破壊兵器の使用を阻止するという問題は、きわめて複雑な問題である。テログループまたは現在大量破壊兵器を保有していない国家による大量破壊兵器使用の危険性は現実の問題である。しかし、核兵器国がそれらを使用する危険性についても同じことが言える。事故あるいは判断ミスによる大規模な核戦争の危険性が高まっている[180]。この事態は地球の破滅に繋がることを考えれば、おそらくもっとも危険性の高いものである。合衆国とロシアは、このような大惨事の中心地となる可能性が高い。ABM 制限条約からの一方的な脱退は、どう少なく見積もっても、過敏な警戒態勢の下での核兵器の維持を余儀なくされることによる偶発的な核戦争の危険性を永久化する恐れがある。上記のように、合衆国のミサイル防衛計画は、短期的または中期的な観点から、非国家グループあるいは非核兵器国による核兵器使用の

主要な脅威に対処するものとはなっていない。合衆国の核政策といった他の要素と併せて考えると、この脱退により、核兵器および核分裂性物質の拡散を防止するもっとも重要な条約、すなわち NPT が危険に晒される恐れがある。

　検証に基く核兵器の完全警戒態勢解除およびミサイル削減を含む完全軍縮の義務との関連で、世界規模で適用されるミサイル防衛を、理論上建設的な政策であると想定することは可能である。もっとも、上のような場合でさえ、ミサイル防衛が価値ある優先事項であるか否かについては定かなことは言えない。しかし、合衆国の脱退という現状を踏まえると、まったく事情は異なってくる。合衆国政府内のきわめて影響力の大きい一派は、合衆国による宇宙の支配を支持している[181]。合衆国の核政策には、さまざまな条件下での核兵器の先制使用の可能性が含まれており、第一撃は除外されていない。現時点で、ABM 制限条約からの一方的な脱退を防衛行為として正当化することは、特にミサイル防衛システムの稼動が、自国への被害を最小限に止める中で第一撃を実行する合衆国の能力強化に繋がるという技術的現実のみならず、本書で詳細に述べられている他の条約に関する記録と併せて考えるとき、信頼可能な限度を超える拡大解釈となるのである。

第5章　化学兵器禁止条約

経　緯

戦争で化学兵器を使用することは、1925 年のジュネーブ議定書以来法によって禁止されてきた[182]。化学兵器禁止条約（CWC）は、化学兵器の開発、生産、貯蔵および移譲の禁止、各締約国の化学産業の監視ならびに透明化の強化により、この禁止の強化を図ったものである。

CWC は、国連軍縮会議で 10 年以上にわたり交渉された。合衆国は交渉で重要な役割を果たし、適用範囲が広く徹底的な検証および査察制度を持つ条約を支持した[183]。CWC は 1993 年 1 月 13 日に完成し、署名のため公開された。

CWC は、各締約国が担うべき次のような 3 つの基本的な義務を規定している。

1. 兵器の禁止　締約国は、化学兵器を絶対に開発、取得または使用せず、またそれらを何人にも移譲しない。
2. 兵器の廃棄　締約国は、既存の化学兵器生産施設および備蓄をすべて廃棄することに同意する。
3. 申告と査察　各締約国は、そのすべての化学兵器施設または備蓄を申告しなければならない。締約国が、化学兵器の生産・使用以外の目的での化学物質および施設の使用を制限されることはないが、条約により禁止されている方法で使用可能な申告済みの「両用」化学物質、および生産施設の通常査察を締約国は許可しなければならない。条約附属書は、このような化学物質と施設のリストを掲載している[184]。

通常の査察に加えて、申告あるいは未申告のいかんを問わず、締約国は、条約不履行の疑惑のある別の国家領土内のいかなる施設の申立て査察も要請する権利を条約により与えられている（第 9 条）。要請された査察は、その要請が恣意的あるいは権利の乱用と判断された場合、執行理事会の理事国の 4 分の 3 の得票により阻止することができる。

CWC は、条約執行のあらゆる側面を監視するために独立した機関、化学兵器禁止機関（OPCW）を設立した。この機関の内部機関である技術事務局が、査察を実施している。執行理事会（41 の理事国から構成）は、条約規定の実施（条約不履行の調査を含む）を監視し、また締約国会議は、すべての締約国から構成される主要な意思決定機関であり、予算と政策の立案、その他の機関の監視を任務としている。

CWC はまた、自国民の化学兵器の生産、移譲、使用を禁止するよう国家に求めているため、またもっとも危険な化学物質の非締約国への移譲を禁止しているため、テロ防止に役立つ法的な仕組みを設置していることにもなる[185]。

CWC は、既存の化学物質と施設の廃棄に取り掛かっているか、あるいは廃棄する準備をしているインド、韓国、ロシアおよび合衆国による化学兵器備蓄の申告もあり、その透明性の強化には成功を収めている。しかし、条約の潜在能力が最大限に活用された事例は皆無である。CWCが普遍的な条約であるとも言えない。署名国の中で 29 か国が未だに批准を完了していない[29]。非締約国（たとえば、イラク、北朝鮮、リビア、エジプト、シリア、イスラエル）の中には、化学兵器計画を維持していると信じられている国家も存在している。少なくとも 1 か国の締約国（イラン）は、化学兵器計画を継続している[30] と合衆国政府により非難されてきた[186]。

合衆国は、国内実施法令で特定の条約規定の適用に制限を課している。この結果、合衆国は条約正文の全要件を遵守していないことになる。制限付で条約を実施する決定は、検証制度を含む条約のもっとも有益ない

くつかの特性を弱体化する危険性をはらんでいる。

合衆国の CWC 批准と実施

上院でのCWC批准問題

すべての条約同様、CWC は批准の議決前に、上院外交委員会において審査された。その当時ジェシー・ヘルムズ上院議員がその委員長に就任していた。ヘルムズ議員は、合衆国政府内でますます顕著になっていた考え方、すなわちこのような条約への参加は合衆国の選択範囲を制限し、世界の唯一の超大国としての合衆国の立場を弱体化させるという考え方の支持者だった[187]。批准反対派は、CWC が企業秘密を危うくし、維持費のかさむ監視システムを必要とするため、合衆国企業に損害を与えることにもなりかねないと主張した。批准反対派はまた、締約国の不正行為を完全に防止できないこと、すべての不正行為者を発見できるとは限らないこと、また化学兵器をすでに開発し、あるいは化学兵器計画の開発を求めている国家は参加しないだろうことを理由に、CWC は有効な条約ではないと主張した[188]。

化学兵器の成分は民生用にもなり、また化学兵器生産施設は隠蔽が可能であるため、化学兵器を禁止する法が、すべての潜在的な違反者を発見できるとは限らない。完璧な法は存在しないが、透明化を高めることにより、化学兵器の開発、生産、移譲および使用の防止能力を改善することは可能である。CWC の検証制度は、申告済みの両用施設の通常査察、条約不履行の疑惑のある場合の申立て査察および情報の共有のための仕組みを備えている。締約国は、国内の違法行為を犯罪とするよう求められている。非締約国家が両用物質を合法的に締約国から取得することは抑制されており、結果的に重要な取り引きの機会を非締約国から奪う形となっている。また「秘密情報の保護に関する附属書」などの条約内の保障措置が、秘密情報と専有情報を保護している。これらの説得力に富む論拠により、レーガン、ブッシュおよびクリントンの各政権、情

報機関、化学産業（報告と査察義務により企業が過度の負担を掛けられることになると主張にもかかわらず）、アメリカ国民からの支持が結果的に得られたのである。

CWC批准における合衆国例外論

1993年、合衆国は条約に署名したが、その後条約を大方無視した結果、反対派の勢力増大に拍車を掛ける羽目に陥った。ハンガリーが条約を批准した65番目の国家となった1996年10月、批准の問題がクリントン政権の優先事項となる時がついに訪れた。CWC第21条によれば、条約は65番目の国家の批准日から6か月後に発効する。合衆国は、執行理事会の議席および条約の執行規則の起草権を伴う創設締約国の地位から締め出されることを回避するため、発効前に参加する必要性を認めた[190]。

上院外交委員会は、無期限に審議期間を延長すると脅した。クリントン政権は、上院での採決に回すため、確実に外交委員会での条約審議が完了するよう、外交委員会に対する大幅な譲歩を余儀なくされた[191]。外交委員会は、合憲性、経費および安全保障に関する追加的な保障措置の確保に狙いを定めていた。第22条が条約規定に留保を付すことを禁止しているため、委員会が条約に留保を付すことは不可能だった。その代わり、外交委員会が最終的に条約を議場での採決に回した際、委員会は28項目の条件を付けた。これらの条件は、さらなる審議の対象にはならない条件だった。すなわち上院には、条件つきの条約に同意するか、あるいは条約全体を否決するかという選択肢が残されていただけだった。28項目の条件により制限された条約の批准を上院が可決した後、条約が国内法（実施法令）に移行された際、下院がさらに制限を追加した[192]。

これらの制限のいくつかは、大統領の上院への報告義務、資金および合衆国憲法上の「保障措置」といった国内問題にのみ関わるものだったが、いくつかの制限は結果的にCWCおよびその検証附属書の条件の履

行拒否に繋がるものだった。CWC 第 6 条によれば、締約国は毒性化学物質とその前駆物質、およびこのような化学物質に関係する施設を、検証附属書に規定される検証措置の対象とするように求められている。しかし、実施法令によれば、査察が「国家の安全保障上の利益に脅威を与える」という決定に基き、大統領はどのような合衆国施設の査察も拒否できる権限を保有している [193]。もうひとつの制限は、査察と申告規定の対象となる施設数を制限していることである [194]。また、検証附属書は、必要に応じて、「(OPCW により) 指定された現地以外の試験所での分析のためにサンプルが移送」[195] されることを認めているにもかかわらず、サンプルが「分析のため、合衆国領土外の試験所へ移送される」ことを合衆国は許可していない [196]。以下に検討されているように、これらの一方的な行動は、合衆国の CWC 履行を制限し、他の条約締約国に対して危険な先例を示すことになる。

一方、合衆国は、条約実施に関する審議を引き続き行ったため、その条約義務を履行することはできなかった。合衆国は、条約発効後 30 日以内に（すなわち 1997 年 5 月末までに）拡散の危険性のある化学物質に関する活動の最初の申告をするよう求められていた。すでに述べたように、議会における反対意見の結果、合衆国内で条約義務を発効させるための実施法令は、1998 年 10 月まで両院を通過しなかった。さらに行政府内での条約の運用方法を定める規則は、1999 年 12 月まで公布されなかった [197]。

化学産業施設の申告要件を定める国内法が未制定の状態で、合衆国企業の査察を実施することは不可能だった。この遅延により CWC 事務局の予算と査察官の割当問題が引き起こされることになった。さらに重大なことは、この遅延が、合衆国が期限からほぼ 3 年遅れの 2000 年 3 月に企業申告を最終的に行うまで、他の諸国が実施をわざと長引かせる傾向を助長したことである [198]。化学兵器計画を継続しているものと信じられているイランも、その申告を延期した。イタリア、中国、フランス、ドイツなどの諸国も、合衆国が履行するまで、その産業施設の査察を一時停止すると脅した [199]。

合衆国による不履行の影響

すでに述べたように、合衆国は上院からかなりの抵抗を受け、CWCの履行に制限を設けた。合衆国の履行に関わる3つの主要な制限は、合衆国外の試験所での合衆国の化学サンプルの分析禁止、現地査察を拒否できる大統領権限および申告の対象となる産業施設の範囲制限である。

合衆国外でのサンプリングを許可しないという規定は、履行の検証の実現を妨げかねないし、また条約での秘密情報についての保障措置を考慮すれば無意味である²⁰⁰。申告の対象となる施設の範囲を制限する決定も、不履行を監視・探知する機能を低下させる恐れがある。「ロシアとイラクが、大規模な産業施設に関わる化学兵器計画を隠蔽していたことが思い起こされるべきである」[201]。従って、OPCWの査察官が通常の立ち入りを許される産業施設の範囲を縮小することにより、「査察が不履行施設を見落とす」恐れがある[202]。その他のCWC締約国は、「合衆国が、自国のための特別な厳しさに欠ける検証制度を制定することを許さないだろう」[203]。中には同様の制限を査察に課す国家も出てくるだろう。たとえば、インドはその実施法令で自国からのサンプルの持ち出しを禁止しているし、またロシアも同様の法令を提案した[204]。

査察行為については、CWCの発効以来、その実施状況を監視してきたヘンリー・L・スチムソン・センター[31]のアミー・スチムソン博士は、合衆国の官僚は国際査察に対して、おそらくソ連との二国間査察の時代から引きずってきた警戒心からか、それとも報告の不正確さを糊塗するためからか、融通性に欠ける、非協力的な態度を示してきたと述べている。その理由のいかんを問わず、このような態度は、その他の国家の「CWC査察期間中の非協力的な態度という連鎖反応」を招いている[205]。たとえば、合衆国が化学兵器のタグ付け、サンプリングおよび分析に関する査察手続を制限した後、化学兵器を保有するロシアと韓国も、その領域での査察期間中同様の制限を課した。インドも「合衆国の例を

引き合いに出して」[206]、その査察に対して制限を適用したのである。

申立て査察手続きの不行使とOPCWの組織変更

　CWC の発効以降、化学兵器の開発、生産または貯蔵疑惑に際して申立て査察[32] を規定している規定を発動した国家は皆無である。申立て査察手続の活用によって、情報収集および化学兵器拡散防止の手段として条約強化を図ることができ、また締約国による条約違反が行われているのではないかという懸念にも対処できることになる。たとえば合衆国は、条約締約国であるイランが化学兵器開発計画を有しているとの疑念を主張してきている [207]。申告を完了し、旧化学兵器生産施設の査察を許可しているイランは、化学兵器生産を中止したと主張したが、合衆国の情報筋は、イランが化学兵器の開発を継続しており、その計画を支援するため、CWC 締約国であるロシアと中国からの援助を求めてきたと信じている [208]。

　イランの条約違反疑惑に対処するため、合衆国は CWC の申立て査察手続を発動すべきだと、批判的な人々は反論している。申立て査察を発動できない理由は、報復的な申立て査察請求を恐れるからか、あるいは情報源の暴露を回避するためだとも考えられる。2002 年 3 月、ジョン・ボルトン軍備管理・国際安全保障担当国務次官は、OPCW の「運営管理問題」を解決する必要があると説明しているが、合衆国によれば、OPCW とは、申立て査察を発動する前に、申立て査察の重責を担いきれない「問題の機関」だとボルトンが呼んだものである。[209]。

　合衆国は、管理者更迭の意図を発表した後、OPCW 創設以来、その地位に就いていたホセ・ブスタニ OPCW 事務局長の解任の実行で物議を醸した。CWC 締約国は48 対 7 （棄権43 ）で、ブスタニ氏の任期半ばでの解任を議決した。ブスタニ氏は合衆国からの支持も受け、2000 年 4 月に 4 年の任期で再選されていた [210]。これは、国際機関の長が任期半ばで解任された最初の事例となった。合衆国は、この決定は、「財務管

理の不始末、技術事務局職員の士気阻喪、および多数の人々により無分別な決断だと考えられている諸々の事情」によるものだと主張した [211]。OPCW 職員と諸国の代表は、ブスタニ氏の攻撃的な姿勢が締約国の感情を害したことは認めているし、観測筋は、自らの給与の大幅な増額請求を含め、ブスタニ氏による財政上の優先事項の扱い方に問題があることを指摘している [212]。もうひとつ考えられる理由は、イラクを条約に参加させるためのブスタニ氏の努力であった。イラクの大量破壊兵器疑惑に対処するために合衆国が計画していた予定路線にとって、このような努力がかえって邪魔になったからだと信じる者もいる [213]。2002 年半ばの時点での合衆国の外交政策には、イラクを支配するサダム・フセイン政権の転覆という目標が含まれていた。

合衆国は、管理者更迭を実行するために他の諸国に圧力を掛けたと考えられている。ブスタニ氏に対する合衆国の非難は、彼の解任が議決されない場合には、その分担金の支払いを停止するという脅しを伴っていた [214]。OPCW 予算の 20 ％以上は合衆国が分担している。さらに、合衆国大使は、要求が通らない場合には、OPCW と関係なく、合衆国単独でその化学兵器を解体すると繰り返し脅した [215]。合衆国の理非曲直のいかんにかかわらず、合衆国による OPCW 事務局長の解任実行の手法は、条約構造および条約実施機関を支配・制御したいという願望を明らかに示している。すべての締約国に奉仕すべき国際機関に関する決定は、財政面からの脅迫や脱退による脅迫とは無関係になされるべきである。

目標がどうであれ、OPCW は合衆国主導のさらなる変革に直面している。ブスタニ氏を含む合衆国の行動の批判者たちは、このような決断の動機は、OPCW に対する合衆国の支配の強化にあると信じているが、合衆国は、化学兵器の廃絶を促進するためのより強力な OPCW に対する願望からであると述べている [216]。合衆国の抗議が真摯に受け止められるためには、合衆国施設の査察を制限し妨げるために設けている抜け道を塞ぐ潮時を逃さないことが必要である。さらに、合衆国は条約不履行の懸念に対処するため申立て査察の仕組みを活用すべきである。申立て査察が活用されない期間が長引くにつれて、国際社会の保護者として

の条約の信頼性はますます失われることになる[217]。

CWC の余波

CWC 批准過程で浮上してきた反対論は、かつては反対論の底流をなしていたものだが、今では現政権の支配的な見解となっている。CWC の反対派には、ディック・チェイニー副大統領（ジョージ・H・W・ブッシュ大統領政権下の国防長官）およびドナルド・ラムズフェルド国防長官（ジェラルド・フォード大統領政権下の国家安全保障顧問）が含まれていた。CWC に対する反対論は、生物・毒素兵器禁止条約の議定書の交渉中にも繰り返し浮上し、この協定は草案すら完結していない状態で葬り去られてしまったのである。（次章参照）

CWC はすでに実施されており、条約に関する主要な懸念のひとつである、国家安全保障情報および企業専有情報の漏洩の可能性は、「国務省化学および生物軍備管理特別交渉担当者」による次の発言で解消されている。「国防総省施設および私企業ですでに実施された化学兵器禁止条約査察により、これまでのところ、国家安全保障機密情報あるいは企業専有情報を犠牲にすることなく化学兵器禁止条約の義務を遂行する能力が実証されている」[218]。

第6章　生物兵器禁止条約

経　緯

　9月11日のテロ攻撃とそれに続く炭疽菌攻撃で、合衆国は生物兵器の危険性を、改めて身も凍るような思いで体験した。結果的に5名の死を招いた炭疽菌入り郵便物は、合衆国が生物兵器の使用に対処するための、また犠牲者を治療するための包括的な措置を必要とするという警告を発した。しかし、それ以上とは言えないまでも、同様に重要なことは、すべての国家が生物兵器開発のために物質と装置を転換することを阻止する必要性も警告した。9月11日事件以降、ブッシュ政権は、生物兵器の拡散とテロリストまたはならず者国家による生物兵器使用の防止を促進する法的措置として、生物兵器禁止条約（BWC）への支持を改めて表明した[219]。

　BWCは、1972年に署名され、1975年3月26日に発効した。第1条は次のように規定している。

　　締約国は、いかなる場合にも、次の物を開発せず、生産せず、貯蔵せず、もしくはその他の方法によって取得せず、または保有しないことを約束する。
　　(1)　防疫の目的、身体防護の目的その他の平和的目的による正当化ができない種類・量の微生物その他の生物剤、またはこのような種類・量の毒素（原料または製法のいかんを問わない）
　　(2)　微生物剤その他の生物剤、または毒素を敵対的目的のため、あるいは武力紛争において使用するために設計された兵器、装置、運搬手段

第2条は次のように規定している。

> 締約国は、この条約の効力発生後できる限り速やかに、遅くとも9か月以内に、自国が保有し、または自国の管轄もしくは管理の下にある前条に規定するすべての微生物剤その他の生物剤、毒素、兵器、装置および運搬手段を廃棄し、または平和的目的のために転用することを約束する。この条約の規定の実施に当たっては、住民および環境の保護に必要なすべての安全上の予防措置をとるものとする。[220]

総括すれば、これらの2つの規定は、BWC のすべての締約国は、1975年12月26日までに、ワクチンおよびその他の防衛措置の開発に必要とされる少量を除き、すべての生物兵器貯蔵を廃棄完了しているか、あるいはそれらを軍事管轄から平和利用へ移行完了していることを求めている。さらに第4条は、その管轄の下にある生物兵器の生産または開発を禁止するよう BWC 締約国に求めている。言い換えれば、国家は管轄あるいは管理下にある個人・企業に対して、生物兵器の開発・保有を抑止する法律を制定するよう求められている。

検証手続きと遵守監視の仕組みが欠如していることもあり、BWC は法的強制力を持つ約束としては重大な欠陥を抱えている。ソ連が BWC に署名した1年後に発足させ、その後高度な発展を遂げた生物兵器計画の存在を、ロシアが1992年に公に認めたとき、この条約の弱点が曝け出された[221]。同様に、湾岸戦争後の合衆国による査察が、当時 BWC の署名国であったイラクが、大規模な攻撃的生物兵器計画を秘密裏に開発していることを暴露した[222]。BWC は、ワクチンの開発といった防衛目的に必要とされる少量の生物兵器物質の保有を認めているため、検証の取り決めが必要なことは、長年にわたり明白だったのである。

BWC を強化する議定書交渉の経緯

違反の防止と、違反が犯された際に容易にそれらを探知できる BWC

への強化を図る努力は、10年以上も前に始まった。1991年9月の第3回 BWC 再検討会議において参加国は、科学的および技術的観点から可能な検証措置を明らかにし、検討するための政府専門家アドホック・グループ（VEREX）[33]を設置した[223]。1994年、締約国特別会議は、BWCの強化を図る適切な手段を考察し、法的拘束力を持つ法に盛り込まれるべき提言を起草する目的で、すべての締約国が参加できるアドホック・グループを設立した。

1995年、アドホック・グループは公式の議定書交渉に着手した。1997年、議定書条文の起草（ローリング・テキスト）へと移行した。2001年秋までに妥協点を見出すことが困難だったこともあり、その後交渉は遅々として進まなかった。2001年3月、アドホック・グループ議長であったハンガリーのチボール・トット大使は、2001年11月19日から12月7日にわたり開催予定の第5回 BWC 再検討会議までに、議定書に関する交渉を完結に持ち込むことを願って、「残された未解決の問題を片づける」[224]ための統合テキストを提出した。

BWC 検証議定書の内容

議定書の概要

議定書は BWC 強化のための3つの主要な仕組みを提案している。

  1　国家生物兵器防護計画、高度な生物学的封じ込め機能を持つ施設、植物性病原菌研究施設およびある種の毒素性生物剤を扱う施設の申告
  2　無作為抽出の現地調査訪問および疑義解明訪問による正確な申告の推進
  3　条約不履行疑惑の調査のための申立て査察

議定書の申告および検証制度は、病原体と技術の「両用」特性に対応するよう計画されている。生物兵器使用に転用可能な微生物が、防衛お

よび薬学・生物工学関連企業で、自然発生あるいは意図的な攻撃に対する防御手段を開発するために研究されている。

長年にわたり合衆国とその同盟国は、BWC の強化に必要とされる基本的な要素として、議定書に示されているような仕組みを支持してきた。たとえば 1998 年、合衆国など 28 か国は、条約強化のための手段として申告、疑義解明訪問および条約不履行疑惑の調査を支持する文書をアドホック・グループに提出している[225]。

議定書は、信頼醸成および国家申告の正確さに関連する問題に焦点を置く、数種類の類型からなる訪問を提案している。さらにこれらの訪問は、申告済み施設の透明化の強化にも資することになる。アドホック・グループのチボール・トット議長によれば、「議定書の透明性に関する規定は、時が立てば重要な両用施設の周りに、率直で公正な雰囲気を醸し出すことになるだろう。我々は暗闇に明かりを掲げる仕事に乗り出したのである。これこそが、拡散国家が活動・繁栄し難いと考えるであろう環境なのである」[226]。

申立て査察規定により、疑わしい不正行為者の徹底した調査のための常設の法的な仕組みが設置されることになる。さらなる便益として、科学情報の共有および各締約国が BWC により禁止されている行為を有罪とみなす刑法を制定する要件を詳細に定めた規定が挙げられる。刑法に関する規定は、各国がその管轄権下にある、このような計画を企んでいる容疑者を訴追するよう求められるであろうことを考えれば、生物兵器によるテロ行為の防止に資することになる。

現在のところ BWC には、このような仕組みは何ひとつ備わっていない。生物兵器を開発あるいは使用してはならないという規範を法典化した点で BWC は評価されはするが、BWC は、その国民による生物兵器活動を禁止する法律を制定するよう国家に求めておらず、国家の生物兵器防御計画に関する義務的な報告要件も存在しない[227]。また現地視察に関する規定も定められていない。これらの措置は、平和利用から軍事利用への微生物の転用防止、および我々が対応策を開発できるよう現在

の脅威に関する知識の拡大を図る際に何よりも基本的な措置となる。さらに議定書の規定は、BWC の最初からの締約国が、1975 年の終わりまでに少量を除くすべての生物兵器物質を廃棄するという義務を履行しているか否か、あるいはソ連やイラクのように義務違反を犯しているか否かを察知する際にも、必要不可欠になるだろう。

議定書に対する批判とこれへの応答

検証措置は十分強力なものとは言えない

条約交渉担当者、科学者と軍備管理支持者は、生物剤の監視における固有の問題の存在を認識している。問題となる生物剤はさまざまな産業で使用されており、また施設は、探知されることなく生物剤を除去することも可能である。だから生物剤の使用を検証するためには、査察は綿密かつ広範囲にわたるものでなければならない。議定書の反対派は、議定書で提案されている申告と査察のシステムは、透明化を確実にする所まで徹底していないと主張している。

あまりにも多数の施設が査察から免除されていると考えている分析者もいる [228]。「従って、国家はその生物兵器防御活動の多くを、通常の国際監視から法的に免除され、着手が困難となるであろう施設検査という例外的手続きにのみ従う形で実施することが可能である」[229]。さらに議定書は、査察と検証の対象となる情報に制限を設けている。たとえば議定書には、正確な申告を促進する手段として無作為抽出の訪問が含まれているが、年間の無作為抽出訪問数は制限されており、「所定の施設に対するこのような訪問の可能性をきわめて低いものにしている」[230]。

訪問は、生物工学産業の専有情報や国家の生物兵器防御計画を保護するため大幅に制限されている [231]。訪問の期間中の立ち入り決定権を査察対象国家に認めるという点で、交渉担当者は合意に達しているが、専門家は、査察期間中の立ち入りに対する保護が、「実際に達成される全体的な透明性の程度に悪影響を容易に及ぼす可能性があり、また協力的な締約国間ですら、透明性の印象が間違いなく薄められるであろう」こ

とを懸念している[232]。

「化学・生物兵器拡散防止プロジェクト」の一部として、スチムソン・センターは、査察制度に関する技術的な見通しを探求する目的で専門家委員会を招集した。ほとんどの専門家は、議定書の査察制度に示されている基本的な監視手段については賛意を表明したが、時間や職員数が限られていることなど、訪問の質的な側面に対する懸念を示した。概略報告である「砂上の楼閣」によれば、「議定書草案は、受け入れ国に対する査察による不都合および侵襲性を最小限に抑える際に、誤った逆の姿勢を取っているように思われる。査察の負担を抑えることも重要ではあるが、現地での人的および時間的な面での手抜きは、悪質な査察結果をもたらしかねない」[233]。

査察の透明化・徹底化と専有情報の保護との間には、ある場合には、明らかに対立関係が存在する。スチムソン・センター専門家委員会は、議定書に規定されている査察と比べて、遵守の確実さをさらに向上させ、違反探知の可能性をいっそう高めるであろう徹底した査察を支持した。以下に示されるように、合衆国は査察規定の弱体化を図る際に重要な役割を果たしたのである。

議定書査察制度の弱体化推進における合衆国の役割

現在合衆国は、議定書の規定はあまりにも無力で有用とは言えないと主張しているが、交渉の観測筋は、合衆国がより無力な規定もたらした責任の一部を負っていると指摘する。たとえば、合衆国は生物兵器防御施設の申告を制限する抜け道を強く主張し、ワクチン工場以外の生産施設の申告に反対し、また訪問期間中のサンプリングを禁止するよう主張した[234]。さらに合衆国は、無作為抽出訪問の目的を、「申告の正確さを確実にする」と定義することにも抵抗した。その代わり合衆国は、「申告の首尾一貫性における信頼性のいっそうの醸成を図る」[235] という形で訪問を特長づけるよう強く主張した。

合衆国は、その生物兵器防御に関わる情報と企業の専有情報を保護す

るために、より制限された形の査察を求めた。議定書の支持派は、このような情報を適切に保護することは可能だと確信している。ドイツからアドホック・グループへ提出された、議定書の手段を適用した研究報告書は、「情報は、侵襲性のある現地活動抜きで、機密専有情報あるいは国家安全保障情報を危うくすることなく、またいかなる数量に関するデータの調査がなくても入手可能」[236]との結論を下している。査察を弱体化させる代わりに合衆国は、情報収集やシステム保護の方法を改善するためのさらなる研究、および試験を実施すべきだった。しかし合衆国は交渉期間中、あるいは合衆国が議定書規定の再検討を行った際に、1999年の法律[237]によりこのような試験を行うよう求められていたにもかかわらず、大規模な試験を実施しなかった。

合衆国による議定書の拒否と議定書の終焉

クリントン政権あるいはブッシュ政権のいずれにおいても、合衆国がBWC議定書の交渉で主導的な役割を担うことは一度としてなかった[238]。合衆国は、アドホック・グループに提出された450の作業文書のうち、わずか16を提出しただけだった[239]。議定書交渉のある観測筋は、議定書に関する合衆国の指導性の欠如は、合衆国政府内の最初から賛否両論を抱えた受け入れ姿勢によるものとの解釈も可能だと信じている。たとえば、通商部門と国家安全保障関係の職員は、企業秘密に対する潜在的な危険性と、不正行為者を摘発する能力の欠如を根拠に、繰り返し条約に反対してきた[240]。上記のように、どちらの政権も、監視制度の有効性を決定するための完全な実地試験を実施しなかった。それにもかかわらず、クリントン政権の終わりごろ、合衆国化学・生物軍備管理問題特別交渉担当であったドナルド・マーレイ大使は、オルブライト国務長官および当時の軍備管理・国際安全保障担当国務次官であったホラムが、「納得できる議定書が2001年11月の目標期限までに達成できることを依然期待している」[241]と証言している。

ブッシュ政権の政策再検討および議定書破棄決定

ブッシュ大統領が就任した直後、ブッシュ政権は統合テキストに関する政策の再検討に着手した[242]。2001 年 5 月、再検討は完了した。その結論は公表されなかったが、再検討委員会は議定書に関する 38 か所の問題点を指摘し、「条約の検証手段が、不正行為者を探知できる見込みがない」、また「これらの同じ規定が、アメリカの秘密を盗み出そうとする外国政府により利用される可能性がある」との結論を下した[243]。この時点でブッシュ政権が議定書を放棄することはなかった。このため、BWC 強化のための一定の合意が存続するよう、合衆国が既存の条文に関する交渉に応ずるのではないかという一縷の望みが残されていた。

アドホック・グループの最終会期となる第 24 回会期の開幕 2 日目、合衆国は議定書草案の拒否を宣言した。マーレイ大使はアドホック・グループに、合衆国は「アドホック・グループの努力にふさわしい成果として、たとえ修正が加えられても、現行の条文を受け入れることはできない」と宣言した[244]。このように、合衆国は、議定書草案および既存の条文に対するいかなる修正努力も放棄したのである。さらにマーレイは、合衆国は、議定書に代る BWC 強化のための「別の構想および異なる取り組み方を構築する用意がある」ことを示唆した。

欧州連合の同盟国およびその他の諸国は合衆国のこの決定に不満を示し、議定書によりもたらされる負担はその利益を上回るという結論に異議を唱えた[245]。にもかかわらずアドホック・グループは、合衆国が参加しない状態で交渉を継続することを断念したのである。

議定書反対決定の根拠は無効である

アドホック・グループでの演説の中で、マーレイ大使は草案拒否に対する次のような説明を行った。「議定書草案は、BWC 遵守の検証機能の改善には繋がらないだろう。草案は遵守における信頼性の強化にも寄与しないだろうし、また生物兵器の開発を求める国家を抑止するという点でも、ほとんど資するところはないだろう。議定書草案は、国家安全保

障および企業秘密を危険に晒す恐れがあると我々は評価している」[246]。

このような説明は、議定書の目的・内容に対する不誠実な陳述以外のなにものでもない。

「検証」の欠陥

議定書がその目的を果たし得ないという意見は、議定書の主要な目的のひとつが、「不正行為の摘発」[247]であるという誤った想定に基く。合衆国は、議定書の意図は不正行為者を摘発することだと以前は主張していなかった。またこのような議定書の制定は、相当の制約を受けることも承知していたはずである。

生物兵器の特性自体が、その探知を例外的に困難にしている。国務省検証・履行局の国務次官補代行であるエドワード・レイシー博士が述べているように、生物兵器を製造するために使用される構成要素は、本来両用性のものである。「構成要素、およびそれらが処理される施設も、合法的な目的あるいは攻撃的生物戦闘目的のいずれにも使用可能である」[248]。ほんの少量の原材料が、軍事的に重要な計画を立てるために必要とされるだけであり、それだけ探知がいっそう困難になる。「何トンもの化学物質が軍事的に重要な化学戦闘能力のためには必要とされるが、それに匹敵する生物戦闘能力は、何ポンド単位の生物剤で量られることになる」[249]。探知の可能性をより困難にする要因は、「このような量の生物剤を生産する装置は、特定の際立った特徴を持たない建物内部の比較的小さな空間に収容可能なこと」[250]である。

この議定書がすべての違反を必ずしも探り出すことができないという事実は、交渉担当者と合衆国政府には周知のことだった。マーレイ大使は、アドホック・グループでの演説の1年足らず前に、国家安全保障・退役軍人問題および国際関係に関する小委員会である下院行政改革委員会に対して、議定書は「検証が争点ではない」と説明している。検証では「軍事的に重大な脅威となる前に、高い信頼度を持って違反の探知を判断できることが必要である」。しかし、小規模なほとんど探知不可能

な計画でさえも脅威となることを考えれば、合衆国の判断は、一貫して「議定書により、わが国にとり効果的な検証機能を持つ条約に BWC が生まれ変わることは決してない」というものだった[251]。

　申告と疑義解明の規定によって、条約が必ずしもすべての不正行為である事実を探知できないことを認めたとしても、議定書は国家の生物兵器関連活動の透明化を促進することになる。マーレイはこの透明化を促進する点に「真の価値」が存在すると証言している。「わが国が交渉において求めてきたことは、両用可能な活動および BW 目的に悪用される可能性のある施設に対するより高い透明化である。わが国の見解では、この透明化が、BWC 義務に対する国家による不正行為の企てを困難にすることになる」[252]。

　国防総省はマーレイ大使により示された次のような姿勢を支持した。

> 　わが国は、交渉中の議定書が、他の軍備管理条約にあるような効果的な検証を規定できるとは考えていない。すなわち議定書は、軍事的に重要な不正行為の探知を可能にするような高い信頼性を提供できないだろう。それ故に、参加を選択する BWC 締約国の間ですら、この議定書により生物兵器拡散問題が「解決」されるとは認識していない。しかし議定書は、生物分野での国際的な透明化を推進することにより、BWC 遵守における信頼性の強化というより限定された目的に寄与することが可能である。わが国は、これを拡散防止活動への重要かつ有用な貢献とみなしている。[253]

　このように、2000 年 9 月の時点では、議定書に対する合衆国の目的は、「合衆国が、不安を招く恐れのある活動に関するより多くの情報を入手し、また眼識を備えることを可能にする」ということだった[254]。すべての「不正行為」を探知する能力は、議定書の交渉において合衆国の目的ではなく、また実際的な見地からも、目的とは成り得なかったのである。

合衆国情報の安全性および機密性

議定書草案について主張されているもうひとつの問題点は、2001年7月25日のマーレイ大使の指摘によれば、BWCとは無関係な情報に対する保障措置が不十分であり、合衆国の生物兵器防御および生物工学関連産業を適切に保護し得ないことである。

現在の合衆国の立場は、議定書の内容と、またこの件に関する合衆国の初期の見解と、さらにこのような情報の保障措置に関する経験とも、事実上矛盾する。2000年9月、下院行政改革委員会に提出された証言でマーレイ大使は、合衆国の安全保障情報は議定書で保証されるという確信を表明した。大使は、「機密を要する国家安全保障情報または企業専用情報を犠牲にすることなく、化学兵器禁止条約の義務を遂行するわが国の能力を実証した」化学兵器禁止条約（CWC）に基く査察との類似点に言及した[255]。マーレイは、生物査察に対する同程度の保護を達成する手段を開発するために、CWCの教訓が活用されており、「わが国はBWC議定書が発効するまでには開発できるものと確信している」と説明した。

このように、合衆国の情報に対する危険性が議定書の利点を上回るという主張とはまったく裏腹に、1年足らず前に、マーレイは「他国における現地活動の透明化およびわが国のBW拡散防止活動に対する有用性は本物であり、一方、合衆国施設に対する影響は、制御可能である」[256]との結論を下していた。

実際、議定書草案には、CWC以上の情報を保護するための仕組みが規定されており、合衆国は1997年からこの条約の締約国でもある。「CWCとは異なり、議定書の文言は、通常視察を求めておらず、また申立てに基く訪問ではない訪問におけるサンプリングと分析を認めてもおらず、さらに査察対象国家に立ち入りの管理を委ねている」[257]。締約国は申告の際、機密あるいは企業専有情報のどちらの提出も求められていない[258]。また議定書草案は、合衆国の情報に対する安全性をさらに

高めることになる「多くの防衛施設および大半の製薬施設を申告から免除している」。情報の安全性に対する懸念には、議定書草案の対象となる多くの施設がすでに CWC の対象となっており、申立て査察を免れないことを考えると、特に疑わしい点がある[259]。

以前の発言と、CWC の既存の査察の仕組みとの重複と、さらに議定書の情報に対する保障措置とを考えると、議定書の安全性と信頼性に関する合衆国の論拠は、説得力に欠けるものとなる。

議定書の有効性

現在、合衆国は、議定書は不正行為者を摘発できず、安全保障情報を危うくする危険性があるため、議定書が達成を図ろうとしていることには、ほとんど意味がないと主張している。先に述べたように、このような主張は、支持の撤回を宣言する以前に合衆国が取り組んできた 7 年間の交渉内容に逆行する。

違反者を探知する機能に欠陥があっても、透明化制度を創造するという利点もあり、合衆国は議定書の有用性を以前は認めていた。法的拘束力を持つ申告要件を拒否すれば、国家の条約不履行または不完全な情報開示による損失は、大幅に増えることになるだろう。他の国家の生物施設に関する現在の情報情勢と比較すれば、申告規定の有用性は明白である。「議定書がなければ、国家には新聞報道、情報機関による推定など以外に頼りにできる情報源がなくなる」が、議定書は、「曖昧さ、不確実さ、異常または脱落を明確にし、締約国内の活動および施設に関する確かな証拠を提供する手段を持つ」[260] 義務的申告を求めることになる。

ごく最近の 2000 年 9 月、マーレイ大使は議定書の有用性を認め、次のように述べている。「納得のいく議定書からでさえ、有用性はいっさい見込めない、あるいはそれは技術的に不可能な問題だという印象を与えたくない。きわめて困難ではあるが、それだけにやり甲斐のある仕事だ」[261]。

BWC強化のための合衆国による代替案

議定書草案を拒否する7月25日の声明により、アドホック・グループは、合衆国が即刻 BWC 強化のための代替措置を提案するであろうことを確信した。

2001年11月19日、第5回再検討会議がジュネーブで召集された際、ジョン・ボルトン軍備管理・国際安全保障担当国務次官は、ある BWC 締約国が条約を遵守していないという合衆国の懸念を繰り返し[262]、議定書に代る BWC 強化のために見込まれる次のような措置を示した。

・違反の犯罪化　生物兵器違反行為に関する国内刑法を制定するよう各締約国に求める

・安全基準　ある種の病原体に対する自主的安全基準、生物放出あるいは他国に影響を及ぼす可能性のある出来事に関する任意に基く報告を導入するよう各締約国に要請する

・生物安全性手続および犠牲者支援　厳格な生物安全性指針を導入するための世界保健機関との協力関係の強化、また疾病発生の際の医療援助に関する協力を要請する

・疾病発生の調査及び遵守問題　このような査察が実施されるべきだと国連事務総長が決定した場合、不審な疾病の発生、あるいは BW 事件疑惑に関する国際調査を実施する措置を要求する。さらに合衆国は、完全な自由意志に基づき、情報交換および任意の訪問を含む、「相互の同意による遵守問題の疑義明確化及び解決を図るための措置」を支持する。[263]

BWC 第5回再検討会議が合衆国により提案された規定を再検討した際、数か国は、「『構想』にたいして一般的に肯定的な反応を示し、そのすべてが合衆国の提案に含まれている、条約に違反する個人的な活動の犯罪化、生物安全性に関する措置及び危険な病原体利用の制限といった措置を支持した」[264]。締約国は合衆国提案の措置に対する協力を快く引き受けたが、一方、この提案を、アドホック・グループの BWC

強化のための包括的な法的拘束力を持つ協定を交渉する任務の遂行との二者択一という形で支持することはなかった[265]。

　BWC 締約国は、合衆国の提案を包括的多国間協定に対する実行可能な代替案として受け入れなかったのである。議定書は、議定書全締約国に適用可能な法的拘束力を持つ措置を求めている。一方、合衆国の提案は、国際的な法的執行力に欠けており、現行システムを十分拡充するものとはなっていない。

　ブッシュ政権は、BWC 条約違反を犯した者を訴追する刑事法令を実施するよう諸国に要求しているが、諸国に制定法を採択するよう求める法的拘束力を持つ仕組みをひとつも提案していない。さらに合衆国は、規程を生物兵器の使用を明示的に犯罪とするよう修正可能な国際刑事裁判所に反対している（同規程の諸条項は、すでにその使用を一般的に禁止している）。条約不履行の監視に関しては、議定書は遵守問題の是正手段として「細菌（生物）および毒素兵器禁止のための機関」による申立て査察を提案していた。代替案として、合衆国は国連事務総長による措置を提案した。しかしこの提案は、すでに存在する制度を単に拡張したに過ぎない。「1987 年、国連総会は、国連加盟国による化学・生物兵器に関する報告に基き調査を実施するよう事務総長に要請した。さらに決議は、指針と手続きを策定し、このような調査のために使用可能な試験所を特定するために適任な専門家のグループを召集するよう事務総長に要請した。これらの措置は、すべて 1989 年に完了した」[266]。

　任意による訪問、情報の交換およびその他の自発的遵守措置に対する提案は、現状維持を図るものである。それらが、議定書により達成されるであろう透明化の目標を適えることにはならない。またすでに存在している措置の改善にもほとんど寄与することはないだろう。ある観測筋の説明によれば、「BWC 第 5 条は、締約国は、問題の解決のため、お互いに相談かつ協力しなければならないとすでに規定しており、また以前の再検討会議は、条約の該当条項を実施するための協議手続に合意している。従って、ブッシュ政権がどのようにこの問題の進展を図ろうとし

てきたのか理解に苦しむ」のである[267]。

条約強化目的の多国間取り組みの挫折

　BWC 第 5 回再検討会議の最初の会期は、5 年毎の締約国再検討会議の開催を定めている BWC の規定に従い、2001 年 11 月 19 日から 12 月 7 日まで開かれた。この会議は、BWC 締約国が交渉済みの議定書草案を受理する場となる予定だった。しかし合衆国は議定書を拒否したばかりであり、その上、会合の最終日には、その目的が BWC 強化のための法的に拘束力を持つ仕組みを創設することとされていたアドホック・グループの打ち切りを提案した[268]。合衆国は、BWC 締約国が合意された措置の実施状況を査定し、新しい措置を考察するため年次会合を開催するという代替案を提唱した。年次会合については、多くの他の締約国により支持されたが、アドホック・グループを解散する点に関しては支持を得られなかった。合衆国が、アドホック・グループ任務の打ち切りを支持した唯一の国家だった。この決定は、いくつかの合衆国の最友好同盟国を「激怒させ」、また「場外での激論は、合衆国の行為が会議を狂わせるための意図的な土壇場の企みであるという全般的な気分を浮き彫りにした」[269]。委員会は、その最終報告書草案に関する作業を中断し、最終宣言の完成のため、1 年後の再開に合意した[270]。2002 年 9 月の時点で、合衆国は 2006 年まで BWC 強化措置に関するすべての協議を延期するよう求め続けている（巻末文献 Slevin　2002）。生物兵器に対処するための法的措置に対する合衆国の抵抗は、2001 年の炭疽菌攻撃を意に介しておらず、また大量破壊兵器に対する計画の強化というブッシュ政権の目標とも完全に相反しているように思われる[271]。

合衆国の生物兵器防御計画

　合衆国は、国家の生物計画をいっそう透明化するための義務的な申告制度を支持していない。その理論的根拠は、主に合衆国の生物兵器防御研究への関与と、申告制度はその安全保障情報および生物工学関連企業

の知的財産を危うくするという信念によって説明できる。2001年秋、合衆国の生物兵器防御計画が、生物攻撃手段の複製を秘密裏に実施したという報道が浮上し、軍備管理専門家は、これらの生物兵器防御手段がBWCの基本的な義務に一致するか否かに疑問を呈し始めた。

『細菌』という書籍[34]とそれに関連する『ニューヨーク・タイムズ』の記事で、ジュディス・ミラー、スチーブン・エンジェルバーグおよびウイリアム・ブロードは、合衆国はモデル生物爆弾の組み立て、生物兵器実験所の建設、また炭疽菌のスーパー菌株を複製する秘密計画を、1990年後期に実施したと報じている[272]。2001年9月の炭疽菌攻撃以降、兵器としての基準を満たす炭疽菌の生産を目的とする合衆国の計画が明るみに出された。テロ攻撃の後、合衆国は、生物兵器防御分野の秘密研究を推進する決意をさらに固め、科学研究に対する機密保持の範囲を拡大する努力を積み重ねてきた。政府当局者は、生物兵器生産に関する情報の悪用を防止し、また合衆国の生物兵器防御の弱点探知を防止するために機密保持が必要であると主張している。

機密保持が、この研究がBWC遵守のぎりぎりの限界まで達しているという事実までも糊塗している。他の締約国はこの計画の範囲を知らされていないため、合衆国の条約遵守を査定することは不可能である。この計画がもっぱら防衛目的のものであるという保証はさておいても、それらは生物兵器開発のために国家が講じる攻撃的措置と容易に区別できないため、このような状況は、生物兵器禁止を不安定な状態に陥れる恐れがある。他の国家が類似の活動を行ったとしたら、それらは防衛目的のためのものだという保証を何の証拠もなしに合衆国は鵜呑みにできるだろうか。

最近の合衆国生物兵器防御研究

細菌爆弾

1997年、CIAはソ連の生物兵器システムの秘密研究に着手したが、それはソ連のモデル生物小型爆弾を製造、実験した「クリア・ビジョン」

と呼ばれる計画の基となったものである。このモデル爆弾は、攻撃の際にどのような使用方法が可能かを調査するための散布パターン特性を実験する目的で製造された。この計画から完全に使用可能な兵器が生み出されることはなかった。それらには信管が装着されていなかったため起爆不能で、本物の生物剤の代りに代替物が充填されていた。

生物兵器生産工場

その間、ペンタゴンは、生物兵器防御目的の独自の秘密計画を実施していた。1998年、ペンタゴンは、業務用として入手可能な原材料から生物兵器施設が建設可能か否かを調査するための計画に着手した。この計画から、「試験運転で、2ポンドの『製品』－擬似炭疽菌－を産出した稼動可能な施設が建設されたのである」[273]。感染性生物剤が生産されることはなかった。

スーパー・バグ（スーパー細菌）

他の2つの活動は完了しているが、2001に公にされたスーパー炭疽菌計画は、現在も有効である。1997年、ロシアの科学者たちは、食品中毒の原因となる有機体である桿状セレウス菌からの毒素遺伝子を炭疽菌に移植したという科学報告書を出版した。CIAは、この研究の再現を計画した。その後2001年に、この計画はペンタゴンに引き継がれた。この計画の公式の目的は、米軍兵士に接種される炭疽菌ワクチンが、スーパー・バグに対して有効か否かを調査することだった。この計画は9月11日の攻撃のため延期されたが、報道によれば2001年10月に再承認された[274]。批判者は、このような生物兵器に関する遺伝子工学研究は、明確なBWC違反の有無にかかわらず、きわめて危険性の高いものだと強く主張している[275]。

兵器としての基準を満たす炭疽菌

2001年12月、合衆国陸軍は、「兵器としての基準を満たす」炭疽菌を製造したことを認めた。兵器としての基準を満たす炭疽菌は、胞子が1ミクロンから5ミクロンまでの十分微粒子化された胞子に加工処理さ

れて作られる。この微粒子化の結果、炭疽菌は容易に吸入され、この種の疾病の中でもっとも重い吸入炭疽病を引き起こす。炭疽菌を兵器化したことを政府が認めたのは、1969年に合衆国が生物兵器の禁止を公約して以来これが初めてのことである。この計画の詳細は一般に公開されてはいないが、この陸軍の兵器としての基準を満たす炭疽菌が、2001年秋の攻撃に使用された炭疽菌の出所であることも十分考えられる[276]。

BWCにおける合衆国生物兵器防御活動の適法性

BWCは、「防疫の目的、身体防護の目的その他の平和的目的」のための生物剤の開発と保有を締約国に認めているが、しかしBWCは「このような生物剤または毒素を、敵対目的または武力紛争で使用するために設計された兵器、装置、運搬手段」を全面的に禁止している[277]。

生物爆弾の製造は、この計画がBWCの規定に準拠するものであるか否かに関する合衆国政府の再検討を促すことになった。省庁間の再検討では、統一見解に達することはできなかった。CIAは、これは防衛的な計画であり、また敵対国からの脅威に関する特定の情報に対処する計画であることを考えれば、条約体制下では許される計画だと主張した。一方国務省は、「条約は兵器に関するいかなる実験も禁止していると主張した」[278]。国務省の主張が正しい。BWC関係の学者たちの一致した意見では、生物兵器運搬のための装置を製造することは、たとえ防衛的と評価される目的のためであっても、BWC体制下では許されないのである[279]。

兵器としての基準を満たす炭疽菌の開発も、条約の限界を超える行為とみなされる。陸軍は、肺に容易に吸入され、どのような運搬手段も使用せず吸入炭疽病を引き起こすよう微粒子化するところまで炭疽菌胞子を加工処理している。このようにすれば、炭疽菌自体が兵器となり得る。

その他の2つの計画、生産工場とスーパー・バグは、BWC違反とみなされることはまずないだろうが、透明化を目的とする議定書では、それらを報告するよう合衆国は求められることになるだろう。それ故に、

議定書を支持しないという合衆国の決定は、このような種類の秘密計画を実行する能力を保持しようとする試みからだと説明することもできる。

　締約国が条約を遵守しているか否かを他の締約国が査定できなければ、条約の実効性に対する信頼は必然的に失墜する。このことが、合衆国が最近まで支持していた透明化措置の中心的な論拠だった。もし他の締約国が合衆国の遵守に疑いを持てば、生物兵器拡散防止のために合衆国と積極的に協力しようとする意欲が薄れる恐れがある。あるいは他の締約国も独自の極秘生物兵器防御計画に着手し、合衆国同様、それらは本質的に「防衛的な」計画なので BWC に準拠していると主張する恐れもある。クリントン政権時の政府当局者が述べているように、「モデル細菌爆弾、生物剤製造工場、およびより強力な炭疽菌開発に関わる同時実験は、合衆国が疑いを抱いている国家によりなされた場合、ワシントンからの声高な抗議を浴びることになるだろう」[280]。

結論

　議定書からの合衆国の撤退に対する公式理由は、いくら見ても疑わしいものであり、厳格な吟味にはとうてい耐えられない代物である。それらは議定書交渉中、相当長期間にわたり合衆国政府が採ってきた見解そのものに相反する。交渉中の中心的な問題は、不正行為の完全探知ではなく、拡散防止を促進することになる透明性の増進だったはずである。BWC の他の締約国は、BWC に違反する個人を訴追するための国内法その他の任意的措置に対する合衆国の要求を快く受け入れた。しかし合衆国は、検討中の議定書の特定文言を拒否したばかりでなく、法的拘束力を持つ協定を通しての BWC 強化の完全放棄を支持した。元のままの議定書でも、条約不履行探知機能の向上を可能にするさまざまな形での修正ができたはずだという点については、一般的な同意に達している。しかし、合衆国はこの点に関する具体的な提案はいっさい出さなかった。それどころか査察の件になると、むしろ企業情報の保護を懸念する意識

のほうが強かったように思われた。最後に、問題の施設が化学兵器禁止条約の検証規定に基きすでに査察の対象となっていることを考えると、多くの場合、この企業情報の保護問題ですら非現実的な問題であるように思われる。交渉から撤退し、交渉の放棄を支持することは、BWC 遵守の促進に誠心誠意従事してきた国家に期待される言動とはまさに正反対の行為である。

高度の散布パターンを持つ炭疽菌とその運搬手段など、合衆国の生物兵器能力の開発に関する最近の暴露は、議定書の拒否は自国施設の査察を阻止したいという願望と関係しているのではないかという問題にまで発展している。もし実際に違反行為が行われていたとすれば、このような査察により、過去の合衆国の条約違反が暴露される危険性が出てくる恐れがある。

複雑な全事実を再検討してみると、議定書に欠陥があるため、あるいはより強力かつ透明性の高い検証過程を求めたために、合衆国が議定書から撤退したという主張を受け入れることは困難である。特定の分野、特に条約不履行の探知に関する分野における議定書の強化という条件つきで議定書に合意することは可能だったはずである。それこそが、合衆国が取るべき道であったと我々は確信している。合衆国が議定書と交渉過程を放棄したという事実から導かれる結論は、合衆国は、他の締約国にその要求の遵守を押し付けるための独自の手段を場当たり的に設ける一方で、他の締約国による監視からは完全に免除されることを望んでいるということである。

第7章　対人地雷禁止条約

対人地雷禁止条約の概要

　70か国以上に、推定6000万から7000万個の対人地雷が敷設されており[281]、毎年、何千人もの男女と子どもが殺されるか、あるいは不具になっている[282]。対人地雷は、踏まれることで起爆するまで潜伏している無差別兵器であり、文民と軍人を区別できない兵器である。それらは、戦闘が終結した後も長期間にわたり殺傷を繰り返す。「地雷はまた広大な農地を使用不能に化し、環境的かつ経済的な荒廃をもたらす」[283]。

　また、米軍では地雷により1942年以降ほぼ10万人の死傷者が出ている[284]。ベトナム戦争における米軍の全死傷者の3分の1は、地雷事故に起因するものだった[285]。1990-1991年の湾岸戦争期間中、作戦行動中に殺された米軍兵士の33％と、負傷した兵士の14％が地雷事故に起因するものだった[286]。ソマリア、ボスニア、コソボのどの平和維持活動でも、地雷による合衆国兵士の死傷者が出るという結果に終わっている。2001年には、アフガニスタン、コソボ、韓国における地雷事故で合衆国兵士が負傷している[287]。

　これらの兵器に対する国際的な激しい抗議により、迅速な交渉および「対人地雷の使用、貯蔵、生産および移譲の禁止ならびに廃棄に関する条約」（対人地雷禁止条約）の成立が促進されたのである。締約国は、180日以内に国連事務総長への実施報告書を作成すること、4年以内に貯蔵されている地雷を廃棄すること、その管轄または管理の下にある地雷敷設地域の地雷を10年以内に廃棄することを求められている[288]。さらに対人地雷禁止条約は、その規定違反に対する刑法の適用を含む、適切な

国内実施措置を講ずるよう締約国に求めている。

地雷禁止国際キャンペーン（ICBL）は、対人地雷禁止条約を地雷のない世界を達成するための唯一の実行可能な包括的枠組であると考えている。この条約とより広い意味での禁止運動が、重大な影響を及ぼしたことは明らかである。対人地雷禁止条約に参加する政府の数は増加の一途を辿り、対人地雷の使用は減少している。対人地雷の生産は劇的に減少し、取り引きはほぼ完全に中断している。貯蔵されている地雷の廃棄は急速に進められており、もっとも深刻な被害を受けている国家での犠牲者数も減少している。またより多くの地域で地雷除去が行われている。

2002年8月31日時点で、合計145か国が対人地雷禁止条約に署名するか、あるいは加入しており、また上記の国家のうち、合計125か国が批准あるいは加入し、これにより対人地雷禁止条約のすべての規定の完全実施を公約した[35]。1998年9月、40か国の批准という要件を満たしたため、1999年3月1日に対人地雷禁止条約は発効し、多国間条約の最速の発効を記録した。この問題が国際社会の表舞台に登場してから発効日までの比較的短い期間を考えると、署名および加入国数（世界の全国家数のほぼ4分の3）は、異例の数字である。この数字は対人地雷の使用または保有に対する広範囲にわたる国際的な拒否反応を明らかに示している。しかし、特に2001年12月13日のインド議会に対するテロ攻撃後に、インドがパキスタンとの国境沿いに大量の地雷を敷設したような、重要な例外もあった。

合衆国の政策展開

1992年10月、合衆国政府内の最強の禁止支持者であったパトリック・レイヒー上院議員の発議で、合衆国は対人地雷輸出の1年間の一時停止を決めた。1993年、合衆国国務省は、地雷危機に関する最初の包括的な研究である「隠された殺人者－未除去地雷に関する世界的な問題」を作成した。1994年9月、クリントン大統領は対人地雷の「最終的な

廃絶」を求めた世界最初の指導者となった。合衆国は、1994年12月に採択された地雷廃絶を支持する国連総会決議の提案国だった。1995年、国境と非武装地帯沿いを除き、上院は対人地雷使用の1年間の一時停止を求める修正案を可決した。1996年2月に署名・法令化され、3年後に発効の予定だったが、1998年、大統領に一時停止を撤回する権限を議会が与えたため、その内容は大幅に後退したものとなった。

1995年から1996年の初頭にかけて、合衆国は特定通常兵器使用禁止制限条約（CCW）とその議定書IIの再検討会議に焦点を移した[289]。議定書IIは、対人地雷の使用を規制・制限しているが、その廃絶を求めてはいない。再検討会議後、合衆国は自爆する「スマート」地雷の主要な推進者に変貌していた。包括的な禁止の支持とは似ても似つかぬ技術的な解決で地雷危機への対処を求めるものであるとLCBLは批判した。CCW再検討は1996年5月3日に終了し、議定書IIの改正案が採択された。LCBLと赤十字国際委員会は議定書を厳しく批判したが、合衆国政府当局者は、重要な成果として歓迎した。この時までに約30か国の政府が対人地雷に対する即時全面禁止の支持を表明しており、合衆国は禁止を心から支持する政府に遅れをとったことに気づく羽目になったのである。

1996年5月16日、「重要な地雷政策に関する声明」と銘打たれた声明で、クリントン大統領は、合衆国は地雷を禁止する「世界的な行動の先頭に立ち」、「すべての地雷使用を終わらせるために、できる限り早い時期に世界的な合意を求める」と述べた。しかし、この政策は包括的な禁止を求めるものではなく、むしろダム地雷（自爆しない地雷）とスマート地雷（自爆あるいは不発化する地雷）とを区別するものだった。合衆国は、韓国を除きダム地雷の不使用を公約した。さらに合衆国はダム地雷の生産を中止し、その備蓄を廃棄することに合意した。しかし、合衆国は国際的な禁止が有効になるまで、スマート地雷を使用する「選択肢を留保」し、スマート地雷の生産・貯蔵を制限しなかった[290]。

1996年11月、合衆国は「できる限り早期に交渉を完結させるという

目的の下に」、国際的な禁止条約を「精力的に求める」よう諸国家に促す国連総会決議を提出した。決議は、「できる限り早期に」、対人地雷の生産、貯蔵、輸出および使用に対する「禁止、一時停止またはその他の規制」を一方的に実施するよう、諸国の政府に求めた[291]。この決議は、12月10日、155対0（棄権10）で採択された。一方カナダは、対人地雷を禁止する国際条約を、交渉・署名するための取り組みであるオタワ・プロセス[36]に着手していた。合衆国は、当初オタワ・プロセスには参加せず、オブザーバーとして会議に出席した。オタワ・プロセスと同一歩調を取らず、合衆国はジュネーブ軍縮会議（CD）での世界的な禁止を推進する方針を選択した。合衆国は、最大の対人地雷生産国であるロシアと中国がオタワ・プロセスに反対しているため、両国が参加しているCDのほうが好ましい場だと主張した[292]。この決定は、CDの悪評の高い緩慢さを考慮すれば、禁止に向けての急速な進展を回避しようとする動きであると、「地雷禁止合衆国キャンペーン」からの批判を浴びた。CDが、時宜を得た形で、その議事日程に地雷禁止問題を上程できなかったため、合衆国はその方針を急遽変更し、1997年9月、オスロで最終ラウンドの交渉に入るオタワ・プロセスへの参加を表明したのである。

合衆国がオタワ・プロセスに参加した際、条約を支持する条件として、一連の要求、すなわち前提条件を並べ立てた。その主だった要求には、韓国におけるあらゆる種類の対人地雷の継続使用を求めた地理的例外、対戦車地雷との「混合」システムに含まれる合衆国の対人地雷が禁止されないようにするため、条約における対人地雷の定義の変更および条約の主要な禁止に対する選択的な9年間の猶予期間が含まれていた。交渉期間中に、他の諸国の政府はこれらの要求を拒否した。

1997年9月18日の交渉の最終日に、クリントン大統領は、合衆国は条約には署名しない旨を宣言し、合衆国は2003年までに韓国を除くすべての地域における、また2006年までに韓国における対人地雷の使用を一方的に中止すると述べた[293]。他の政府当局者により、合衆国が混合システムに含まれる対人地雷をもはや対人地雷とみなしておらず、む

しろ子爆発体と考えているため、上記のクリントン大統領の宣言には混合システムは適用されないことを明確にした [294]。クリントン大統領の1998年5月の地雷政策声明は、この公約を詳細に述べたものだった。

合衆国の現行政策

1998年、クリントン大統領は、合衆国が2003年までに韓国を除くすべての地域での対人地雷の使用を中止することを公約した。2006年までに代替手段[37]が特定され、実戦配備された場合には、合衆国は混合システムの対人地雷を含め対人地雷のすべての使用を中止し、対人地雷禁止条約に参加する予定だった [295]。

ブッシュ政権は、現在合衆国の地雷政策を再検討中であり、この執筆の時点で、いつ決定が下されるのかについては不明である。対人地雷に対するクリントン政権の政策が、部分的にあるいは全面的に引き続き有効となるか否かも不明である。

2001年11月末、国防総省当局者は、対人地雷の代替手段が特定され、実践配備された場合、2006年までに1997年の対人地雷禁止条約に参加するという現行の公約を、合衆国は放棄するよう勧告した [296]。ペンタゴンによる再検討は、省庁間に跨る地雷政策再検討の構成要素のひとつに過ぎない。国務省と安全保障会議当局者も、ブッシュ大統領による決定に先立って地雷政策再検討に参加している。

合衆国政府当局者は、好んで「わが国の地雷は問題ではない」と発言するが [297]、残念ながらこれは事実ではない。過去において合衆国は、最大の対人地雷輸出国のひとつだった。1969年から1992年にかけて、合衆国は少なくとも32か国に440万個の対人地雷を輸出した [298]。合衆国の地雷は実際に敷設され、10か国以上で文民の死傷者を出してきたのである。

合衆国の正当化　スマート地雷はよりまし

「わが国の地雷は問題ではない」という主張の裏付けの一部となっていることは、合衆国がスマート地雷と長期間有効なダム地雷との間に設けた区別にある。ベトナム戦争後、合衆国は、人道上の必要性からではなく、予想される軍事上の必要性から、散布可能な自爆型地雷（軍用機からの投下あるいは砲撃による）を調達した。現在合衆国の貯蔵地雷の80％以上が、ADAM型砲兵射撃対人地雷から構成されており、その他にも数種類のスマート地雷を保有している。すべてのスマート地雷は、設定条件の選択及び地雷の種類により、使用後4時間から15日の間に自壊するよう設計されている。地雷が自壊しなかった場合でもバッテリーが切れる結果、120日以内に「自動的に不発化」されるよう設計されている。これらの地雷が短命なことから、合衆国の政府当局者は、地雷が「たとえあったにせよ、ほとんど非戦闘員に対する人道上の脅威となる恐れはない」[299]と主張しているのである。

　スマート地雷が、人道上の影響を及ぼさないとは言い切れない。地雷が敷設されたときから数時間から数日間、場合によっては17週間にもわたり、自壊あるいは自動的に不発化するまでの間に危険が潜んでいる。合衆国製スマート地雷のほとんどは遠隔操作で敷設されるのであり、目印をつけ、囲い、あるいは監視する必要がないため、居住地区で使用された場合、文民や家畜を脅かすことになる。また地雷敷設後の戦闘中に、地雷敷設地域で作戦行動を展開する友軍にとっても危険な存在となる。スマート地雷の中には、作動状態にならないものもあるだろうし、また作動状態にあっても自壊しないものもあるだろう。地雷除去作業者から見れば、発見されるすべての地雷は、まるで生き物でもあるかのように慎重に処理されねばならない。スマート地雷も、ダム地雷を除去する場合と同じ方法を用いて、1度に1個ずつ除去する必要がある。その結果、スマート地雷ですら、かなりの人道上の影響を及ぼすことを考えると、合衆国の方針は誤解を招く恐れがある。

　さらに、ダム地雷とスマート地雷を区別しようとする結果のひとつが、

多くの国家に対抗措置として、ダムかスマートかのいかんを問わず、すべての対人地雷を保持することが正当化されると誤解させることである。スマート地雷には限られた作動可能期間しかないため、長期間にわたる国境防衛あるいは固定的な敷設には実効性がなく、従ってダム地雷を保持することが必要であると指摘する国家も存在している。このように、合衆国の方針は、さまざまな種類の地雷の継続使用を助長するような影響を与えている。

合衆国の正当化　韓国防衛における地雷の必要性

クリントン大統領は、1997年9月、条約署名を拒否した第一の理由として韓国の状況に言及した。統合参謀本部の勧告を受け入れ、大統領は、対人地雷は韓国とその首都であるソウルの防衛にとり必要不可欠であると宣言した。韓国の防衛戦略は、北朝鮮軍の侵攻を遅らせ、北朝鮮軍を圧倒するための他の強力な兵器を配備する時間的余裕を与える目的で、合衆国と韓国軍により敷設された障害物と地雷原システムに依存しているように見える。合衆国は、さらに100万個以上の「ダム」地雷を、現在の非武装地帯（DMZ）ではなく[300]、非武装地帯とソウル間の20マイル範囲内にくまなく敷設することを計画している[301]。それに加えて、無数の自爆型地雷が、軍用機と砲撃により散布されることになる[302]。

数名の退役将校は、韓国における対人地雷の有用性に疑問を呈し、技術的な面での合衆国兵器の圧倒的な優位性が対人地雷の穴を十分に埋められることに言及している。韓国駐留前米軍司令官ジェームズ・ホリングスワース中将は、「対人地雷に軍事的な有用性のあることは確かだが、その有用性は最低限のものであり、味方の地雷が米軍を象徴する機動戦に与える問題を考えると、ある意味では、この有用性が相殺されることにもなりかねない……文民のみならず、米軍も地雷の禁止により恩恵を受けるだろう。韓国駐留の米軍にも当てはまることだ」[303]と語っている。

またヒューマンライツ・ウォッチ[38]が、情報公開法に基づき合衆国

陸軍物資司令部から入手した情報によれば、韓国用の 1200 万個のダム（非自爆型）対人地雷の 45 ％は、合衆国本土の倉庫に貯蔵されている [304]。残りの 50 ％は韓国に存在しているが、紛争勃発の時点で初めて韓国軍へ実戦用に引き渡される [305]。残りのわずか 5 ％の地雷を韓国駐留米軍の直接使用分として割り当てているだけである [306]。合衆国は、これらの地雷は北朝鮮による大規模な奇襲攻撃を食い止めるために必要だと繰り返し主張しているが、韓国から何か月とまではいかなくても何週間も輸送時間を要する合衆国の倉庫で地雷が眠っているのでは、その有用性には大いに疑問の余地がある。

対人地雷の代替手段開発計画

ペンタゴンが 2006 年という目標期限までに対人地雷の代替手段を特定、実戦配備できる見込みはますます薄くなっているように思われる。1996 年 5 月 16 日、ペンタゴンは、クリントン大統領と国防長官から、「韓国における例外措置および混合システムを余儀なくしている要因の解消のために必要とされ、またできる限り早期に、合衆国および同盟国の対人地雷からの脱却を可能にするために必要とされる研究、開発計画その他の措置の取り組み」に着手するよう命じられた [307]。2006 年という目標期限は、対人地雷の代替手段の特定、および実戦配備の成功と合衆国の対人地雷禁止条約参加とを連動させる形で、1998 年に設定されたものである [308]。

合衆国の政策は代替手段の研究を求めてはいるが、対人地雷禁止条約の遵守が、いずれの代替手段計画の場合においても、その判断基準とはなっていない。1999 年、CCW 改正議定書Ⅱ批准の条件としてクリントン大統領は、対人地雷の代替手段の研究はそれらが「対人地雷禁止条約」を遵守するか否かによって制約されないことに同意した。意見確認書は次のように述べている。

　私は代替手段の種類を限定するにあたって、以下の文に規定されるもの以外の判断基準に基き考察するつもりはない。合衆国の対人

地雷あるいは混合対戦車地雷の代替手段を求める際、合衆国は、(i)当該対人地雷または混合対戦車地雷と同等の軍事的実効性の発現を目的としなければならず、また(ii) もっぱら経済的に入手可能な技術の特定、改造、改良またはその他の方法による開発を探求しなければならない [309]

クリントン大統領により設定された政策目標とその後の大統領指令に関する解釈の間の食い違いが代替手段計画の全体的な成功を危うくし、2006年という目標期限を脅かす結果を招いている。

2001年会計年度の予算で国防総省は、代替手段の3つの「路線」を探求するため複数年にわたる8億2000万ドルにのぼる計画を提案した[310]。しかし代替手段計画の要素は、ブッシュ政権の地雷政策再検討により影響され始めている。軍事問題に関する週刊ニュース・レター『陸軍内部情報』によると、陸軍は、3つの代替手段計画路線のひとつ、NSD-AおよびRADAM計画に対する2003-2007年の予算財源を、ゼロに査定したと報道している [311]。地雷政策再検討用のペンタゴンの提案は、代替手段計画の2つ目の路線（いわゆる混合システムの代替手段の研究）も放棄するよう提言している。これらの混合システムには対人及び対戦車地雷が含まれており、そのため条約に違反することになる。

世界的な地雷除去計画への合衆国の貢献

完全地雷禁止を公約できないことはともかく、合衆国は地雷除去および地雷対策意識の向上計画に中心的な役割を果たしている。合衆国は、世界的な地雷対策活動に推定3億9000万ドルを拠出している [312]。2000年には37か国が地雷対策（地雷除去計画）資金を受領している。合衆国国防総省は、コソボ、ソマリア、アフガニスタン、カンボジアなど42か国の国家地雷除去計画に対する訓練と支援を提供してきた [313]。

条約実施に対する合衆国地雷政策の影響

　第 1 条は、締約国に「いかなる場合にも……この条約によって締約国に対して禁止されている活動を行うことにつき、いずれかの者に対して、援助し、奨励し、または勧誘すること……を行わないこと」を義務づけている。また第 9 条によれば、締約国は条約により「禁止されている活動……を防止あるいは抑止するため、立法上、行政上その他のあらゆる適当な措置（刑罰を設けることを含む）をとる」よう求められている。合衆国は、対人地雷禁止条約の締約国のうち少なくとも 5 か国（条約の署名国であるギリシアに加えて、ドイツ、日本、ノルウェー、カタールおよびイギリス〔ディエゴ・ガルシアで〕）に対人地雷を引き続き貯蔵している[314]。締約国がその領土内に他国の対人地雷の貯蔵を許すことは、おそらく間違いなく第 1 条の違反となる。合衆国の対人地雷貯蔵は、イタリアとスペインから撤去された。ドイツ、日本およびイギリスは、合衆国の地雷貯蔵が自国の管轄または管理の下にあるとは考えておらず、従って対人地雷禁止条約規定または国内実施措置の対象とならないと考えている。合衆国との二国間協定により、スウェーデンは、その管轄・管理の下にある対人地雷の廃棄義務遵守の期限である 2003 年 3 月 1 日までに地雷が撤去されることを定めた。今のところ、この問題に関するカタールからのコメントはない。

　さらに対テロ同盟への締約国の参加は、いかなる禁止活動も援助しないという第 1 条に定める義務遵守に関する問題を提起している。たとえばイギリスは、ディエゴ・ガルシアの弾薬補給船に積載されている合衆国の対人地雷貯蔵は、イギリスの管轄又は管理の下にはないと表明してきたが、これらの地雷が、アフガニスタンでの使用目的で陸揚げされ、ディエゴ・ガルシア基地から作戦行動に参加する軍用機に搭載された場合、その法的解釈の問題が残されることになる。

　基本的な条約義務を遵守するためには、締約国は、その領域内を通過するアフガニスタンほかに向けての武器弾薬が、対人地雷を含まないこ

とを確保する必要がある。1999年、合衆国陸軍工兵部隊は、コソボにおける軍事作戦行動を支援するホーク任務部隊の一部として、対人地雷とその運搬システム（MOPMSおよびボルケーノ型混合地雷システム）を装備してアルバニアに配備された。合衆国の陸軍部隊の大半はドイツの基地から派遣されたのである。この配備の時点でアルバニアは対人地雷禁止条約の署名国であり、ドイツは条約の締約国だった。

結論

合衆国の政策の現状からすると、合衆国は、ロシア、中国、イラク、リビア、北朝鮮、ミャンマー、シリア、インド、パキスタン、キューバほかの諸国と、対人地雷禁止条約への参加拒否という点では同一歩調を取っている。合衆国は、条約参加を誓約しているトルコを除き、NATO加盟国の中で条約に署名していない唯一の国家である。地雷の生産中止に踏み切っていないわずか14か国のひとつでもある。要約すれば、合衆国は包括的禁止に反対する極少数派の一部である。対人地雷の危険性とそれによる犠牲は今や周知の事実であることを考えれば、合衆国は条約に加入すべきである。平行して合衆国は、条約規定を遵守する措置を即刻講ずるべきである。

第8章　気候変動国連枠組条約と京都議定書

　1992年の気候変動国連枠組条約（UNFCCC）と1997年の京都議定書は、気候変動に関する関連条約である[315]。それ故に、気候変動の分野における条約義務遵守の評価は、これら2つの条約を同時に考察する必要がある。UNFCCCは気候変動に関する義務と基本的な要件の枠組を規定していることから、気候変動に関する基本的な条約である。京都議定書は、これらの義務に従って署名されたものである。このため、重要ではあるが、UNFCCCの義務を履行するためのひとつの手段とみなされる。さらにUNFCCCはすでに発効している条約であり、従って気候変動に関しては必ず考慮に入れて遵守することが必要である。

気候変動国連枠組条約

　1980年代の半ばから終わりにかけて、地球大気圏における温室効果ガスの集積増大による深刻な地球規模の気候崩壊が起こるのではないか、という懸念が世界的に広がっていた。温室効果ガスの中でもっとも重要なのが二酸化炭素である。その他にはメタンと亜酸化窒素、冷却剤として一般的に使用される物質であるハロゲン化炭化水素が挙げられる。この時期にはまた、毎年春に南極上空でオゾンホールが発達することで、オゾン層破壊の劇的かつ決定的な証拠を目撃した。深刻なオゾン層破壊は、致死的な紫外線放射の増大をもたらし、地球上の生命体を脅かすことにもなりかねない[316]。

　1992年、ジョージ・H・W・ブッシュ大統領の政権期に、合衆国を含む数多くの国家が気候変動国連枠組条約を批准した。1994年に発効したこの条約は、次のように認識している。

人間の活動が大気中の温室効果ガスの濃度を著しく増加させてきていること、その増加が自然の温室効果を増大させてきていること、そして、これが地表と地球の大気の温暖化を進めることとなり、自然の生態系と人類に悪影響を及ぼすおそれがあることである。

この条約は、温室効果ガスの濃度を安定化させるために、次のようにその目的を設定している。

　この条約および締約国会議が採択する法的文書は、この条約の関連規定に従い、気候系に対して危険な人為的干渉を及ぼすこととならない水準で大気中の温室効果ガスの濃度を安定化させることを究極的な目的とする。そのような水準は、生態系が気候変動に自然に適応し、食料の生産が脅かされず、かつ、経済開発が持続可能な態様で進行することができるような期間内に達成されるべきである。

このようなリスクを考慮して、不確定要素がいくぶん存在しているにもかかわらず、条約は次のような行動を取るよう締約国に求めている。

　締約国は、気候変動の原因を予測し、防止し、最小限にするための予防的措置をとるとともに、気候変動の悪影響を緩和すべきである。深刻な、または回復不可能な損害のおそれがある場合には、科学的な確実性が十分にないことをもって、このような予防措置をとることを延期する理由とすべきではない。もっとも、気候変動に対処するための政策および措置は、可能な限り最少の費用によって地球的規模で利益がもたらされるように費用対効果の大きいものにすることについても考慮を払うべきである。

世界的な気候変動に関する科学的な証拠の集積は 1990 年代に増加の一途を辿り、1990 年代の末までには、気候変動は確実に起こっており、この気候変動の一部の構成要素が温室効果ガス（二酸化炭素が総排出量の 50 %を占める）の人為的な排出に起因するものであることが、圧倒的多数の意見を占めるまでになっていた[317]。

UNFCCC は、「過去と現在における世界全体の温室効果ガスの排出量の最大の部分を占めるのは先進国で排出されたものであること、開発途上国における一人当たりの排出量は依然として比較的少ないこと」、それ故に排出量削減を率先して行う責任が先進国にあることを認めている。

　したがって、先進締約国は、率先して気候変動およびその悪影響に対処すべきである。

UNFCCC は、国家が独自の経済開発をすることと、その管轄権内で独自の環境規則を遂行する国家主権とを認めているが、締約国の国境外に影響を及ぼす場合には、主権に制約を課している。

　諸国は、国際連合憲章および国際法の諸原則に基き、その資源を自国の環境政策および開発政策に従って開発する主権的権利を有すること、ならびに自国の管轄・管理の下における活動が、他国の環境またはいずれの国の管轄にも属さない区域の環境を害さないことを確保する責任を有する。

小諸島にとっての気候変動および海面上昇の影響は、UNFCCC において明示的に議論されている。

UNFCCC は、とりわけ付属書 I に記載されている諸国家が、気候変動を防止あるいは緩和するための措置を講ずる義務を法典化している。UNFCCC 第 4 条は、温室効果ガス排出量および気候変動を抑止するための政策を率先して採択し、措置を講ずるよう先進国に求めている。また、気候変動の高まりつつある脅威を考慮して、このような措置は短期的（すなわち 1990 年代の 10 年以内）であることが望ましいと認めている。先進国（すなわち付属書 I に記載されている国家）に関して、条約は次のように規定している。

　付属書 I の締約国は、温室効果ガスの人為的な排出を抑制すること、ならびに温室効果ガスの吸収源および貯蔵庫を保護し強化することによって気候変動を緩和するための自国の政策を採用し、これ

に沿った措置をとる。これらの政策と措置は、温室効果ガスの人為的な排出の長期的な傾向をこの条約の目的に沿って修正することについて、先進国が率先して行っていることを示すこととなる。二酸化炭素その他の温室効果ガス（モントリオール議定書〔オゾン層破壊合成物質を規制している〕によって規制されているものを除く）の人為的な排出の量を 1990 年代の終りまでに従前の水準に戻すことは、このような修正に寄与するものであることが認識される。

京都議定書

1990 年代の気候変動に関する増加の一途を辿る証拠を考慮して、合衆国を含む気候変動国連枠組条約の締約国は、1997 年末に日本の京都で会議を開催した。1997 年 12 月 11 日、温室効果ガスの排出量削減を図る歴史的な文書に署名がなされた。この条約は「京都議定書」として知られるようになった。この条約に先行する条約が「モントリオール議定書」であって、1987 年に署名されており、その後数度にわたり強化されてきた。

京都議定書の主要な規定は次の通り [318]。

第 3 条は、議定書附属書 B に記載されている諸国（計 39 か国、比較的個人所得の高い、高度に工業化された国家）は、1990 年の排出量を基準に、2008 年から 2012 年にかけて温室効果ガスに対する一定の削減目標値を達成する必要のあることを明記している。このグループ（附属書 B の国家）の全体としての削減目標値は 5 ％である。合衆国の目標値は、7 ％だった。

第 12 条は、先進国が「クリーン開発メカニズム」により他の諸国の持続可能な開発を支援できるプロセスを設けている。この条項は、このリストに記載されていない国家の排出量を削減する措置を講ずることにより、温室効果ガス排出量の目標値を達成することが可能な工業国のリスト（附属書 I の国家）を明記している。その意図は、最低のコストで最

大の削減を達成することであり、たとえ特定の削減目標値が設定されていなくても、発展途上国に排出量削減のプロセスへの参加を促すことである。このリストは、ほぼ附属書 B のリストと同じ内容である。合衆国および日本、ドイツ、イギリス等のすべての先進大国は、両方のリストに掲載されている。

　主に合衆国の主張により設けられた第 17 条は、排出量の取り引きを認めている。「附属書 B に掲げる締約国は、第 3 条の規定に基づく約束を履行するため、排出量取り引きに参加することができる。排出量取引は、同条の規定に基づく排出の抑制と削減に関する数量化された約束を履行するための国内の行動に対して補足的なものとする」。しかし、このような取り引きの方法と条件は明記されておらず、今後の交渉に委ねられている。

　第 6 条は、附属書 I の諸国が、他の附属書 I 国への投資により達成された削減を自国のクレジットにすることにより、その排出量の削減を図ることを認めている。

　議定書は 55 か国が批准し、かつそのなかに、附属書 I に掲げる国の温室効果ガスの総排出量のうち、附属書 I に掲げる締約国の排出量が 55％を超えた場合に、発効することになる。この規定は、発効に対する拒否権を合衆国に与えてはいないが、合衆国が群を抜く世界最大の排出量（世界の合計の約 4 分の 1）を占めていることを考えれば、合衆国抜きの発効はきわめて困難になる[39]。

　第 20 条は、改正手続を定めている。改正はコンセンサスによりなされるのが望ましいが、コンセンサスに達しなかった場合、「出席しかつ投票する締約国」の 4 分の 3 の投票により改正されることになる。

　合衆国が京都議定書に署名する数か月前に、合衆国上院は一種の上院決議を可決したが、それは、条約が同一の遵守期限内に開発途上締約国の温室効果ガスを抑制・削減するための新しい具体的な計画に基く公約を求めない限り、工業国に温室効果ガス排出量の抑制を課す条約を合衆

国は締結すべきでないことを明確に述べたものだった。さらに上院は上記の決議の中で、合衆国は「結果的に合衆国の経済に深刻な被害を及ぼすことになる」319 条約の締約国となるべきでないと大統領に勧告した。

この決議は勧告的なものだったが、京都での交渉により成立する条約は、合衆国上院により批准されねばならないという事実を考えると、大きな影響力を持つ決議だった。この決議はまた、UNFCCC に基く合衆国の義務も問題視したのであって、その義務は富裕工業国が温室効果ガスの不釣合いに大きな排出者（1 人当たりの基準で）であり、従って排出量削減においてそれに相当する負担を担うべきであることを認めている。

京都議定書の地位と合衆国の立場

クリントン政権は、上院決議に示されている基準を満たしていない条約を無効にするというジェシー・ヘルムズ上院外交委員会委員長の明確な意図に逆らって、批准のため京都議定書を合衆国上院に提出することをしなかった。1998 年 1 月、ヘルムズ上院議員はクリントン大統領に、批准のため ABM 制限条約了解事項（第 4 章参照）と共に京都議定書を提出するよう求める書簡を送った。ヘルムズ上院議員は、他の 2 つの条約が提出されるまで CTBT 批准に関する検討を認めないと政府に通告した 320。これら 3 条約に対する上院のそれまでの立場から判断すれば、3 条約批准の見通しはたいへん厳しいものとなるという予告だった。京都議定書のもうひとりの反対者であったフランク・マルコウスキー上院議員は 1999 年、エネルギー使用効率の向上または石化燃料と非石化燃料との入れ換えではなく、むしろ二酸化炭素隔離の方針を採択することになる法案（106 回議会、法案 882、1999 年）を提出した。これは、実質的に排出量を削減するための自主的な活動のみならず、隔離技術の研究と開発を育成することになる法案だった。この法案は、民主党、共和党を含めて 21 名の共同提案者を得たが、公聴会の開催にもかかわらず、法案を審議した委員会で否決された 321。マルコウスキー上院議員は、京

都議定書の取り組み姿勢に次の理由から反対した。

・大気圏の温室効果ガス集積を安定化するための条約の取り組みを最終的には「失敗に終わるよう運命づける」開発途上国の責任免除を認めることになる

・たとえ京都議定書に基き排出量を抑制するよう求められている工業 35 か国からのすべての排出が最終的に止められたとしても、発展途上 134 か国からの排出量が増加の一途を辿り、その結果、温室効果ガスの大気圏集積は増え続けることになる

・京都議定書の取組み姿勢は、合衆国の主権を弱体化させ、その消費者に打撃を与え、また地球規模の環境改善への寄与は見込めない[322]

これらは合衆国の京都議定書反対のために引用された主張の中では、かなり代表的な主張だった。京都議定書に対する反対は、上院では広く、深く浸透していた。

大統領候補であったジョージ・W・ブッシュは、その選挙運動期間中に、京都議定書に示されている具体的な予定表に関する方向転換ではないとしても、二酸化炭素排出量の削減については合衆国政策の方向転換を示唆していると受け取られた。たとえば、2000 年 9 月の選挙公約文書では、ブッシュ政権は「4 種類の主要な汚染物質（二酸化硫黄、窒素酸化物、水銀および二酸化炭素）の排出量に対する義務的削減目標値を定める」と述べていた。[323]

2001 年 3 月、クリスティーン・トッド・ホイットマン環境保護庁（EPA）新長官は、合衆国はブッシュ大統領の選挙運動中の公約を実行するために、二酸化炭素削減達成のための計画を提案するだろうと発表した[324]。EPA 長官によるこの公約そのものが、ブッシュ政権内での激しい論争の焦点となったのである。その論争の結果、二酸化炭素削減に関する公約は保留される羽目に陥った。政府は地球温暖化問題に関する新計画を提出するだろうと述べ[325]、全米科学アカデミー（NAS）にこの問題を再検討するよう要請した。

NAS は他の多くの科学団体と同じように、人間活動による温室効果ガスの排出量は温室効果ガスの集積を増加させており、「過去数十年にわたる」気温の上昇は「人間活動による公算が極めて高いが、このような変動が、かなりの程度まで自然発生的な変動の影響であることも否定できない」という結論を下した [326]。NAS の研究結果にもかかわらず、ブッシュ政権は、温室効果ガスを削減するための代替案をいっさい提出しなかった。それどころか 2001 年 5 月、ブッシュ政権は当分の期間二酸化炭素排出量の継続的な増加を示唆する緊急政策報告書を発行した[327]。UNFCCC の報告義務に従って提出された 2002 年 5 月の報告書の段階で初めてブッシュ政権は、石化燃料の燃焼が最近の地球温暖化の主な原因であり、重大な環境変化が次の 10 年のうちに起こる可能性があるという NAS の研究結果を認めた [328]。その時でさえ合衆国は、排出量を削減するための新しい構想をいっさい提案しなかった。むしろ合衆国は、変動する気候条件に対する「適応への挑戦」[329] を強調したのである。

一方、2001 年 8 月、合衆国を除く温室効果ガス排出量の抑制を求められているすべての国家である 38 か国は、1990 年水準から全体的に 5.2 %、言い換えれば京都議定書により求められている上限をわずかに越える削減を達成するために、その温室効果ガス排出量の削減に合意した。この合意は全 178 か国により署名された [330]。この合意は 2001 年 11 月 10 日、締約国会議 [331] の第 7 回会合（COP-7）の終了までにモロッコで成立した。この時点までに合衆国は審議過程から脱落した。

モロッコにおいて京都議定書締約国は、温室効果ガス排出量削減の正確な数量および方法、取引方法ならびに「クリーン開発メカニズム」（原子力は考え得る構成要素としては除外された）の構成要素に関する詳細な合意という目標を達成したのである。この合意は、主要な削減を義務付けられることになる締約国、すなわち合衆国を除く、高い個人所得及び排出量を持つ国家による京都議定書批准のための舞台を準備したのである。

オーストラリア政府は、マラケシュでの会議の成果を次のように述べ

ている。

　第 7 回締約国会議は、今年初めの第 6 回会議第 II 部の期間中に、ドイツのボンにおいて合意に達した省庁間協定を出発点とみなしている。交渉は、柔軟性措置、吸収源、遵守および発展途上国参加の道の開拓を含む広範囲にわたる問題を扱った。最終結果は、それらにより議定書を実施することが可能となる規則および手続きに関する 245 ページの文書となったマラケシュ協定の採択であった。

　柔軟性措置の運用規則は、排出量クレジットの比較的開放的かつ効率的な国際市場、実現可能な排出削減活動を促進することになる市場の創設を定めている。この措置により発生するクレジットは十分代替可能であり、すなわちこの措置により発生するそれぞれの種類のクレジットは、同量の排出削減活動に相当することになる。国家間でのこれらの取り引き単位譲渡の可否に関する制約はいっさい存在しない。国家による過剰譲渡の懸念に対応するため、『約定期間中の制限』が、いかなる国家の譲渡可能な取引単位量も制限する機能を果たすことになる。（中略）

　クリーン開発メカニズムによる排出量削減活動における先進国と開発途上国との協力方法の明確化のみならず、開発途上国に対する財政的、技術的支援の流れを促進するためのさらなる進展が図られた。しかし、開発途上国自体に対する排出量削減目標値に関する実質的な討議はなされなかった。だが、ひとたび議定書が発効すれば、この問題の解決に向けての弾みが一段と高まるであろうというのが一般的な認識である。[332]

　最終合意には、すべてとまではいかないまでも、合衆国が要求したことが大幅に取り入れられていた。批准と発効の手続きは、合衆国抜きで 2002 年に終了する予定である[333]。

気候変動国連枠組条約と京都議定書の遵守の分析

　合衆国（あるいは他のすべての国家）の京都議定書に対する遵守状況は、締約国の義務の基本的な枠組を定めている UNFCCC の遵守状況と合わせて考察する必要がある。国際経済問題と発展途上国の排出量の問題とに対する合意が存在しないことから、合衆国が京都議定書批准を拒否する見込みが既定の事実になっている。だが、合衆国の UNFCCC に基く条約義務の遵守が、気候変動に関する合衆国内の公的な議論において重要な検討課題となってこなかった点に留意するのは興味深いことだ。これは、CTBT 批准が討議されている際、核実験禁止に関して、核不拡散条約に基く合衆国の核軍縮義務の遂行が検討材料とならなかったという事実といくぶん類似している。

　京都議定書の合衆国上院による暗示的な拒否（決議による事前通告）と CTBT を批准しないこととの間には、ある程度の相違が見られるが、いずれの場合も、明確な合衆国の義務が随伴している。包括的核実験禁止の達成は、有効な現行諸条約において、核兵器国が世界に対して繰り返しかつ明示的に示してきた約束である。CTBT は明示的な約束であり、何十年にもわたり、公式宣言のみならず条約関連文書においても再確認されてきた。これとは対照的に UNFCCC は、締約国の義務遂行のための追加条約を明示的に求めなかったが、先進国側の行動と指導力を間違いなく求めてきた。そのため、UNFCCC 締約国の遵守状況に関する判断は、ただ単に京都議定書に対する締約国の姿勢から直接的になされるのではなく、むしろ全体的な状況を必ず考慮してなされるべきものである。その判断は、UNFCCC 締約国が気候変動の脅威を緩和するために約束した措置を講じたか否かにかかわってくる。

　このような状況から判断して、さまざまな理由、特に気候に対する温室効果ガス排出量の深刻な影響についての増大する証拠に照らしてみると、UNFCCC は高い個人収入と排出量を持つ富裕国家に温室効果ガス排出量を削減するための措置を講ずるよう義務づけているものであっ

て、合衆国が UNFCCC に違反しているとみなさざるを得ないという結論に達する。

合衆国が京都議定書への参加を放棄した年、すなわち 2001 年に出版された、この問題に関する包括的な最新報告書がある。ここに記載された「気候変動に関する政府間パネル」(IPCC) の人間活動、および気候変動に関する科学的な結論は、次の通りだった。

> 新しい証拠に照らしてみると、また残された不確定要素を考慮しても、過去 50 年にわたり観測された大半の気温上昇は、温室効果ガス集積の増加によるものであった可能性が高い。[334]

2002 年 6 月までブッシュ政権は、人間活動が気候変動の原因だという科学的なコンセンサスの存在を認めようとはしなかった。このような見解に対する抵抗の姿勢は、2002 年の任期終了時点でなされたロバート・ワトソン IPCC 議長の解任運動の成功に顕著に現れていた。ワトソン博士の再選運動は失敗に終わり、2002 年 4 月、投票により議長職を失ったのである[335]。IPCC は 1988 年、「人為的な気候変動の危険性の理解に関連する科学的、技術的、経済的情報を評価するため」に、国連環境計画と世界気象機関により設立された[336]。

ブッシュ政権は、最終的には気候変動に対する人間活動による影響を認めた。「気候行動報告」は、「人為的な気温上昇とそれに伴う海面上昇は、21 世紀を通して続くものと予想される」[337] という全米科学アカデミーの研究結果を認めたのである。

このような研究結果にもかかわらず、ブッシュ政権は、温室効果ガス排出量を削減するための政策を実施していない。しかし、誤りあるいは遅延の余地はほとんどない。二酸化炭素集積を自然の 2 倍をはるかに下回る水準で安定化させるためには、21 世紀を通して、温室効果ガス排出量を約 50 ％あるいはそれ以上削減することが必要となる。このような削減の大半は、最大の絶対排出量および個人当りの排出量を持つ国家により達成されねばならない。それに対して、合衆国の排出量は増加し

ているのである。京都議定書により削減を義務づけられていないにもかかわらず、主にエネルギー効率の向上と都市の大気汚染の低減を推進する際の副産物として、中国でさえその排出量を削減している[338]。UNFCCCにおける公約の精神と文言上の違反の状態に合衆国を追い込んでいるのは、合衆国による京都議定書批准の単なる不履行ではなく、次のような一連の要因なのであって、むしろそのひとつが京都議定書の批准拒否である。

・合衆国の二酸化炭素排出量は、京都議定書の基準年である1990年以降、毎年1.3％増加している[339]。一方、欧州連合の排出量は（欧州連合は最初の段階で、経済生産単位当りの排出量を合衆国より低く設定したという事実にもかかわらず）減少している[340]。
・ブッシュ政権のエネルギー計画は、石化燃料消費および二酸化炭素排出量の当面の増加を示唆しており、ある段階での増加の逆転を確実にする政策措置が含まれていない。この計画は2020年まで継続する。
・数度にわたりブッシュ政権は、二酸化炭素排出量削減のための代替計画を提出すると明言したが、いまだに実現していない。
・二酸化炭素隔離政策をもたらしたかもしれない法案（前出）が上院により検討されたが、法制化されることはなかった。
・上院は、現在および過去に1人当たりの最大量を排出してきた諸国に、排出量削減の指導的な役割を率先して担うことを求める提案を明示的に拒否した。
・多くの合衆国に本拠地を置く企業は、二酸化炭素排出量削減のための内部目標値を採用しているが、この目標値が公の政策に影響を与えることはなかった[341]。
・京都議定書は、批准されていないばかりか、温室効果ガス蓄積の合衆国負担分を削減するための代替手段あるいは一連の政策も提案されることもなく、批准の検討すらなされないまま実質的に拒否されたのである。

合衆国により認められたものを含め、気候変動に対する人為的な影響

に関する膨大な証拠がある。その結果、深刻な気候の崩壊を防止することになる二酸化炭素の大幅な削減が、今後何十年かに渡り求められることにはほとんど疑問の余地はない。メキシコ湾流の停止、あるいは永久凍土の溶解によるメタンガス排出量の著しい増大といった、十分理解されていないため気候変動モデルとしてはこれまで未登録の、さまざまな恐ろしい災害発生の危険性が存在する[342]。合衆国学術研究会議の報告書は次のように述べている。

　　急激な気候変動は、気候システムが急激な変化を余儀なくされたとき、特に頻繁に発生してきた。従って、温暖化およびその他の地球システムの人為的な改変が、大規模、急激かつ有害な地域的あるいは地球規模の気候現象を引き起こす可能性を増大させることになる。過去の急激な変動については、いまだに十分な説明がなされておらず、気候変動モデルは、通常このような変動の規模、速度、影響範囲を過小評価するものである。それ故に、将来の急激な変動を、信頼できる形で予測することは不可能であり、予期しない気候現象を予期しておくべきである。[343]

不確定要素があっても、災害の発生（この時点では、効果的な措置を講ずるには手遅れの状態である）により初めて決定的な証拠が入手可能になることを考えると、適切な措置が要求される。すでに述べたようにUNFCCC は、たとえ不確定要素が存在しても、予防的措置を講ずるよう締約国に明示的に求めている。

さらに、合衆国を含む諸国の産業、政府と経済界の経験に基く健全なエネルギー効率政策が採用されれば、経済的な排出量削減に対する極めて高い可能性があるという確実な証拠が存在する[344]。このような状況では、合衆国が UNFCCC に基く条約義務に違反しているという結論を免れることはきわめて困難である。

第9章 国際刑事裁判所に関するローマ規程

経緯

2002年7月、国際刑事裁判所に関するローマ規程は発効した。10年前には、もっとも楽観的な観測筋でも可能とは考えていなかったほど早々と[345]、「全国際社会が懸念するもっとも重大な犯罪」[346]に対する責任の所在を明確にできる時代に突入した。1998年7月、圧倒的多数の国家により採択され、批准のために開放された後、ジェノサイド、戦争犯罪および人道に対する罪、そして最終的には侵略のかどで個人を裁く管轄権を有する世界最初の常設裁判所を設立する条約の複雑さを考えると、驚くべき速度で批准書が寄託されている。

国際刑事裁判所(ICC)の設立は、常設国際裁判所におけるこのような犯罪に対する責任の所在を明確にするための、半世紀以上にもわたる努力を締め括るものである。ICC が実現可能な目標となるまでは、これらの努力は、主に特定の事態に対処するために設けられる特別軍事裁判所、あるいは刑事裁判所の創設に向けられていた。第2次世界大戦後、連合国は、ナチと日本帝国の軍隊により犯された戦争犯罪および残虐非道行為を裁くための、ニュルンベルグ裁判所と極東国際軍事裁判所を設立した[347]。そのほぼ50年後、国連安全保障理事会は、1993年には旧ユーゴスラビアに対して、また1994年にはルワンダに対して、国際刑事裁判所の設立に動いた[348]。

このような努力が国際刑事法体系の強化に貢献し、正義と責任の所在の明確化に向けての世界的な運動の促進に役立ってきたが、その一方で、それらは、「戦勝国の正義」あるいは選択的執行力の行使であるという

非難も受けてきた [349]。従って、場当たり主義を回避し、また他国の国民により犯された行為を訴追するために、連合国、安全保障理事会のいずれであるかを問わず、ある国家グループが裁判所を設立した場合の不平等な法制度の問題（過去の努力の要件となってきた）を打開するために、常設裁判所が必要だったのである。

　第2次世界大戦後、国際連合とニュルンベルグ国際軍事裁判所および極東国際軍事裁判所(1945年)、世界人権宣言の採択とジェノサイド条約（1948年）、1949年のジュネーブ4条約といった、それまで例を見ないほどの国際的な活動が相次ぐ状況の中で、常設国際刑事裁判所もほどなく実現するだろうという期待がふくらんでいた。ジェノサイド条約を採択する決議の中で国連総会は、国際法委員会に「ジェノサイドのかどで告発された被告人の裁判のための国際司法機関設立の妥当性および可能性を研究する」よう要請した [350]。実際、ジェノサイド条約第6条が、「管轄権を有する国際刑事裁判所において」[351] ジェノサイドのかどで告発された被告人の裁判を行うと規定していることから、このような裁判所が実現するだろうという期待が生まれた。しかし、冷戦の幕が開き、このプロセスは50年にわたり中断した。

　冷戦の終了と共に、ポストモダン時代という新しい環境の真っ只中で、国際刑事裁判所構想を再び取り上げる機会が訪れた。この構想は1989年、麻薬取引に関連した犯罪者の引き渡し・訴追という難問に対処する手段として、トリニダッド・トバゴによって再提出された [352]。この事件は、安全保障理事会による1993年の旧ユーゴスラビアおよび1994年のルワンダに対する特別裁判所の創設と相俟って、常設国際刑事裁判所に向けての真剣な検討のために必要な契機を提供した。

　国連総会が国際刑事裁判所規程の起草を継続するための準備委員会を設立した後を受けて、1996年までには交渉が本格的に開始された [353]。2年間にわたる集中的かつ迅速な交渉を経て、1998年7月17日までに、国際刑事裁判所規程は、この歴史的な成果に反対票を投じた合衆国ほか6か国を尻目に、圧倒的に多数の国家により採択された。

ローマ規程に関するいくつかの基本事項

ローマ規程は、ジェノサイド、戦争犯罪および人道に対する罪のかどで個人を訴追することになる裁判所の概略を明確に示している [354]。さらに規程は、ひとたび侵略の罪の定義が規程の改正として採択されれば、この裁判所が侵略の罪に対する管轄権を持つことを定めている [355]。規程は、たとえ犯罪が公的行為とみなされても、あるいは国家元首により犯されたものであっても、裁判所の管轄権の対象となる犯罪についての免除をいっさい認めていない [356]。このように ICC は、「不処罰の文化」、すなわち残虐非道行為は法的結果を恐れることなく遂行可能であるという仮定を「終らせる」ことに資するよう意図されたものである。国家の法制度における関連機能の改善と組み合わされたとき、ICC は、重大な人権侵害および残虐非道行為の遂行を抑止することにより、世界的な安全保障を促進できるものと期待される。

交渉の早い段階では、ローマ規程は「普遍的管轄権」体制を備え、従って ICC はジェノサイド、戦争犯罪および人道に対する罪などすべての犯罪を訴追できるものと期待されていた [357]。国際法において普遍的管轄権とは、国際社会全体に対する攻撃であると考えられる重大犯罪に適用されるとみなされており、いかなる国家も、たとえこのような行為がどこで遂行されようと、また誰によって遂行されようとも、それらを訴追する権利のみならず義務をも負っている [358]。

1949 年のジュネーブ条約はこの原則を適用しており、各締約国は「前記の重大な違反行為を行い、または行うことを命じた疑のある者を捜査する義務を負うもものとし、また、その者の国籍のいかんを問わず、自国の裁判所に対して公訴を提起しなければならない」と規定している [359]。「重大違反行為」の例として、殺人、拷問、非人道的待遇（生物学的実験を含む）、身体や健康に対して故意に重い苦痛を与えたり重大な傷害を加えること、軍事上の必要によって正当化されない不法かつ恣意的

な財産の破壊・徴発を挙げている [360]。

ローマにおける白熱した厳しい交渉の結果、拘束を受けない普遍的管轄権ではなく、ほとんどの場合、裁判所がその管轄権を行使するためには2つの条件のいずれかが満たされねばならないと規定された。すなわち (1) 犯罪が発生した国家（領域国）がローマ規程の締約国であるか、あるいは裁判所の管轄権に同意していること。(2) 被告人の国籍がローマ規程の締約国であるか、あるいは裁判所の管轄権に同意している国であること [361]。だが、これらの「前提条件」は、国連憲章第7章に基く行動として、国連安全保障理事会がICCに事件を付託した場合には適用されない [362]。

この制度の下では非締約国の国民も、締約国の領域内で発生した犯罪に対する裁判所の管轄権の行使により、結局ICCでの裁きを受けることになる可能性を指摘しておくことが重要である。従って、裁判所が管轄権を有するローマ規程の締約国である国家の領域内で、非締約国の国民が罪を犯した疑いのある場合、ICCはこの容疑者に対してその機能を発揮できることになる。

さらにローマ規程は、いわゆる平時のみならず、武力紛争中の女性に対する暴力行為の責任の所在に関するいくつかの歴史的な不備を修正している。過去の人道法の法典化においては、ジュネーブ諸条約に基く重大違反行為としてではなく、名誉または尊厳を保護する必要性という見地から性的暴力は扱われている。だが、ローマ規程は、強姦、性的奴隷制、強制売春、強制妊娠、強制不妊および性的暴力を、戦争犯罪および人道に対する罪として明示的かつ具体的に規定している [363]。その上、「人身売買、特に女性と児童の売買」およびジェンダーに基く迫害も人道に対する罪に含まれている [364]。

ローマ規程は、大量破壊兵器の使用に対する既存の禁制を強力に拡充している。規程はまた、化学兵器の使用を明示的に禁止している [365]。生物、核およびその他の大量・無差別破壊兵器の使用も、文民に対する攻撃および均衡性を欠く文民の殺傷、環境を破壊する攻撃を有罪とする

規定を含むいくつかの規定により、一般的に禁止されている[366]。

ICC は国連の一機関ではなく、独立した機関となる予定である[367]。また ICC は、安全保障理事会からも大幅に独立することになる。これは、旧ユーゴスラビアとルワンダに対する特別国際刑事裁判所との大きな違いである。安全保障理事会により設立されたこれらの特別裁判所は、その任務、管轄権および資金の面で、安全保障理事会に依存している[368]。従ってこれらの裁判所は、提訴される事件に関して制約を受けている。第2次世界大戦後の軍事裁判所も、特殊な状況の中で、特定の目的のために、連合国の主張により設立されたという点で管轄権及び範囲における制約を受けており、これらの任務が完了すると同時に解体されたのである[369]。

国際刑事裁判所の管轄権と権威は、少なくとも 60 か国による批准を必要として、2002 年 7 月 1 日に発効した、交渉に基く条約であるローマ規程に由来する。批准国は、裁判所の予算、判事の任命・選出、検察官と副検察官の選出、裁判所活動の監視といった問題に対処するための締約国総会を開催する[370]。

1998 年の規程採択後、規程の実施と裁判所設立のために必要ないくつかの補足的な文書に関する交渉が継続した。特にこれらの中には、裁判所の管轄権に属する犯罪をさらに明確にするための「犯罪構成要件」、「訴訟手続および証拠に関する規則」、裁判所と国連間の連携協定、締約国総会のための手続規則、ならびに初年度の予算が含まれている。さらにこの段階で、侵略の罪の定義に向けての交渉が継続した[371]。交渉は、2002 年 7 月に完結し、締約国総会は 2002 年 9 月、ニューヨークの国連本部で第 1 回会議を開催した。裁判所は 2003 年には機能するものと期待されている[40]。

「ICC は紛れもなく怪物だ」[372]

1998 年 7 月 17 日、120 か国が「国際刑事裁判所に関するローマ規程」

を投票により採択したとき、合衆国はその中に含まれていなかった。公正かつ効果的な国際正義のシステムに向けて高まりつつある世界的な流れに身を投ずるどころか、合衆国は、中国、リビア、イラク、イスラエル、カタール、イエメンと共に、条約拒否に組みしたのである[373]。

合衆国の保守派のなかでは国際刑事裁判所への反対論は、ローマ規定における法の適正手続の保護および合衆国の主権侵害に関する誤解を招く、誤った主張という形を取って現れることがよくある。ジェシー・ヘルムズ上院議員は、国際刑事裁判所のおそらくもっとも声高な反対者である。ヘルムズ議員はある時、「ICC は紛れもなく怪物である。わが国を貪り食うようになる前にそれを殺すことが我々に課された責任である」[374] と述べている。ヘルムズを先頭に、議会の保守派は、やがて誕生する裁判所およびそれを支持する諸国を敵視する法を求めた。

しかし、保守派だけがより民主的な国際正義のシステムに抵抗を示したわけではない。クリントン政権時には、条約には「重大な欠陥」があり、合衆国が参画を考える前にそれらは修正される必要があるという見解が大勢を占めていた[375]。結局、すべての党派の反対派が、重大な「欠陥」の本質的な特性、すなわち合衆国国民が、合衆国の承認の有無にかかわらず、まかり間違えば ICC で裁かれることにもなりかねないという想定では意見の一致をみたのであり、またこのような事態を非常に恐れていたように思われる。しかし、この問題に対する取り組みの姿勢には党派間で違いが見られた。

合衆国の批判と懸念

安全保障理事会の役割の限定

合衆国は、提訴されるであろう事件に関して、国際刑事裁判所を安全保障理事会の支配下に置くことを長年望んできた[376]。しかし、安全保障理事会の役割は、ローマ規程の最終的な条文では大幅に制限された。合衆国が特別裁判所の設立と維持を全面的に支持する一方で常設裁判所に反対した理由は、他ならぬこの側面、すなわち安全保障理事会からの

独立の程度にあった。提訴されるであろう事件に関して裁判所が安全保障理事会の支配下に置かれていたら、拒否権を持つ常任理事5か国のひとつである合衆国は、裁判所の管轄権からその国民および同盟国を遮る機能に関しては、きわめて都合の良い立場に置かれることになっていただろう[377]。

超大国の脅迫観念

ひとたびICCが安全保障理事会に従属しないことが明らかになると、合衆国は、非締約国の国民についての明示的な除外を追及した。新しい国際正義のシステム内で特別待遇を求める際に、合衆国の政府当局者は、残された唯一の超大国として、合衆国は他の諸国より頻繁に紛争地域へ軍隊を派遣することが予想されると主張した[378]。そのため合衆国は、政治的な動機を持つ告訴、訴追を受け易くなるだろう[379]。このような懸念は、交渉中に他の代表団により取り上げられ、その結果、職権により捜査が開始される事例に対する検察官権限の抑制と均衡を規定する数か条が規程に追加されたのである[380]。

この結果、職権による捜査を公に開始する前に、検察官は予審裁判部の許可を得なければならない[381]。さらに安全保障理事会は、特定事件の捜査の12か月間延期を決定できる[382]。このような仕組みは、主に合衆国の懸念に応えて追加されたものだが、その国民が裁判所の管轄権の支配下に決して置かれないという完全かつ明示的な確約を得ない限り、上記の譲歩は何ひとつ合衆国にとり十分でないことが最終的に明らかになった。

外国の裁判所が外国の領域で罪を犯した個人に対して管轄権を持つという概念は、新しい概念でもなければ、ICCに固有の概念でもないことを強調することは重要である。実際、属地的管轄権、すなわちその領域内で発生した犯罪を訴追する国家の能力は、管轄権の最古の、またもっとも信頼できる基盤のひとつである[383]。明示的な同意により、属地的管轄権が初めてその座を奪われることがよくある。この理由によって、国家や国際機関が、外国領域で犯された行為に対して被告人の国籍国に

刑事裁判権を与える明示的な文言を、地位協定のような二国間あるいは多国間条約において求めることが多いのである[384]。

ICC は、この原則に関しては変則的な形を取っている。ローマ規程に参加した国家が、自国の領域で発生するジェノサイド、戦争犯罪および人道に対する罪に対する管轄権を国際裁判所に与え、同時に、このような行為に対する自国の管轄権も確認した。従って、非締約国である A 国の国民が、締約国である B 国の管轄権に属する罪を犯した場合、このような行為は、B 国及び ICC 双方の管轄権下に入ることになる。このように ICC は、外国の管轄権と同じように機能するのである。

もし合衆国が主張する条約の欠陥修正の企てに成功していたら、すなわち、非締約国の国民が締約国の領域で罪を犯した場合、国籍国の承認を受けることなく、決して ICC で裁かれることがないように欠陥が「訂正」されていたら、皮肉なことにそのこと自体が、合衆国以外の国家を ICC 規程の枠外に留まらせる誘因となるのである[385]。

法の適正手続

合衆国の反対派により提出されたもうひとつの論拠は、ローマ規程には無罪推定、黙秘権、陪審裁判の権利、弁護人自選の権利、迅速な公開裁判の権利や反対尋問といった、合衆国の権利章典が求めている水準に達する法の適正手続の保護が規定されていないことだった。このような論拠も支持することはできない。多くの合衆国の観測筋や法律の専門家は、ローマ規程の保護措置は合衆国憲法の基準を満たしているか、あるいはそれを上回ると考えている[386]。合衆国のローマ規程への加入を求める決議に関連して出版された報告書の中で、アメリカ法律家協会の解説者は次のように述べている。

> ローマ規程の法の適正手続規定は、権利章典の規定より幾分詳細かつ包括的なものになっている。それらは、合衆国が批准している『市民的及び政治的権利に関する国際規約』の第 14 条からほぼ逐語的に引用されている。さらにこれらの権利は、ヨーロッパ人権条

約により保護されている権利と実質的に同じものである。これら 2 つの第 2 次世界大戦後の文書は、合衆国の権利章典から大きな影響を受けている。**ローマ規程に含まれる法の適正手続の保護措置目録は、これまでに発布されたもっとも包括的なものであると言っても差し支えない。**（強調附加）[387]

国家主権の侵害

さらに合衆国の反対派は、ローマ規程は国家主権を侵害し、裁判所の管轄権の対象となる犯罪について、自国民を裁く政府の権利を拒否するものだと誤って主張してきた。ローマ規程が採択された後に公表された書簡の中で、ヘルムズ上院議員は次のように主張している。

> ……国際刑事裁判所は、たとえ合衆国政府が何を主張しようと、アメリカ国民がその管轄権の対象になると宣言している。ローマの代表団は、裁判所規程に一種の普遍的管轄権を取り入れた。それは、たとえ条約に署名しなくても、またたとえ合衆国がその批准を拒否しても、この裁判所に参加している国家が、米軍兵士および文民が裁判所の管轄権の対象となると主張できることを意味する。[388]

ヘンリー・A・キッシンジャー元合衆国国務長官も、ICC に対する同様の誤った特徴付けを行い、裁判所に属地的管轄権があるため、普遍的管轄権を持つことになると不満を述べたが、その際、その管轄権の微妙な差異を読み落としている[389]。このような主張は、ローマ規程の周到に準備された補完的な枠組を見落としているのであって、その枠組みは国内制度が行動する意思をもたないかその能力がないとき、初めてその機能を発揮する最後の頼みの綱となる裁判所として ICC を位置づけている。[390]。さらにこのような主張は、、絶対的な普遍的管轄権に対する抑制として規程に組み込まれている属地主義と属人主義に関する前提条件も見落としている[391]。このように、不処罰を長年許してきた管轄権の隙間を、現実的かつ実質的に縮めることはあっても、ICC は、国内制度の侵害ではなくむしろ国内制度を補完するよう意図されたものなので

ある[392]。

ICC交渉への合衆国の参加

1996 年の規程草案に関する公式の交渉が開始される前から、合衆国は独立した常設裁判所のためのプロセスを完全に挫折させることを目論んでいた。国連の裏舞台でこのような目論見を復活させようとした初期段階について説明した中で、マイケル・シャーフ教授は、このイニシアチブを消滅させるため国務省当局者としておこなった活動を詳細に述べている[393]。そのため、合衆国は、その遅々としたペースで悪評の高い国際法委員会への、この問題の付託を推し進めた[394]。しかし、旧ユーゴスラビアとそれに続くルワンダでの武力紛争の勃発が、合衆国の反対にもかかわらず、常設機関に対する要求を一段とつのらせ、独立した常設裁判所のためのプロセスを促進させるという結果を招いた。

このプロセスを通して条約への展望が開け始めるやいなや、合衆国は積極的にこのプロセスに再度参加し始めた。建設的な側面として ICC 交渉の代表団は、ローマ規程のさまざまな局面で大いに寄与した（規程における法の適正手続と刑罰規定の多様な側面を含む）。しかし、安全保障理事会の可能な限り強力な役割、また実際には、合衆国国民に裁判所の手が及ばない状態にする手続あるいは管轄権の枠組といったものを確実にするために精力的に活動した。合衆国国民を裁判所の管轄権から隔離するための合衆国の活動は、ローマ規程の採択後、またそれに続く関連文書に関する交渉の時に至るまで、執拗に続けられた。

ローマにおいて、合衆国の活動が、2 年以上にわたる作業と丸 5 週間もの外交会議での徹夜の交渉を無に帰す恐れがあった[395]。ローマ会議の終了間際に、合衆国の代表団は、規程草案に対して合衆国が提案した修正案を投票に付すよう要求した。この修正案は、非締約国の国民に対する裁判所の管轄権を制限し、政府要員と軍人に対する管轄権行使に先立ち当該非締約国の承認を必要とすることを求めたものだった[396]。この最後の動議は、世界唯一の残された超大国によって仕掛けられた王手

に対して、各国の代表団がどのような応手を打つのか、傍観者たちが見たいと待ち構えているかのような、まるでサスペンスまがいの緊張感を交渉の場に醸し出した。合衆国の修正案は表決不要動議により、即座に、圧倒的多数で否決され、会議は規程の採択作業へとその歩を進めた[397]。

この直後、合衆国は規程自体を投票に付すよう求めた[398]。会議の議長と首脳部はコンセンサス方式で規程が採択されることを望んでおり、規程に対する投票の回避を願っていた。例外を獲得するための合衆国最後の努力を難なくやり過ごした直後でもあり、より公正で独立した国際正義のシステムを支持する諸政府の連合はその勢いをさらに増し、規程は 120 か国という圧倒的多数票（棄権 21、無投票 7）で採択されたのである[399]。

ローマ会議での戦いに敗れた後も、準備委員会[400]に出席した合衆国代表団は、安全保障理事会の役割強化と、ますます得難くなっている、すべての合衆国国民の 100 ％の除外を引き続き追求した[401]。これは、「手続および証拠に関する規則」ならびにこの規則に続き交渉された、国連と ICC 間の連携協定を含む、高度に専門的かつ複雑な二部構成の提案を通してなされた[402]。結局、ローマ以後の合衆国提案の目標は、裁判所を国家間の引き渡し協定で束縛し、裁判所の管轄権下にある犯罪のかどで外国領土で発見された容疑者の引き渡しを裁判所が求める前に、国家の同意を必要とするよう確実に取り計らうことだった[403]。

ローマ会議とその後の合衆国代表団の活動は、他国の国防機関に ICC に関する合衆国の立場を支持するよう圧力を掛けるという集中的な国防総省の戦略を伴っていた。ローマでの交渉中、今では周知の応酬の中で、当時の国防長官であったウイリアム・コーエンは、合衆国の立場に対する不支持が、ヨーロッパへの合衆国の軍事援助にさまざまな悪影響を及ぼす可能性を示唆するため、ドイツの国防大臣との接触を図ったと報道されている[404]。その時のドイツ代表団は、ICC に普遍的管轄権を与えるよう主張していた。さまざまな報道によれば合衆国の国防長官は、合衆国は、ドイツが普遍的管轄権を裁判所に与える活動に成功を収めた場合、

「ヨーロッパを含む、海外駐留部隊の撤退という形で報復する」ことも あり得ると脅しを掛けたとのことである [405]。

「手続および証拠に関する規則」および「犯罪の構成要件」に関するローマ会議以後になされた交渉において、国務省は他国政府に対する公式の政策転換を開始した。マデリン・オルブライト国務長官による書簡は、コーエンほど単刀直入ではなかったが、合衆国の目的が交渉で真剣に受け止められない場合には、ICC に対して今後合衆国が反対するという脅しを再度行使した [406]。交渉の期間中、合衆国の代表団、国務省と国防総省の当局者は、現存する諸裁判所に対して合衆国が提供している膨大な財政支援と技術援助は、裁判所に対する合衆国援助の欠如が裁判所の終焉に繋がることを示唆していると繰り返し指摘した [407]。

裁判所の弱体化を図るローマ会議後の合衆国の戦略と戦術

ローマ会議での合衆国の規程の拒否、集中的な外交圧力戦術、さらに採択以降も継続した規程の変更を図る合衆国の活動にもかかわらず、クリントン大統領は、2000 年 12 月 31 日の署名期限が切れる数時間前に、ローマ規程に署名することを選択した。条約法においては、条約の署名は、批准の意図及び条約の「趣旨および目的を失わせることとなるような」行為を行わない義務を負うことを意味する [408]。退陣する大統領の最後の政治的な駆け引きは、条約の署名を許可すると同時に、合衆国の批准の見通しを大きく後退させることだった。

署名の際になされた声明の中でクリントン大統領は、「わが国の基本的な懸念が払拭されるまでは、助言と同意を求めて条約を上院に提出するつもりはない。また私の後継者に提出するよう推奨するつもりもない」と述べている [409]。基本的な懸念とは、規程の「重大な欠陥」のことであって、ひとたび国際刑事裁判所が誕生すれば、裁判所は「条約に批准した国家の全職員に対して管轄権を行使するばかりでなく、条約を批准していない国家の全職員に対する管轄権も主張する」ことを意味するというものだった [410]。署名は条約の全面的な支持を示す行為ではないが、

223

ヘルムズ上院議員はクリントン大統領の決定に対して、「国際人民裁判所の規程」に署名することは常軌を逸脱していると攻撃した[411]。

ブッシュ政権が発足したとき、規程に関する高官レベルの政策見直しが行われた。2001年9月11日事件によって決定は保留されたが、その時までに、規程に署名しないという方向での合意が大勢を占めているとの報道が流れていた[412]。2002年5月6日、ブッシュ政権は、合衆国が条約を批准する意図のないこと、従って「2000年12月31日の署名に起因するいかなる法的義務も負わない」[413]ことを公式に述べた書簡をコフィ・アナン国連事務総長へ送付した時、まさに予想が的中したのである。条約作成を規律する法によれば、合衆国が署名により拘束されない意図を表明したからには、条約の目的と意図にそぐわない行動を差し控えることをもはや求められることはない[414]。ブッシュ大統領による条約の公式な放棄は、この裁判所の弱体化を図るさまざまな施策への道を事実上切り開いたことになる。

地位協定の諸条項、第98条協定と平和維持活動

ローマ規程が採択された直後から、合衆国は国際刑事裁判所の管轄権から軍人を保護するための手段を追及し始めた。合衆国は、SOFAsとして知られている地位協定(他国における合衆国軍人の駐留について規定する)の交渉において、ICCへの合衆国職員の引き渡しを禁止する規定を導入した[415][41]。韓国は、ICCへ合衆国国民を引き渡さない約束を含む地位協定を締結している国家群のひとつである[416]。

既存あるいは再交渉済みの地位協定が存在しない所では、合衆国は、特にICCへの引き渡し問題のみを扱う特別協定の締結を求めている[417]。これらの協定は、「第98条」協定として言及されることが多い。ローマ規程第98条は、容疑者の国籍国との間で、ICCへの引き渡しを拒否する協定をすでに締結している国家の領域内で容疑者が発見された場合、容疑者へ接近する裁判所の権限が制限されることも起こり得ると定めている[418]。これに批判的な人々は、合衆国の協定は第98条の条件とは一致しておらず、従って締約国にローマ規程違反を強いることになると抗

議している [419]。

　さらに合衆国は、さまざまな平和維持活動の更新を許可する国連安全保障理事会決議でも類似の条項を要求し始めた。2002 年 5 月、合衆国は東チモールでの平和維持任務を更新する安全保障理事会決議に、平和維持任務要員をいかなる国家または国際裁判所の管轄権からも保護するという文言を含めるよう求めた [420]。合衆国の提案は、その時点では国連安全保障理事会で拒否された [421]。しかし合衆国はこの戦略を再開し、ボスニア平和維持活動の更新が安全保障理事会の議事日程として浮上してきたとき、その活動を倍加させた。この時には合衆国は、ICC 非締約国の平和維持活動要員についての除外が拒否された場合、任務を完全に拒否すると脅しをかけた。無条件の除外をもとめる合衆国の提案は、安全保障理事会により拒否された。これに応えて、任務期限が切れる予定日であり、またローマ規程の発効の前夜でもあった 2002 年 6 月 30 日、合衆国はボスニアでの任務の更新を拒否する手段に訴えたのである [422]。

　安全保障理事会は、協議の継続を図るためボスニアでの任務の緊急延長を許可した。ボスニアでの任務を質に ICC からの除外の獲得を図る合衆国の行為は、平和維持と司法とを天秤に掛ける皮肉な戦略だと憤慨する最友好同盟国からも猛烈な反対を受けた。批判的な人々は、ある国家が安全保障理事会を利用してその国民の特別待遇を手に入れることができるのであれば、このような行為は、世界最初の常設刑事裁判所の正統性を傷つけることになると反論した [423]。しかし集中的な協議および全世界中の政府に対する合衆国の猛烈な圧力によって、ICC 非締約国の平和維持要員の除外問題だけを扱う、結果的に賛否両論の的となった個別的な安全保障理事会決議がなされた [424]。安全保障理事会決議第 1422 の当該文言は、次のように述べている。

　　国連憲章第 7 章の下で行動し、
　　（安全保障理事会は）国連主導あるいは国連が権限を付与した任務に関する作為または不作為において、ローマ規程非締約国である参加国の現在または過去の政府職員あるいは軍人に関わる事件が発生

した場合、ローマ規程第 16 条に従い、安全保障理事会が別の決定をしない限り、また 12 か月ごとの延長要請を必要と考え更新する意図を表明しない限り、2002 年 7 月 1 日から 12 か月間、このような事件の捜査または訴追を開始したり、あるいは進めたりしないよう要求する。[425]

この決議がローマ規程第16条と関連していることは明らかである[426]。ローマ規程第 16 条は、国際の平和と安全の維持または回復における安全保障理事会の独自の役割を保護している。この条項の意図は、安全保障理事会が、ICC による行為が、不安定な治安情勢下での安全保障理事会の活動を危うくすると考えられる場合、ケース・バイ・ケースの原則に基き、特定の事件に関する国際刑事裁判所の捜査および訴追を 12 か月（更新可能）延長可能にすることである[427]。

しかし安全保障理事会は、非締約国の平和維持要員に関わる、翌年に発生するかもしれないすべての事件を網羅する極めて包括的な決議を採択することにより、この狭義の延長規定の枠組を踏み越えてしまった[428]。この決議文の規定によれば、国連平和維持活動に従事する非締約国の「職員および軍人」のみならず、たとえ 1 年間であっても、ボスニアにおける NATO 軍、アフガニスタンにおける任務といった、国連により是認あるいは権限を付与された作戦行動に参加する軍人と政府職員も免除されることになる。さらにこの決議は、1991 年の湾岸戦争のような国連が権限を付与した戦争に従事した政策立案者と軍人を保護している点から考えても、平和維持活動を逸脱していると主張することもできる。国際刑事裁判所の支持派は、安全保障理事会の行為を、国連憲章に違反する、またローマ規程に反する行為と非難し、決議が翌年更新されないことを確実にするよう各国政府に迫った[429]。

議 会

2002 年 8 月 2 日、ブッシュ大統領は、米国軍人保護法（ASPA）に署名し、法として制定した[430]。この反 ICC 立法は、ジェシー・ヘルムズ上院議員に強く勧められて 2000 年から始められたさまざまな口実で根

強く生き続けていたのである。この立法は、次のように規定している。(1)合衆国のすべての州機関または連邦機関が、今後 ICC と協力することを禁止する　(2)ローマ規程の締約国であるほとんどの国家に対する軍事援助を禁止する　(3)　批准した国家に対する法執行の移送または国家安全保障情報の移転を制限する　(4)　合衆国職員の国際刑事裁判所からの除外が保証されない限り、国連平和維持活動への合衆国の参加を禁止する　(5)　ICC または ICC の代行者によって拘束された個人を釈放するための「あらゆる必要かつ適切な手段」を行使する権限を大統領に与える[431]。同時にこの立法には、国家利益に基き利用可能な広範な大統領のための例外規定も含まれている。

「必要かつ適切なあらゆる手段」という言葉は通常、武力行使の意味も含むものと理解されている。この立法のこの言葉を理由に、同法の反対派は ASPA を「ハーグ侵略法」と呼んだ（裁判所は公式にはハーグに所在しており、そのためオランダが主要な攻撃目標となるからである）。もっとも、ICC に代って合衆国国民を拘束するすべての国家が、この規定によれば攻撃を受けることになりかねない。1 年前にこの立法が浮上してきたとき、政府の中にはこの法に対する怒りを露わにし、反テロ同盟の構築を図るブッシュ政権の努力から考えると、単独主導主義的でありまた逆効果になるものだとみなしていた[432]。2001 年 10 月 30 日のコリン・パウエル国務長官宛ての書簡の中で、ドイツのジョシュカ・フィッシャー外務大臣は、「ASPA を採択することは、合衆国と欧州連合との間に重要な問題に関する亀裂を生じさせかねない」と警告した。さらに同外務大臣は、「テロに対する国際努力の観点から、合衆国と欧州連合が、この分野においても、一致協力して行動することが特に重要だ」と勧告した[433]。同日、ベルギーのルイ・ミシェル外務大臣は欧州連合を代表して、国務長官とトム・ダシュル上院議員に、ドイツにより表明された懸念を繰り返す書簡を送付した[434]。

さらに合衆国上院は、2001 年 12 月に承認した 2 つの反テロ関連条約（爆弾テロ防止条約とテロ資金供与防止条約）に関しては、この路線を追求していた[435]。両条約を採択する際に上院は、合衆国により引き渡され

た何人をも国際刑事裁判所へ引き渡すこと、または引き渡しに同意することを禁止する留保条件を含めたのである。

結論

ローマ規程は、第2次世界大戦以後の国際裁判の主題となってきた種類の国際犯罪、言い換えれば世界最悪の犯罪に主眼を置き、容疑者の国籍国がもつ武力、経済力あるいは政治的影響力から比較的独立した形で、また法の下での平等を実現する形で、このような犯罪に専念するよう意図されたものだった。最近の動きが明らかに示しているように、市民社会とローマ規程の締約国は、この歴史的な機関の独立性と中立性が内外から揺るがされないことを確実にするために、力の限り国際刑事裁判所を守る必要がある。

ICC拒否の根拠は、合衆国により臆面もなく適用された、驚くほど明確なダブル・スタンダード（二重の基準）を使っている。結局のところ合衆国の反対は、次のひとつの問題に帰着する。つまり、合衆国国民が世界の他の国民と共に、国際刑事裁判所の管轄権下に置かれる恐れがある。他国の場合には、このような措置は完全に容認可能な、また時には道徳上避けられない状態であると合衆国は考えてきたが、歴代の合衆国政府は、それが自国の国民にも適用され得るという考えを、まったく受け入れ難いものであるとみなしてきた。1973年のチリにおける軍事クーデターあるいは1970年代のラテンアメリカの左翼に狙いを定めた計画といったさまざまな事件について、そこでの役割または認識に関して、ヘンリー・キッシンジャー元国務長官を尋問に付すためのアルゼンチン、チリおよびフランスの政府当局者による最近の活動[42]があるが、それはただ、世界が包囲網を狭めているという合衆国政府の感触を一段とつのらせる結果を招いた[436]。

ICCに対する合衆国の姿勢は、9月11日事件の発生、ならびに合衆国憲法に違反すると広くみなされている行政命令と反テロ法令という急

激な事態の展開をきっかけに、さらに支離滅裂な様相を呈しており、また特に ICC における法の適正手続の欠陥に対する合衆国の申立てと、政治的な動機付けを持つ訴追に対する恐れに関して、二重の基準をとっているように思われる[437]。ICC には、ローマ規程発効以前に発生した行為に対する管轄権はないが、世界中の多くの政府当局者と観測筋は、9月 11 日事件にしめされた規模の残虐非道行為のため使われる適切な裁判所として、またある場合にはこのような行為の実行者を国際舞台で公正な裁判にかける最適の裁判所として、国際刑事裁判所の名を挙げている[438]。それにもかかわらず現在の合衆国政府と議会の有力者たちは、法の適正手続の基本的な保護もない軍法委員会で、テロの容疑者を裁くことを歓迎すると同時に、国際刑事裁判所への反対姿勢をさらにつのらせている[439]。

現状では ICC に対する一連の合衆国の立法と政策により、合衆国は世界の圧倒的多数の国家と対立する立場に追い込まれている。最近の合衆国の公式な署名拒否は、公正かつ効果的な国際正義システム構築に向けた活動を妨げる一連の戦術をとる道を事実上切り開いたことになる。合衆国国民を裁判所の管轄権の及ばない状態にすることに加えて、締約国が裁判所と協力することをできる限り難しくすることが、合衆国政策の最近の方針である。反 ICC の米国軍人保護法の制定からも判断できるように、合衆国は、特に他の分野での合衆国の援助を必要とする発展途上国の ICC との協力を難しくすることに、躍起になっているありさまである[440]。

しかし、発効のために必要な批准を獲得したからには、その行く手には幾多の障害が待ち受けていようとも、国際刑事裁判所は今や実際に存在している。「唯一の残された超大国」からの強烈な圧力でさえ、国際正義のシステム実現への歩みを阻止できなかったことは、世界的な問題における法の支配という概念の発展という点からすると極めて大きな意味を持つ。その達成は、世界各地における公正かつ効果的な刑事裁判所への参加意欲を測る試金石となり、また実際に、このような機関に対する差し迫った必要性を認識することにもなる。

第10章　条約と国際安全保障

はじめに

　第2次世界大戦以降の国際法の発展は、緊密に統合された経済を持つ国際社会にその身を置く国家と個人の要求に応えた結果である。このような国際社会においては、温室効果ガスの集積、核実験、偶発的な核戦争の危険、あるいは過去100年にわたり行われてきた、そして現在も続いている文民の大量虐殺のどれについても、国家、非国家行動主体、および個人の行動の影響を、一国内に止めておくことは不可能である。多国間協定は加速度的に、この種のきわめて重大な問題に対処するため国家により採用される、主要な手段となりつつある。合衆国がこのような取り組みを拒否する現在の道を歩み続けたならば、法の支配どころか力の支配（合衆国が主要な力の行使者となる）に基く恐しい国際秩序が生まれ、また共通の国際問題に効果的に対処することがますます困難となる国際制度を招くことになるだろう。

　現存する条約制度は、完璧とは言い難い存在である。紛争の平和的解決、人権保護、核軍縮、地球環境保護など実に多様な目標全般にわたって、国際法体制、特に条約体制には改善する余地は有り余るほど見受けられる。しかし、本書で詳細に検討された合衆国の行動と政策は、体制の改善とは逆の方向へ世界を導こうとしている。合衆国は、天秤をさらに軍事力行使の方向に傾け、正当な理由に基く場合ですら、弱者が救済を得る能力を低下させている。

安全保障構築における多国間条約の役割

多国間条約が国際問題に対処するための唯一の手段でないことは確かである。代替手段としては、一方的措置、地域的または少数国家間の協定、あるいはケース・バイ・ケースの原則で進められる非公式な政治的過程が挙げられる。しかし国際条約は、ある種の問題に対処する際にいくつかの長所を備えている。

まず国際条約は、禁止あるいは実施要求あるいは政策などにより、普遍的に適用可能な一連の期待を明確かつ公的に具体化する。言い換えれば国際条約は、たとえばジェノサイド、侵略戦争あるいは大量破壊兵器に対する重要な国際規範を明確に表現する。国際条約は、戦争犯罪人の訴追を可能にし、また人権促進に寄与する。たとえばモントリオール議定書は、地球上の生命体が依存しているオゾン層の保護のための中心的な役割を果たしている条約である。

また条約および条約が確立する体制は、「共通の課題に対処する集団的行動のための枠組」である[441]。それらは、予見と説明責任の手段を提供し、また学習を促進する。条約は、「目標および重要な国際目標達成のための手法に関する合意の開発に寄与し……重要な基準点、国家行為、国内法の指針となる基準、条約の主題に関する協議と交渉のための焦点を提供する」[442]。特定の問題に関する進展は、条約に組み込まれた規範と目的に照らしてやがて評価可能となる。ジャヤンタ・ダナパラ軍縮担当国連事務次長が説明しているように、条約再検討過程は「それぞれの体制の運用に関する率直な意見の表明、また基礎をなす規範の健全性を評価するための手段を提供する」[443]。

また条約は、さらなる進歩のための基盤を提供する。国家は、相互または集団的利益に関する特定の政策を遂行するため構築された体制に参加することにより、専門的な知識と自信を積み重ねることができる。この経験と自信は、政策のさらなる発展・推進に寄与する。信頼あるいは信頼醸成といった概念は、当然ながら掴み所のない、また定義し難いも

のだが、条約体制の発展においては必要不可欠な要素である。このような体制を確立し、発展させるためには、欠けていた信頼の醸成あるいは強化を国家が求めることになるので、ある程度の危険を覚悟することが求められる。条約の交渉過程で行われる事前協議や入念な合意がなければ、このような危険を冒す確率はそれほど高くはならないはずである。

条約の遵守と創設

　政府は、いかなる個人あるいは団体によっても他人の権利が蹂躙されないよう抑止するための手段となるよう、またこのような逸脱が起きた場合にはその是正が保証されるよう、諸個人の間に設立されたものである。その見返りに民主主義においては、人々は隣人に害を与える恐れのある場合、一定の行動の自由を快く放棄する。さらに人々は、裁判所が紛争を解決するための最後の拠り所であることも認める。行動の自由と抑制との均衡は、共通の安全を強化するために正確に比較検討される。このような取り決めにおいては、それがどのような取り決めであれ、行動の自由と抑制の間に必ず緊張関係が発生する。どのような取り決めも、共同体の構成員の間に逸脱行為が起こらないようにすることを保証できない。実際、法の支配は、このような逸脱行為を予測して、もっとも重大な逸脱行為でさえ衆愚政治や自警団による暴力行為、あるいは無秩序状態を誘発しないよう防止する機能を果たす。

　国際協力や安全保障の原則も、これとおおむね同じだが、諸個人ではなく諸国家が契約当事者であることにより、さまざまな現実的な問題が起きてくるという違いがある。カナダのビル・グレアム外務大臣は、次のように述べている。

> 我々の社会は法の支配に基いており、たとえ規則の普遍的な受け入れや効果的な執行手段の確立がいかに困難であろうと、我々が求める持続可能な、共有する世界の未来も、同じ原則に基くものでなければならない。身近な例が、問題の核心を例証してくれるだろう。

我々は、誰かが法を無視することを知っているからといって、国内法を廃止することはないし、また自宅所有者が、より頑丈な錠前が法の代わりを立派に果たせると考えることもないのである。[444]

しかし、条約締約国間に著しい不信感が存在している場合、国際協力は阻害されることになる。何を差し置いても合衆国の軍事力に依存することを主張するジョン・カイル上院議員は、「合衆国にとり最も功を奏する現実的な戦略政策は、邪な行為者の善意に頼らず、むしろわが国自身が制御可能なもの、すなわちわが国自身の防衛力に頼ることである」と述べている[445]。このような主張は、大半の国家がその安全保障条約上の義務の常習的な違反者である場合、考えてみる価値があるかもしれない。しかし、「ほとんどの場合、大半の国家は国際法を遵守するものだという格言が、20世紀のどの時点においても今日ほどまともに通用したことはなかった」ことが認められてきた[446]。国内法の場合と同様に違反は存在するが、それらは例外であって常習ではない。どのような法体制においても法の違反者は必ず出てくる。グレアム外務大臣が前にも述べていたように、ある行為者が遵守しないからといって、法体制が放棄されることはない。この研究で検討された条約に関する記録は遵守が常態であり、違反は稀であるという見解を支持している。たとえばNPT締約国の中で遵守拒否は、核兵器国を除き、北朝鮮とイラクを含むわずか数か国に止まっているように思われる。

さらに反対派は、条約が真の意味の法的義務を課すとは信じていないため、国際条約義務に反旗を翻している。ジョン・ボルトン軍縮・国際安全保障担当国務次官が、このような見解の擁護者であることに注目すべきである[447]。ボルトンによれば、条約が国家間の関係を支配している範囲内においては、国内法体制における裁判所と警察に匹敵する組織化された執行枠組を欠いているため、それらが法的義務を伴うことはない。ボルトンは次のように記している。

> （合衆国最高裁判所によれば）条約は、主として独立国家間の協定である。条約は、その規定の執行を、条約締約国政府の利害関係

および遵守に依存している。これらが機能しなかった場合、その違反行為は、損害を受けた国家が救済を求めることを選択すれば、国際交渉や取り戻し措置の主題となるが、最終的には実際の戦争により強制される可能性もある。[448]

さらに、ボルトンは次のようにも述べている。

> これは、機能している国内法ではない。従って、条約が国際的な「法的」拘束力を持つと考えるいかなる理由も存在しないし、ましてやそれ自体を「法」とみなす理由も皆無である。[449]

従って条約遵守は、単に政策選択の問題に過ぎない。

> 条約の規定を遵守する正当かつ十分な理由があり、ほとんどの場合、条約が提供する利益の互恵性の故に、遵守されるものと期待されるかもしれないが、それは合衆国が遵守するよう『法的に』義務づけられているからではない。[450]

この理論は間違っている。その理由は、法的義務は遵守されるべきであるという法的義務特有の規範的な期待を正しく理解しておらず、また国際分野における遵守の誘因および執行能力を過小評価しているからである（後述）。このような理論は、国際協力と規範遵守に対する危険かつ現実的な影響を及ぼす。条約締約国は、条約が合衆国の利害に基き無効になる単なる政治的約束に過ぎないことを予期して条約を締結するわけではない。もしそうだとしたら、そもそも条約を締結する動機などどこにもない。たとえば合衆国が、ヨーロッパの数か国との租税条約上の規定を無効にする税法の変更を実施したとき、ヨーロッパの条約締約国は異議を申し立てた。「一方の締約国の単独行動による条約違反は、関係2国間に存在する信頼基盤を揺るがせ、国際協定が意図する確実性と安全保障を蝕み、また最終的には、条約が締約国の一方により勝手に変更されるのであれば、国際条約はそもそも何の目的のためにあるのかという疑問を招くことになる」[451]。

合衆国のような影響力を持つ強い国家が、その法的義務を便宜上の問

題あるいは国家利益のみに関わる問題として扱っていると考えられた場合、他の国家もこの姿勢を、その法的義務を緩めたり、あるいは撤回したりするための正当な理由であると判断することになる。合衆国が他の国家にその条約義務に従って行動するよう求めた際、その国家が合衆国の例に倣い、遵守を完全に放棄していることが判明するといった事態にもなりかねない。化学兵器禁止条約（CWC）が、その格好な例となる。合衆国は CWC の規定により義務づけられているある種の査察を受け入れない規則を実施した。インドも同様の例外規定を採択し、ロシアと韓国も合衆国に倣い、自国の査察に同様の規制を適用した[452]。

　国際条約体制を骨抜きにすることは、平和と安全保障の分野で特に重大な結果を招く恐れがある。合衆国は、唯一の経済的かつ軍事的超大国としての史上稀な地位を占めてはいるが、一方的な政策決定と行動によっては、その国民の安全を十分に保護することはできない。たとえば 9 月 11 日事件以降、大量破壊兵器の拡散防止が益々その重要性を増している。成功裏に拡散を回避するためには、まず国際協力が必要となる。ウイリアム・ペリー元国防長官は次のように述べている。

> 兵器の拡散を阻止するために合衆国が取るいかなる行動も、たとえばもしロシアがその核技術、核兵器あるいは核分裂性物質を売ることを決定すれば、容易に無に帰すことになる……ロシアの指導者も拡散と戦うことが自国の利益になることを承知している……拡散を防止するためにどのような協力が必要かは、NPT、START および BWC のようなすでに発効済の条約、CTBT、Start II、および Start III のようなまだ実施されていない条約、二国間および多国間協定……ロシアほかの旧ソ連諸国とのナン・ルーガー計画[43]のような核の危険性を低減し、冷戦時代の核兵器備蓄を管理するための共同計画によって明らかに示されている[453]

　国家が、部分的であれ全体的であれ、どの条約を受け入れどの条約を拒否するかを勝手に選択できるという発想は、「国際協定の特質である連動性と既存の法的義務および政治的な約束を遵守する必要性との両方

を」見落としている [454]。多くの安全保障条約は相互依存関係にある。たとえば核兵器分野の場合、核不拡散条約体制の将来は、現在主に合衆国の批准拒否が原因で危ぶまれている包括的核実験禁止条約の発効にかかっている [455]。拡散防止体制が崩壊し、さらに多くの国家が核兵器を求めた場合、合衆国は軍事的に対応することがきわめて困難な事態に直面することになるだろう。現在、核兵器用核分裂性物質の数量、所在地および状態については不明確な点が多く、従って非国家行動主体のみならず、核兵器保有の有無が不明な国家の核爆発装置入手の可能性についても同じことが当てはまる。その結果、合衆国が核兵器を取得していると疑われる国家に対して、一方的に軍事的な拡散対抗措置を講ずると脅した場合、その国家に対する核攻撃の危険性が低減するどころか、かえってその危険性が増大することにもなりかねない。

放射性物質の問題は、既存の協定の遵守に加えて、新しい安全保障協定の作成が急務であることを明らかに示している。現状から判断して、核兵器国内にある核分裂性物質も対象とした核兵器用核分裂性物質に関する包括的な国際協定は存在していない。このような協定は、これらの核分裂性物質に対する責任の所在をより明確にし、またそれらの安全を保護するためにも必要である。しかしこの問題に関する交渉は、共通の安全保障問題が悪化の一途を辿っているにもかかわらず、他国の既得権を抑える一方で自国の既得権を保持、あるいはその強化さえも図るというお決まりの路線を辿り、行き詰まりの状態に陥っている。さらに核兵器の生産には使用できないが、放射性をもつ「汚い」爆弾の生産のために使用可能な放射性物質を管理する国際取り決めを創設することが必要不可欠である。この分野での国家管理は、核兵器用物質の場合と比較してもいっそう不十分な点が目立つ [456]。

別の例を挙げると、貨物船に隠匿されている核爆弾を探知する最上の方法は、船積み国、船員の国籍国、船籍登録国および目的地国との間の協力関係を築くことである。ひとたび爆弾を積み込んだ船舶が入港してからでは手遅れとなる恐れがあるため、船荷の陸揚地側の管理だけではきわめて不十分だからである。

あらゆる段階でのさらに大規模な国際協力が、深刻な気候変動とその潜在的な安全保障への影響を回避するために必要である。温室効果ガス排出量の削減は、たとえある程度の経済的な犠牲を伴うことがあっても、世界の富裕国が先導しなければ達成することは不可能である。合衆国がこの排出量の約4分の1を占めている。合衆国の国民も世界の生態系と気候システムを共有していることを考えれば、犠牲を伴う共通の規則の遵守を合衆国が拒否することにより、結局その国民が被害を蒙ることになる。さらに、生物兵器に関する現行の禁止を強化するための遵守枠組に関する合意が必要である。この必要性は、合衆国における炭疽菌攻撃により浮き彫りにされている。

執 行

条約執行の問題は、すべての国家にとり当然の関心事だが、それが遵守拒否の正当な理由になることは決してない。無欠の執行体制など有り得ない。実際、合衆国のような定着した民主政体においてすら、国内法の執行に関する問題は広く論議の対象となり、また継続的な関心事ともなっている。条約にも、確かに執行の仕組みは組み込まれているが、これらの仕組みは強化することが必要である。ところが強化されるどころか、列強、特に合衆国によりその基盤を骨抜きにされている。

一般的に認められているように、法の支配は、大多数による自発的な遵守に依存する。法を執行する機関を含む司法機関は、道徳的、政治的および司法的な執行の諸条件のすべてが一役を担っており、一般的に期待される自発的な遵守を補完する機能を果たしている。さらに司法制度における執行は、政府の調査能力にも依存する。調査能力がなければ、信頼できる形で犯罪者に法の裁きを受けさせることができないし、また善意の当事者が誤った訴追を受ける危険を冒すことにもなる。

国際分野においても同じように、執行には、何をさておいても、いつ違反が発生したのかを決定するための仕掛けが必要である。次に、一定

の根拠に基く告発とするための検証と透明化に関する協定が必要となる。さらにこのような協定は、平生における遵守の誘因ともなる。プライバシーに対する懸念と遵守の確立との均衡を保つ必要のある国内法執行の場合と同様に、国家が機密にしておきたい情報の保護と透明化、検証の必要性との間に、緊張関係が存在する。

　これらの条件が満たされて初めて違反に対する法の執行が可能になる。しかし、本書が検討してきた BWC、CWC、CTBT などいくつかの条約に対する合衆国の姿勢の一般的な特徴のひとつは、透明化および検証協定からの自国の免除を図ることであり、同時に、他国に対してより高い透明性を求めることだった。もし合衆国が、すべての潜在的な違反が探知できるように、他国の遵守に関するほぼ完全な情報を要求し、一方では、あまりにも頻繁に自国の査察を遮る要求に走ったとしたら、それは誠意の欠如を余すところなく示す行為となる。合衆国は、これらの条約は不正行為者を十分に探知できないと頻繁に主張しているが、一方で執行能力を改善するための仕組みそのものを骨抜きあるいは拒否しておきながら、完全な執行能力を欠くという理由で条約を拒否することは、首尾一貫性に欠ける。しかし合衆国は、核実験禁止および生物兵器禁止条約という2つの重要な分野において、条約違反の検証を改善する体制の設立に抵抗する際、まさにこのような路線を取ったのである。

　大半の条約には、執行の基盤となる検証要件が組み込まれている。多くの条約は明示的な条約上の制裁規定を欠いているが、次のような執行手段も考えられる。それが IAEA と化学兵器禁止機関のような条約に基く機関、人権団体、集団的に行動する条約締約国あるいは国連総会のいずれかであれ、国家は、一般的に理解されているようもはるかに強く、その行動に対する公の国際批判の回避に心を砕くものである。条約体制に基く特権の撤回、武器および商品の輸出入禁止、渡航禁止、国際的資金援助または借款の削減、あるいは国家または指導者個人の資産の凍結を含む一連の制裁措置も利用可能である。個々の国家、国家集団、集団的に行動する条約締約国あるいは国連安全保障理事会が、制裁措置を適用することが可能である。

条約体制の遵守を強化するために制度的な仕組みを利用することも可能であり、合衆国はその設立において中心的な役割を果たしてきた。もっとも広い活動領域を持つ機構が、国連安全保障理事会と国際司法裁判所である。合衆国と他の4か国は前者で拒否権を保持している。後者は法の前での平等が大いに期待できる裁判所ではあるが、裁判所の管轄権に国家が従うか否かにその機能は左右される。

　規範あるいは条約の違反に関して行動する際、合衆国は、時として拒否権を保有する安全保障理事会の場を選択することがあった。合衆国の国連加盟が、従来からこの拒否権を条件にしてきたことが、拒否権がますます恣意的に適用される原因ともなっている、ある意味での法の前での不平等の制度化に繋がるという事態を招いている。この結果、たとえさまざまな欠陥を抱えていても、潜在的な戦争および武力紛争を抑えるよう意図されている、国際法や国際体制に対する尊敬の念が必然的に損なわれることになる。それでも安全保障理事会には、少なくとも内部の抑制と均衡とが機能している。最近では、旧ユーゴスラビアでのNATOの作戦行動のように、合衆国とその同盟国が安全保障理事会を通さずに武力を行使する傾向が見られる。その結果、国際法の執行機関としての安全保障理事会の機能が弱体化し、強国、特に合衆国の便宜をはかるための機関と化す傾向がいっそう強まっている。大量破壊兵器に関する執行活動が、厳しい制裁措置あるいは武力行使の開始または終了に関わる場合には、その決定は安全保障理事会により下されるべきであり、またこのような場合、常任理事国は拒否権を放棄すべきである。このような問題、あるいは他の問題における安全保障理事会の正当性も、世界の国家と人民をより適切に代表する安全保障理事会に向けての改革が実現すれば、大いに強化されることになるだろう。一般的には、カナダのグレアム外務大臣が次のように述べているようにである。

　　しかしたとえ大量破壊兵器の拡散を阻止し、その廃絶を確実にするために強制的な措置が必要とされることがあっても（そのような場合はきわめて稀であるが）、このような強制措置は、規則に基く多

国間システムに明確にその基盤を置くことが求められる。さもなければ、今日の目的には適っているが、歴史が示しているように、将来の頼みの綱にはなり得ない解決手段、すなわち、ただ単に力によって支配される世界に自らを追いやることになりかねない。[457]

国際司法裁判所（ICJ）の場合、合衆国は 1980 年代半ばにその権威を失墜させる強烈な措置に打って出た。1984 年、違法行為であると広く非難されてきたニカラグアの港湾の機雷敷設に関する件で、ニカラグアは、臆することなく ICJ に合衆国を提訴した[458]。ICJ がこの事件に対する管轄権を有するとの判断を下した後、合衆国はまず訴訟手続をボイコットし、次に裁判所の一般的管轄権から離脱したのである。ICJ は合衆国敗訴の判決を下し、ニカラグアへの賠償金の支払いを命じたが、合衆国はその支払いを拒否した[459]。

最後に、合衆国は執行のための新しい制度の出現を妨げてきた。合衆国は、その職員が国際刑事裁判所（ICC）に告訴される可能性を極度に抑えるための、ICC 訴訟手続きの変更を図るという明確な意図を持ち、国際刑事裁判所規程に署名した。すべての法廷闘争の場合と同様に、富裕で強い国家が、裁判所および世論の形成において常に自国の主張の正しさを証明するためのより強力な手段を意のままに行使できることは否定できないが、ICJ と ICC は、少なくとも強国と弱国とが平等の原則に基き出廷できる訴訟手続きを確立する機会が与えられる裁判所なのである。

要約すれば、条約の既存の検証と執行の仕組みの強化を図るどころか、合衆国は、それらを骨抜きにし、また主に合衆国自身により決定されるその場限りの流儀で行動できる余地をより拡大する路線を選ぶことによって、これらの検証と執行の仕組みの役割を効果的に弱めてきた。この研究で検討された条約に関する合衆国の記録を見る限り、国際安全保障の将来に関する、従って世界中の何十億もの人々の安全保障の将来に関する、厳しく、憂慮すべき問題に直面せざるを得ないのである。

マニフェスト・ディスティニーの反響

　合衆国政策の傾向が合衆国による国際体制の支配に傾いているという結論を否定することは困難である。健全な法体制においては、規則はすべての者に平等に適用される。政治の体制においては、軍事力と経済力とを兼ね備えた国家には、自国の防衛のみならず、その権利を強く主張するためにも、規則を適用する必要はない。「世界の最強かつ最富裕国家として、合衆国はその主権を保護できる立場にある」[460] という主張は、合衆国が国際体制からの離脱による影響を受けないという前提に基いている。いわく、「それどころか、われわれは、十分な根拠に基き、つぎのように予測することも可能である、すなわち、アメリカ市場への参入を熱望し、また合衆国と協力的な措置を切望する諸国家は、多くの場合、アメリカの選好に追従するだろうと。」[461]。

　安全保障の分野では、安全保障を求める際に、合衆国の軍事力と軍事的手段に最優先の順位を与えるべきだと、この一派は考えている。同盟関係が 2 番目、そしてはるか後方の 3 番目に、やっと条約が登場する。たとえば、**CTBT** と **ABM** 制限条約の反対派であり、国際協定依存に対する厳しい批判者でもあるカイル上院議員は、次のように述べている。

　　　尊敬に値する国家は、正当な行為を遂行するために、条約による
　　　規制を必要としない。ならず者国家は、その国益に適うと判断すれ
　　　ば、法的必要条件を無視するものだ。わが国は、この過酷な現実を
　　　等閑視することで、自らを危機的状況に追い込んでいる。（中略）

　　　繰り返し申し上げるが、21 世紀の効果的な安全保障政策を確立
　　　する際に、わが国は、あらゆる戦略の構成要素が合衆国の強力な軍
　　　事能力という基盤に基くものでなければならないという主張を、再
　　　度確立する必要がある。わが国は条約の破綻、外交及び経済制裁の
　　　破綻、脅威を正確に予測する情報機関の破綻、ならびに抑止の破綻
　　　に備えねばならない。[462]

その見解がこの一派の考え方を端的に表しているカイル上院議員は、条約への依存を退け、また未来永劫、叶えられることはないと考えている。

　　強制できない、あるいは強制されない条約は、むしろないほうがましである。それは条約が、単に文書に署名することにより何か重要なことを達成したと国家に信じ込ませ、専制政治に対する防衛を緩めさせるからである。国際社会が条約への依存を保証できると実証できるまでは、合衆国上院は、共通の脅威に対応するため、不拡散諸協定の執行における協力関係を含め、合衆国の軍事力および同盟国との関係強化を選ぶものと私は確信している。[463]

　このような主張は、条約が、すべての締約国が何かを失う代わりに何かを得ることになる、対等の国家間の手段であるという概念を否定するものである。「尊敬に値する国家は、正当な行為を遂行するために条約を必要としない」という主張は、どのように正当な行為を定義すべきか、あるいはどのように「尊敬に値する国家」グループの一員となるための基準と方法を定義し、判断すべきかという問題を伴う。このような主張は、常に道徳的であり、それにふさわしい行動をする国家という範疇を新たに作り出すことになる。さらに、通常は「尊敬に値する国家」が、明らかに不名誉な行為に走った場合、いかに対処すべきかについてはいっさい明らかにされていない。またこのような主張は、正当な行為は同じ土俵上でなければ、すなわちすべての国家が同じ規則に従うのでなければ、時にはその遂行がきわめて困難になるという点を見逃している。ある国家が核兵器の保有を主張した場合、自国を「尊敬に値する国家」と考えるすべての国家が、同じ権利を行使することは当然許されるはずである。ある富裕な国家が、増加の一途を辿る気候変動に関する証拠およびその条約義務があるにもかかわらず、政策を変更しないほうが安上がりだという理由で、その温室効果ガスの排出量を増やし続けたとしたら、他の諸国による世界の気候システム保護の試みは、それだけ余分な費用を必要とし、また同時に成功の機会も大幅に小さくなる。

このような主張は、合衆国はたとえ時には道徳あるいは法の道を踏み外すことはあっても、ある意味で本来的に道義をわきまえた国なので、合衆国が正しいことを世界は受け入れるべきだと基本的には断言している。このような立場が世界の諸国により受け入れられない場合、合衆国は離脱するか、あるいは合衆国政府単独の決定に基く武力行使に踏み切る覚悟を固めているのである。従って、このような主張は、ある特定の国家に法に優る地位を与えることになり、19世紀のマニフェスト・ディスティニー[44]という概念を連想させる。その当時、この概念の一般的な見解のひとつは、「神が合衆国に『世界を文明化』するよう命じた」というものだった。武力はこの命令に従う際の強力な手段となる。最終的には「アメリカは世界の無知、圧制および罪悪に対する神の戦いにおいて」、その命じられた目的を、「神の右腕として」実現することであった[464]。

　この合衆国の例外主義は、法の支配が国際問題においても可能だという概念そのものと矛盾する。武力行使の権限まで付けて、他の国家に優る地位を特定の国家に与えることは、独裁政治と無秩序に繋がる要因となる。合衆国が、その道義性を主張することにより軍事行動に訴える権利が与えられるのであれば、いかなる他の国家も、同様の権利を主張できることなる。今日、核兵器を保有する国家は8か国である。小規模の団体ですら膨大な数の人々と将来の世代に被害を与える能力を保有することが可能である。法の支配でなく、むしろ力の支配が規範となれば、特に世界の現在の不平等と不公平な状態から判断すれば、安全保障が犠牲となる可能性が高い。

結　論

　国際安全保障は、地方的、国家的、地域的、さらには地球的な協調行動、ならびに協力関係を通して達成されるのが最善である。この道具箱のなかの他の道具と同じように、条約も不完全な文書である。国内法と

同様、条約も、全体あるいは部分的に、不公平であったり、また無分別であったりする。もしそうであれば、それは修正できるし、また修正されるべきである。しかし、多国間協定という枠組がなければ、それに代るべき手段は、国家が、自国の利害関係に照らして行動が正当化される時を自ら決定し、また関係が悪化した時には、他国に対する一方的な行動に突き進むことである。これは、強大な国家に、警察職員、検事、判事、陪審員、死刑執行人の役割を合わせて担わせる要因となり、また必然的に、法の恣意的な適用と執行を招くことになる。

　現在は核兵器使用の危険と背中あわせの時代である。過酷な結果から壊滅的な結果にまで及ぶ気候変動に世界が立ち向かうことを余儀なくされる時代でもある。国際経済に目を向ければ、わずか数百人の世界最高の富豪が、20億の最貧者の合計よりも大きな富を持っている。国内外での持てる者と持たざる者との格差はますます大きくなっている。大量破壊兵器に関するデータ同様、このような格差に関する情報も、科学技術により容易に入手できる時代である。合衆国の歴史の顕著な特徴は、法の支配の先駆者的役割であるが、この合衆国が国際法上の義務を軽視する道に踏み出すことは、その歴史が世界に捧げることのできる最高の資質を放棄することである。国際法に基く条約体制の多様な長所の強化を図るどころか、むしろそれを拒否することは、無分別であるばかりでなく、きわめて危険である。21世紀の安全保障問題に対応し、また合衆国が国連憲章により義務づけられている平和と正義という目的を達成するために、他の諸国と共に、現行の国際安全保障諸条約を履行することが急務である。

原　註

第1章

1　Rogers 1999, p.3.
2　See Restatement 1986.
3　See, e.g., D'Amato 1998, p.1.
4　See Weston 1986.
5　Foreign Relations Comm. 2001, p.3.
6　Foreign Relations Comm. 2001, p.6.
7　Foreign Relations Comm. 2001, pp.8,12.
8　Foreign Relations Comm. 2001, pp.6-13.
9　Trimble and Kolf 1998.
10　Foreign Relations Comm. 2001, p.5.
11　Foreign Relations Comm. 2001, p.254.
12　国際法に対する合衆国の関係におけるこれら2つの支配的な傾向を記述するための用語の選択自体が、大いに争点となる課題である。批判的な人々は、条約からの脱退を求める人々、条約加盟に躊躇する人々を、単独行動主義者あるいは孤立主義者と非難することがよくある。一方、このような見解の支持者は、自分たちは単独主義者ではなく、むしろ親米主義者であると主張する。たとえば、いわゆる主権びいきの姿勢の支持者であるジョン・ボルトンは、「我々の政策を『単独行動主義者』あるいは『多国間外交主義者』と特徴付けることは、実りのない試みである。我々の政策は、皆さんが予想されるように、端的に申し上げれば、親米主義的である。」と述べている (Seigle 2002)。しかし、このような姿勢を親米主義的と表現することは、他国との提携を支持し、離脱と比較すれば、提携はむしろ合衆国の国益に叶うと確信している多くの人々も自らを親米主義的と呼んでいる事実を無視することになる。
13　Luck 1999, p.3.
14　国連憲章は、1945年10月24日に発効した。
15　Edith M. Phelps, ed., Selected Articles on a League of Nations, 4th ed. (New York: H.W. Wilson Co, 1919) p.359, cited in Luck 1999, p.63.
16　Luck 1999, pp.260-262.
17　Helms 1996b.
18　Luck 1999, pp.238-9.
19　See Helms 1996b, and Luck 1999, p.244.
20　CRLP 1999.
21　UN-USA 2001.
22　UN Charter, Article 17.2.
23　Bolton 1997.
24　Leahy 1998.

25 Boutros-Ghali 1996.
26 Associated Press 2001.
27 上院は2001年2月、必要な法令を可決した。Eilperin 2001.
28 Dannheisser2001.
29 Dannheisser2001, quoting House International Relations Committee Chairman Henry Hyde.
30 King and Theofrastous 1999.
31 Jackson 1945.
32 King and Theofrastous 1999, p.49.
33 Universal Declaration 1948.
34 See Bradley & Goldsmith 2000.
35 Bradley & Goldsmith 2000.
36 Henkin 1995, p.348.
37 Henkin, 1995, p.349.
38 Henkin 1995, p.348, citing the principal version of the Bricker Amendment, S.J. Res. 43, 82nd Congress, 1st sess.(1953), see.2.
39 Bradley & Goldsmith 2000, p.410.
40 Henkin 1995, pp.348-9.
41 See Roth 2000 and Henkin 1995.
42 See Roth 2000, p.1. 国際人権条約の批准に対する合衆国政府の姿勢は特異である。政府が条約に署名すると、次に既存の連邦法より合衆国国民の権利を厚く保護することになると考えられるすべての要件を探索するために条約を精査する、司法省の法律顧問に送付される。それぞれの場合、追加的な権利保護を無効にするための留保、申立てまたは見解が作成され、次にこれらの文書は、批准一括法案の一部として上院に提出される。
43 「なぜ女性差別撤廃条約（CEDAW）は、これまで批准されなかったのか。それは、条約が悪いからである。それは、国際法の中に過激な反家族礼拝を取り入れる意図の下に、過激な女性解放論者が取り決めたひどい条約であるからだ」。Helms 2000.
44 ICJ Statute 1945, Article I.
45 Sen.Res. 1946.
46 ICJ Statute 1945, Article 36.6.
47 Meyer 2002, p.98, citing Sen. Claude Pepper.
48 Meyer 2002, p.98.
49 See Nicaragua v. U.S. 1984.
50 Nicaragua v. U.S. 1985.
51 Meyer 1997.
52 Senate Vote Analysis 1985.
53 ニカラグア対合衆国事件における合衆国の行動に関する詳細な検討については、Meyer 2002, pp.130-138 を参照。
54 国連憲章第25条により、国連加盟国は、安全保障理事会の決定により拘束される。
55 Luck 1999, p.70.
56 Krauhammer 2001.

第2章

57　G.A. Res. 1961.
58　G.A. Res. 1965.
59　Cuba, France, Guinea, Pakistan, and Romania.
60　Shaker 1980, Vol.I, pp.274-275.
61　Ali A. Muzrui, " Numerical Strength and Nuclear Status in the Politics of the Third World," The Journal of Politics 29, no.4, (Nov. 1967); 809-810, quoted in Shaker 1980, Vol.I, pp.294-295.
62　Shaker 1980, Vol .I, p.277.
63　Shaker 1980, Vol. I, p.294.
64　Shaker 1980, Vol. II, p.568.
65　Shaker 1980, Vol. II, p.569.
66　Shaker 1980, Vol. II, pp.496-502.
67　Bunn 1997, p.3.
68　Shaker 1980, Vol. II, pp.571, 573.
69　Shaker 1980, Vol. II, pp.571, 574.
70　Shaker 1980, Vol. II, p.572.
71　Shaker 1980, Vol. II, p.564.
72　Shaker 1980, Vol. II, pp.564-565.
73　ENDC/PV, 390, 15 Aug. 1968, para.93, cited in Shaker 1980, Vol. II, p.579.
74　Bunn 1997, p.6.
75　Bunn 1997, p.8. 1995年の合衆国宣言は、「合衆国は、核兵器国と提携あるいは同盟関係にある非核兵器国により遂行されるかまたは支持される、合衆国、その領土、軍隊またはその他の軍隊、同盟国あるいは合衆国が安全保障上の義務を負う国家に対する侵略またはその他の攻撃の場合を除き、NPT非核兵器国に対して核兵器を使用しないことを明言する」と定めている。
76　Perkovich 1999b.
77　Nuclear Weapons Opinion.
78　Nuclear Weapons Opinion, para.78.
79　Nuclear Weapons Opinion, para. 105(2)(E).
80　Comm. On Int'l Security 1997, p.87.
81　See Burroughs 1998, esp. pp.41-43; Moxley 2000.
82　Nuclear Weapons Opinion, para. 105(2)(F).
83　Nuclear Weapons Opinion, paras. 98-103.
84　Burroughs & Wurst 2001.
85　NPT Final Doc. 2000, pp.13-15.
86　Burroughs 2000.
87　Burroughs 2000.
88　G.A. Res. 2000. 投票は、154票（中国、イギリス、合衆国を含む）対3票(インド、イスラエル、パキスタン)であった。8票（フランス、ロシアを含む）の棄権票もあった。See Burroughs & Epstein 2000.

247

89　Burroughs & Epstein 2000, p.2. 非核世界のための法的枠組については、Datan & Ware 1999 参照。
90　NPT 非加盟核兵器武装国家（イスラエル、インド、パキスタン）に対する対策のみならず、イラクと北朝鮮に対する非取得義務執行に関する鋭い批評については、Mian 2002 参照。
91　Wren 2002.
92　Baradei 2001a; IAEA 2002a.
93　E.g., Dolley and Leventhal 2001.「イラクには、小規模な、巧みに隠蔽されている核兵器計画があると考えるのが妥当である。」
94　IAEA 2002b.
95　See, e.g., Baradei 2001b. 2000 年の IAEA 保障措置実施報告書は、「保障措置協定が実施されている全 140 か国においては、核分裂性物資の転用あるいは保障措置管理下にある施設または設備の不正利用の徴候は一切見られなかった」と判断を下している。
96　New York Times 2002.
97　White House 2002a.
98　NRDC 2002, p.2.
99　NRDC 2002, pp.2-3.
100　NRDC 2002, p.3.
101　NRDC 2002, p.1.
102　NRDC 2002, p.2.
103　Feith 2002, p.7.
104　Blair 2002.
105　White House 2002b.
106　Gordon, Michael R. 2002a.
107　See Bleek 2000.
108　Pincus 2002.
109　Richter 2002; Gordon, Michael R. 2002; Nuclear Posture Review 2001.
110　NPR は「大量破壊兵器使用の恐れのある敵対国」に対して「精密誘導通常爆弾あるいは核兵器での先制攻撃を行う選択権を大統領に与えることになる」と Pincus 2002 は報告している。
111　Bunn 1997, pp.8-11.
112　George Bunn はこの見解について論じ、アフリカ非核兵器地帯を設立するペリンダバ条約の使用禁止議定書に署名した際のホワイトハウス声明の基調は、「この議定書は、大量破壊兵器を使用しての ANFZ 加盟国による攻撃に対応する合衆国の選択肢を制限するものではない」と述べている。
113　Nuclear Weapons Opinion, para. 78; see also Burroughs 1998, pp.40-41.
114　Nuclear Weapons Opinion, para. 35.
115　2002 年 3 月 17 日付けの『ロサンゼルズ・タイムズ』紙の特集記事において、Sidney Drell、Raymond Jeanloz および Bob Peurifoy は、「広島を破壊した爆弾の 20 分の 1 の核出力を持つ 1 キロトンの核弾頭は、地下 20 フィートで爆発した場合、世界貿易センター爆心地規模のクレーターから約百万立方フィートの放射性破片物を放出する」と述べ、「埋設目標物に対するいわゆる『きれいな』攻撃、すなわち大気圏への広範囲に渡る放射能汚染の拡散を回避できる攻撃の可能性はない」と結論を下している。Drell, Jeanloz and Peurifoy.
116　New York Times 2002.

117　Gordon, Michael R. 2002.
118　Arkin 2002.
119　NRDC 2002, p.4.
120　New York Times 2000. See also BAS 2000.
121　Gordon, John 2002, p.9.
122　Gordon, John 2002, p.10.
123　CTBTと拡大核兵器実験室機能との関係については、Lichterman and Cabasso 2000 を参照。
124　DOE 2002, p.5.
125　See Brookings 1998　1996年当時のドル基準に換算して、平均36億4000万ドルであった。
126　Gordon, John 2002, p.9.
127　Gordon, Michael R. 2002, p.12.
128　Arkin 2002.
129　Mello 1997.
130　CD/1308 1995,
131　Rauf 2000, p.43.
132　Sokolski 2002.
133　Gordon, John 2002, p.1.

第3章

134　軍備管理条約およびその関連文書の本文については、アメリカ科学者連合 (FAS) のウェブサイト 〈http://www.fas.org/nuke/control/〉 を参照。このサイトには、これらの条約に関する主要な出来事の年表が含まれている。特に明記しない限り、第3章と第4章に引用されている関連文書は、すべて FAS のウェブサイトからのものである。さらに多くの条約本文が、国連のウェブサイト 〈http://www.unog.ch/frames/disarm/distreat/warfare.htm〉 およびタフツ大学のフレッチャー法学・外交学部のウェブサイト 〈http://www.fletcher.tufts.edu/multi/warfare.html〉 に掲載されている。興味ある事実だが、国務省のウェブサイト 〈http://www.state.gov/〉 およびイリノイ大学の電子文書書庫 〈http://dosfan.lib.uic.edu/erc〉 のインターネット検索では、包括的核実験禁止条約の本文を探し出すことができなかった。
135　Shapely 1993, p.245.
136　NRDC 1994, pp.410, 421.
137　FAS TTBT Provisions.
138　地下実験を含め、実験の健康及び環境への影響に関する査定については、IPPNW および IEER を参照。
139　NPT 前文の一節は、次のように述べている。「1963年の……条約の締約国が……核兵器のすべての実験的爆発の永久的停止の達成を求め、そのために交渉を継続する決意を表明したことを想起し」。しかし第5条により、NPT は、「平和利用の」核爆発に対する明示的な免除を規定したことは確かである。
140　See Schrag 1992.
141　核爆発定義の問題の分析については、Makhijani and Zerriffi 1998 を参照。「ゼロ出力」に関する交渉経緯については、1995年8月11日のこの問題に関するホワイトハウスの声明を参照。

142 Independent Commission, p.3. これは、VERTIC（ロンドンの検証、訓練および情報センター）による非政府の計画である。この委員会には、民間の専門家に加えて、政府の専門家も含まれていた。
143 Attachment to Angell 2000.
144 Helms 1999a.
145 安全措置は前出アメリカ科学者連合 (FAS) のウェブサイトに掲載されている。
146 Zerriffi and Makhijani 1996 and DOE 1997.
147 Holum, et.al. 1999.
148 Holum, et.al. 1999.
149 Kirkpatrick 1999.
150 Perkovich 1999a.
151 Perkovich 1999b.
152 Kyl 2000.
153 Ghose 1996.
154 NRDC 2002.
155 Bunn 1999.
156 Gertz 1999.
157 Kimball 2002.
158 この項は、特に明記しない限り、Makhijani および Zerriffi 1998 に基いている。『ニューヨーク・タイムズ』は 1998 年 7 月 15 日、この報告書に関する記事を出版した。
159 Makhijani and Zerriffi 1998. この報告書は、熱核爆発案と CTBT との関係に関する技術的な問題ならびに純粋融合兵器、すなわち核分裂起爆装置を必要としない熱核兵器の開発に寄与するさまざまな装置および実験の潜在能力の両方を論じている。特に明記しない限り、この問題の要約はこの報告書から引用されたものである。
160 Takubo 2001.
161 Schott 2002.
162 さまざまな合衆国の主張は、Angell 2000 で論じられている。U.S.Dept. of State 1997. も参照。
163 Harkin 1999; Angell 2000.
164 Angell 2000.

第 4 章

165 条約の要約および本文は、前出アメリカ科学者連合 (FAS) のウェブサイトを参照。
166 Helms 1999b.
167 Lawyers Alliance 2000.
168 国連は、ロシアをソ連の承継国として受け入れていること（たとえば安全保障常任理事国の地位）、また合衆国もロシアを受け入れ、その他の承継国（ウクライナ、ベラルーシおよびカザフスタン）を説得して、その領土内の核兵器をロシアに送り返させることまでしていることは、これと関連して注目されるべきである。
169 Helms 1998a. ヘルムズ上院議員は、合衆国の ABM 条約からの脱退を結果的にもたらすことになったであろう法案を、1996 年に提出していた。See Helms 1996a.

170 Kyl 2001.
171 Biden 2001.
172 Bush 2001b.
173 ABM 条約に関連する出来事の年表については、前出アメリカ科学者連合 (FAS) のウェブサイトを参照。
174 Keller 2001.
175 攻撃および防衛論争に関する論考については、Makhijani 2000 を参照。合衆国とロシアを含む核兵器国による第一撃威嚇に関する年表については、SDA1998 のウェブサイト〈http://www.ieer.org/ensec/no-6/threats.html〉を参照。中国の液体燃料ロケットは、非常態勢での維持は不可能である。中国は核兵器の近代化計画を進めており、数年後には非常態勢での維持が可能な固形燃料ロケット配備する可能性がある。
176 このシステムは非実用的とみなされた。特に、この計画の中心的な要素のひとつである核爆発により作り出される X 線レーザーは、非実用的であることが証明された。See Broad 1992, and Fitzgerald 2000, pp.128, 374.
177 Coyle and Rhinelander 2001.
178 National Intelligence Council 2001.
179 White House 2002.
180 Back from the Brink 2001.
181 U.S. Space Command 1997 and Rumsfeld Commission 2001, pp.12-13. 後の報告書を作成した委員会は、ドナルド・ラムズフェルドが委員長を務めた。彼はこの報告書の準備期間中の大半は私企業に在籍していたが、現在(2002 年)ではブッシュ政権の国防長官である。

第 5 章

182 ジュネーブ議定書は「窒息性ガス、毒性ガスまたはこれらに類するガスおよびこれらと類似のすべての液体、物質又は考案」を禁止している (Geneva Protocol 1925)。さらにジュネーブ議定書の禁止事項は慣習国際法とみなされている。従って条約の非当事国に対しても法的拘束力を持つ。
183 1984 年、当時の副大統領であったジョージ・ブッシュは、起草委員会に、「その適用範囲と押し付けがましい姿勢が、国際社会を驚愕させた」草案を提出した。Smithson 2001, p.23.
184 CWC 1993.
185 Tucker 2001.
186 CIA 2001.
187 ジェシー・ヘルムズは、この任期後に引退する予定であるが、その他の CWC 反対派として、リチャード・チェイニー副大統領、ドナルド・ラムズフェルド国防長官および上院司法委員会の有力メンバーであるジョン・カイル上院議員が挙げられる。
188 See, for example, the Minority View in Executive Report 1996, p.242.
189 Smithson 2001, p.24.
190 Smithson 1997, p.12.
191 採決に付す約束と交換にクリントン政権は、国務省の再構築および上院へのその他の軍備削減条約に基づく政策の提出に合意し、また国連に対する未納金支払法案の上院外交委員会へ

の提出を承諾した。Smithson 1997, p.23.
192　条約は、他の諸国に対する合衆国の法的義務であるが、条約が、合衆国内の個人および事業体に執行されるための国内法を必要とする場合には、合衆国内で条約義務を執行するために、上下両院により可決される実施法令が必要となる。
193　CW Implementation Act 1998/
194　CWC の一覧表に示されている化学物質を扱う施設は、申告および査察要件を受け入れる必要がある。しかし合衆国は、一覧表に示されている化学物質を一定の濃度で含む物質を扱う施設のみが査察の対象となるよう、これらの申告を制限した。
195　CW Implementation Act 1998.
196　CWC 1993. Verification Annex, Part VII.B.
197　Stimson 1999.
198　Stimson 2000.
199　Stimson 2000.
200　Stimson 1997, fn.96.
201　Stimson 2001, p.25.
202　Stimson 2001, p.25.
203　Stimson 2001, p.27
204　Stimson 2001, p.27.
205　Stimson 2001, p.27.
206　Stimson 2001, p.27.
207　See CIA 2001.
208　Sands & Pate 2000; See also CIA 2001.
209　ACT 2002.
210　Acronym Institute 2002; Brugger 2002a.
211　U.S. Dept. of State 2002a. See also Mahley 2002.
212　Ford 2002; Smithson 2002.
213　Ford 2002.
214　Ford 2002.
215　IHT 2002.
216　Acronym Institute 2002.
217　See Tucker 2001 and Sands & Pate 2000.
218　Mahley 2000. マーレイ大使は、同じ保護が生物兵器禁止条約についても達成可能であるという確信も表明している。しかし合衆国政府は、この条約を支持しない理由として、検証および機密漏洩に対する懸念を挙げている。第 6 章を参照。

第6章

219　White House 2001.
220　BWC の全文は、FAS のウェブサイトに掲載されている。
221　「最盛期にはソ連は、約 2 万 5000 から 3 万 2000 人が働く 20 から 30 にものぼる軍事および民間の実験室と研究所網を抱える世界最大の生物戦争計画を保持していた」。1992 年、ボリ

ス・エリツィンロシア大統領は、ロシアの BWC に対する支持を改めて表明、また「旧ソ連の生物兵器計画について西側諸国の指導者に情報を提供し、生物兵器計画の禁止とロシアの条約遵守を命令する法を公布した」。FAS 1999. 合衆国側も 1969 年、生物戦争作用剤の開発、生産、貯蔵および使用を放棄した。
222 Secretary General 1995. See also 〈http://www.fas.org/nuku/guide/iraq/bw/program.htm.〉。イラクは、湾岸戦争後の 1991 年、BWC 批准を余儀なくされた。
223 議定書草案の経緯および本文の解説については、〈http://www.opbw.org〉を参照。
224 Toth 2001.
225 AHG Working Paper 1998.
226 Toth 2001.
227 1986 年開催の第 2 回 BWC 再検討会議の期間中、締約国は、国家の生物兵器防御計画および施設に関するデータと情報の共有を含むいくつかの信頼醸成措置（第 3 回 BWC 再検討会議中に強化された）の採択に合意した。しかし、信頼醸成措置は自発的行為であった。
228 たとえば、「提案された規則によれば、ある国家の 10 か所以下の施設が、義務的申告の要求基準を間違いなく満たした場合、それらの最大 80 ％のみを、当該国家が選択する措置に基づき申告するだけで済む。これらの規制に基き除外されるいかなる施設も、抜き打ち訪問や確認訪問さえも必ずしも受ける必要がない。」Steinbrunner, Gallagher & Gunther, 2001.
229 Steinbrunner, Gallagher & Gunther 2001.
230 Steinbrunner, Gallagher & Gunther 2001.
231 合衆国の主要なバイオインダストリーである米国製薬工業協会（PhRMA）は、「市場に出回っていない薬品は、長年特許権保護を受けていないため……BWC 査察は結果的に専売企業データの損失を招き、コスト面で重大な影響を受ける恐れがある」という懸念を示した。Stimson 2001, p.2.
232 Steinbrunner, Gallagher & Gunther 2001.
233 Stimson 2001, p.98.
234 Rosenberg 2001.
235 Protocol Article 6(b); see also Rosenberg 2001; Rissanen 2001a.
236 Steinbrunner, Gallagher & Gunther 2001 は、1999 年 8 月 24 日にドイツより提出された研究報告書である「透明化視察構想に基づく 2 回の視察試行に関する報告書」(BWC/AD HOC GROUP/W. P.398) に言及している。
237 Stimson 2001, p.3, n.9; 合衆国は、議定書が BWC を遵守している施設と BWC に違反している施設とを区別可能か否かを決定するために、わずか 2 回の現地試験を実施したが、その結果は「不確定」であった。
238 See Stimson 2001, p.99.
239 Pearson, Dando & Sims 2001, p.6; イギリスは 44 の作業文書を提出し、ロシアは 27 の作業文書を提出した。
240 Miller, Engelberg & Broad 2001a.
241 Mahley 2000.
242 Gordon, Michael R. & Miller 2001.
243 Gordon, Michael R. & Miller 2001.
244 Mahley 2001.
245 本文は、EU およびその他の同盟国により引き続き支持された。6 月 26 日、EU および準国家

は、「合衆国は、議定書に関連するコストはその利益を上回るという見解であるとの懸念を示した」。EU は、このような結論あるいは「何が起ころうと、統合テキスト」を受け入れることはできないという合衆国の意見を支持しなかった。EU は、6 年間に渡る共同作業後に、このような立場を選択したことに対する遺憾の意を表明した。「EU 連合としては、長期間に渡る努力の成果の維持を望んだ」。Rissanen 2001b.

246　Mahley 2001.
247　Mahley 2001.
248　Lacey 2001.
249　Lacey 2001.
250　Lacey 2001.
251　Mahley 2000.
252　Mahley 2000. これを、合衆国が「大半の他の諸国には絶対に受け入れられる見込みがないと思われる、もっとも立ち入った、大規模な現地活動の見通しを検討した」際、「このような立入りの結果でさえ、有用、正確かつ完全な情報を提供し得ない」ことに気付いたという、特別委員会に対するマーレイの陳述と対比させてみるべきである。Mahley 2001.
253　Koch 2000.
254　Mahley 2000.
255　化学兵器禁止条約の概観については、第 5 章を参照。
256　Mahley 2000.
257　Rosenberg 2001.
258　Pearson 2001.
259　Pearson 2001. 毒素を扱う施設（合衆国の生物兵器防御計画で使用される施設を含む）は、両条約の査察の対象となっており、従って、多くのバイオ施設は、CWC による申立て査察の対象となる可能性がある。
260　Pearson, Dando & Sims 2001, p.18.
261　Mahley 2000.
262　講演では、「疑わしい BWC 違反国を名指しする」ことを含め、主に条約不履行の問題が集中的に取り上げられた。ボルトンはイラクと北朝鮮両国を生物兵器計画の保持国として名指し、イランも「おそらく」生物兵器を生産し、兵器として保有していると断言した。合衆国の意見では、リビアとシリア（シリアは BWC に批准していない）は、少なくとも生物兵器計画の研究・開発段階に差し掛かっており、スーダン（BWC 非締約国）も生物兵器計画の獲得に関心を示していると述べた。Bolton BWC 2001.
263　White House 2001; Bolton BWC 2001.
264　Rissanen 2002.
265　Dept. for Disarmament Affairs 2001b.
266　Harris 2001. 合衆国の提案は、生物兵器使用の場合のみならず、疑わしき疾病の発生の調査も求めているため、この制度の適用範囲を拡大している。
267　Harris 2001.
268　その任務が交渉の完結まで継続する予定であったアドホック・グループは、会議がその終了を票決しない限り、引き続き存在することになる。再検討会議の手続規則は、代表者が、問題に関する合意を達成するため最善の努力を払うこと、また合意に達することができない場合、票決が 48 時間延長されることを定めている。48 時間後も合意に達することができなかった場

合、問題は、出席締約国の3分の2の多数決により採決される。
269　Rissanen 2002.
270　最終宣言は、会議の期間中になされた合意を示す報告書であり、「政治的な拘束力はあるが、法的拘束力を持たない文書」である。Dept. for Disarmament Affairs 2001a, quoting Ambassdor Toth.
271　会議が解散された時点で、BWC を強化するための多くの措置が合意されていた。「これらには、世界保健機関の疾病監視および制御を支持するよう BWC 締約国に求めること、BWC 違反を国内法で処罰すること、病原微生物を扱う科学者に対する行動規範を制定すること、疾病発生の際に、支援を提供する国際チームに貢献することが含まれていた」。Brugger 2002. これらの提案は合衆国が会議当初に提出した措置の一部だったが、他の締約国は、法的拘束力を持つ多国間協定の代替協定としてこれらの措置に合意する意図はなかった。
272　Miller, Engelberg & Broad 2001a; Miller, Engelberg & Broad 2001b.
273　Miller, Engelberg & Broad 2001a, p.298.
274　Borger 2001.
275　Wright 2002.
276　Shane 2001.
277　防疫の目的及び身体防護の目的には、ワクチンとマスクの製造ならびに、攻撃に対する対応計画の立案が含まれていた。
278　Miller, Engelberg & Broad 2001a, p.295.
279　Miller, Engelberg & Broad 2001a, p.296.
280　Miller, Engelberg & Broad 2001b.

第7章

281　U.S. Dept. of State 1998. 特に紛争中の諸国及び発展途上国における正確な統計データを入手することが困難であるため、地雷の数量（と地雷による負傷者数）は概算である。
282　ICBL, Fact Sheet 2001.
283　ICBL, Fact Sheet 1999.
284　Hambric & Schneck 1996, pp.3-11.
285　HRW & VVAF 1997.
286　Hambric & Schneck 1996, pp.3-28, 3-33. 著者は、不発弾（UXO s）が総計に含まれていることに言及している。UXO sは、着弾により爆発するよう設計されていたが、起爆しなかったものである。着弾により爆発しなかった迫撃砲弾あるいは爆弾が、その例として挙げられる。
287　ICBL, Landmine Monitor 2001, " United States of America."
288　10年の破壊期間は延長される可能性がある。
289　CCW Protocol II 1996.
290　White House 1996.
291　GA Res. 1996a.
292　Walkling 1997.
293　Clinton 1997.
294　White House 1997.
295　大統領決定命令(PDD) 64 は、1998 年 6 月 23 日に発行された。PDD64 は機密扱いであるが、

軍と省庁の当局者は、多くの公の場および発行物の中でこの指令の細部を使用している。その例に関しては Dresen 1999 を参照。
296　HRW 2001b.
297　CNN 1997.
298　HRW 1993, p.64. この書籍は、1969年以降の合衆国の地雷輸出に関する図表を掲載している。その情報は、主に合衆国陸軍武器・弾薬・化学物質司令部（USAMCCOM）、ヒューマンライツ・ウォッチに対する書簡（1993年8月25日）および添付の統計表から、情報公開法の規定により入手されたものである。
299　Patierno & Franceschi 2000, p.21. 両著者とも、合衆国国務省の地雷政策担当の職員である。
300　国会に提出された韓国国防省報告書によれば、100万個以上の地雷（対人地雷および対戦車地雷）が、すでに「民間規制線および非武装地帯周辺に」敷設されている。Yonhap 1999. これらの敷設済みの地雷は、すべて韓国の管轄・管理下に置かれている。
301　ICBL, Letter 1998.
302　ICBL, Letter 1998.
303　See General Hollingsworth's Foreword to Demilitarization for Democracy 1997, p.ii. 将軍は「率直に申し上げて、わが国が朝鮮半島を防衛するためにこれらの武器に依存しているとしたら、問題に直面することになる……北朝鮮の機甲部隊による攻撃は、合衆国の APLs を使用しなくても、ソウル北部で十分に破壊可能である。私なら、戦果をあげるために APLs に依存することは絶対ないだろう」とも述べている。
304　HRW 2001a.
305　HRW 2001a.
306　HRW 2001a.
307　White House 1996.
308　Berger Letter 1998; see also Leklem 1998.
309　Clinton Certification 1999.
310　対人地雷の代替手段の説明に関しては、HRW2000,1"Alternatives to Antipersonnel Mines" を参照。
311　Strohm 2001.
312　ICBL Landmine Monitor 2001, " United States of America."
313　ICBL Landmine Monitor 2001, " United States of America."
314　ICBL Landmine Monitor 1999, " Banning Antipersonnel Mines."

第8章

315　UNFCCC 1992; Kyoto Protocol 1997. 安全保障条約に関する報告書の枠組の中に、これら2つの条約を組み入れた理由については、序文で論じられている。
316　オゾン層破壊の原因と結果に関する調査については、Makhijani および Gurney 1995, 第1章と第2章を参照。
317　異なる温室効果ガスは異なる特性を保有している。特に地球温暖化を引き起こす主要な仕組みである赤外線の吸収・再放出能力において異なった特性を示す。自然の温室効果ガス、特に二酸化炭素と水蒸気は、地球を生命体が繁栄可能な温度に保っている。この自然の温室効果

ガスが存在しなければ地球は極寒の地となり、生命体を寄せ付けない荒野になるだろう。人為的な温室効果ガスはこの自然の温室効果ガス濃度を増加させ、その結果、さまざまな複雑な形で、気候に影響を及ぼすことになる。

318 京都議定書の本文は、次のサイトで入手可能である。
〈http://unfccc.int/resource/docs/convkp/kpeng.html.〉
319 Sen.Res. 1997.
320 Helms 1998a.
321 上院法案 S.882「1999 年のエネルギーおよび気候政策法」のまとめと経緯については、< http://thomas.loc.gov/>。
322 Senator Frank Murkowsky as quoted in UMWA 1999.
323 As quoted in Carlisle 2001.
324 Whitman 2001.
325 See for example Jehl & Revkin 2001.
326 NAS-NRC 2001, p.1.
327 See Bush Energy Plan 2001 and Makhijani 2001, p.16, Figure 7: Projections for total annual carbon emissions 2000-2004.
328 Climate Action Report 2002, a communication made pursuant to the reporting requirements of the UNFCCC (Article 4 and 12).
329 Climate Action Report 2002, chapter 6, p.82.
330 NW Energy Coalition 2001.
331 COP-7 Report 2001.
332 Australian Greenhouse Office 2001.
333 Climate Network Europe 2002. 2002 年 9 月、ロシアは京都議定書に批准すると宣言した。これにより、事実上条約の発効は保証されることになる。Swarns 2002.
334 IPCC 2001, p.10.
335 BBC 2002. ワトソン博士の解任は、世界最大の企業であるエクソンモービル社が、ワトソンの入換えが望ましいという提案を含む覚書をブッシュ政権に提出したことから、物議を醸す措置となった。会社は、IPCC 委員長任免に関して発言できる立場にないと否定している。BBC 2002a. ワトソン博士は、オゾン層および世界的な気候変動に関する世界有数の科学的権威者の一人として認められている。博士は、民間・政府両部門における、温室効果ガスの人為的な増加の危険性を回避するための強制的な行動の支持者である。
336 IPCC website at <http://www.ipcc.ch/about/about.htm>, viewed on 23 May 2003.
337 Climate Action Report 2002, chapter 6, citing NAS-NRC 2001.
338 Streets, et al. 2001.
339 EIA 2001, p. vii.
340 European Environment Agency 2001, p.5.
341 たとえば世界気候変動監視センターのウェブサイトを参照。
〈http://www.pewclimate.org/projects/ghg targets belc.cfm.〉
342 北極氷融解の結果による海洋への淡水の注入が原因であるとの推測がなされてきた。これは有り得ないことだと考えられているが、過去において、自然要因により現実に発生していたこと、および人為的な温室効果ガス排出により発生する危険性も予想されることが証明されている。たとえば米国航空宇宙局が行なった研究を記載している NASA2001 を参照。最近の研

究によれば、地質時代におけるメタンガスの大量の放出が世界的な気候に影響を及ぼしており、危険性の規模に関する議論の余地は大いにあるものの、同様な事態が再び発生する可能性は十分存在する。See also Kanipe 1999.

343　NAS-NRC 2002, p.1.
344　この件に関する膨大な公的および非政府文献が存在する。たとえばエネルギー効率経済推進アメリカ会議のサイト〈http://www.aceee.org〉を参照。Makhijani 2001 も参照。公的情報については、合衆国エネルギー情報局の出版物を参照。これらのひとつは、「照明管理と併せて、現在の照明器具をより効率的なものと全体的に入れ換えることにより」、営利用建築物における「現在の商用照明エネルギーの 72 ％を節約可能である」と推定している。EIA 1992, p.ix.

第9章

345　Rome Statute 1998, Preamble.
346　ローマ規程の第 126 条によれば、発効のためには 60 か国による批准を必要とする。2002 年 4 月 11 日、国連条約事務局は、発効のために必要な残りの批准が正式に完了したことを祝う特別な批准行事を催すことになった。ボスニア・ヘルツェゴビナ、ブルガリア、カンボジア、コンゴ民主共和国、アイルランド、ヨルダン、モンゴル、ナイジェリア、ルーマニア、スロバキアが、この歴史的祝賀に参加した。2002 年 7 月 1 日に規程は発効し、それと同時に裁判所の管轄権も発効したのである。規程は 120 票で採択された（21 か国棄権、中国、イラク、イスラエル、リビア、カタール、合衆国、イエメンの 7 か国無投票）。投票の力関係に関する議論については、Benedetti & Washburn 1999 を参照。
347　European IMT 1951; Far East IMT 1946.
348　ICTFY 1993; ICTR 1994.
349　たとえば極東国際軍事裁判所の判決における、「勝者の正義」に基づくパル判事の反対意見を参照。Pal 1953. さらに Annan 1998 も参照。アナン国連事務総長は次のように述べている。「1945 年、何人かの最悪の戦争犯罪者が正当に裁かれたときのように、仮に戦争犯罪者が裁かれるとしても、かれらは、単に相手が強かったからこのような結果になり、裁く側に座っているのだと主張できることになる。弱者と無力な者のための権利を支持するはずの判決も、『勝者の正義』として非難を受けることにもなりかねない。さらにハーグやアルーシャの裁判所のように、裁判所が特定の紛争で、あるいは特定の政権により遂行された犯罪に対処するために、いつもその場限りの原則に基づいて設立される場合には、たとえいかに不当な非難であれ、このような非難がなされることになる。このような手続きは、異なる人々、異なる時代および場所で遂行された同じ犯罪が、罰を免れることもあり得ると示唆しているものと考えられる」。
350　GA Res. 1948.
351　Genocide Convention 1948.
352　GA Res. 1989. See also Benedetti & Washburn 1999.
353　GA Res. 1996b.
354　Rome Statute 1998, Arts. 5-8.
355　Rome Statute 1998, Art.5.
356　Rome statute 1998, Art.27.
357　See for example, Women's Caucus 1998; Amnesty International 1997; HRW 1998.

358 Brownlie 1990.
359 Geneva Convention I, Art.49; Geneva Convention II, Art.50; Geneva Convention III, Art.129; Gevena Convention IV, Art.146.
360 See Geneva Convention I, Art.50; Geneva Convention II, Art.51; Geneva Convention III, Art.130; Geneva Convention IV, Art.147.
361 Rome Statute 1998, Art.12.
362 Rome Statute 1998の第12条、第13条は、裁判所に事件を提訴する3つの方法を規定している。(1)ローマ規程の締約国による付託、(2)国連憲章第7章に基く国連安全保障理事会からの付託、(3)検察官が捜査に着手したとき。
363 Rome Statute 1998, Art. 7 (1) g & b, Art. 8(2)(b)(xxii) and (2)(e)(vi). 強姦も含まれるよう意図された「家の名誉」の保護に言及しているハーグ条約 (1907年) の第46条、および女性は「その名誉に対する攻撃、特に強姦、強制売春、あるいはいかなる形態の強制わいせつに対しても保護されるべき」ことを規定したジュネーブ第4条約の第27条と比較。
364 Rome Statute, Art. 7. 人道に対する犯罪のリストには、「人の所有権に伴う権限の一部あるいはすべての行使」と定義されている隷属化、人身売買、特に女性および子供の人身売買の過程におけるこのような権限の行使、ならびに「性あるいはその他の理由での……特定可能なグループまたは集団に対する迫害」が含まれる。さらにローマ規程には、犠牲者と証人の参加ならびに保護、裁判での、あるいはさまざまな地位の職員としての女性、対女性暴力の専門家の登用に関する画期的な規程が含まれている。See Rome Statute, Arts.68, 36 and 42-44.
365 Rome Statute 1998, Art. 8(2)(b)(xvii) and (xviii).
366 See, e.g., Rome Statute 1998, Art. 8(2)(b)(iv) and Art. 8(2)(b)(xx). See also Burroughs & Cabasso 1999, pp. 471-472.
367 Rome Statute preamble and Art.2.
368 See Secretary General 1993; Security Council Res. 1994, respectively.
369 European IMT 1951; Far East IMT 19561946.
370 Rome Statute 1998, Art. 112.
371 See Resolution F 1998.
372 Helms 1998b.
373 Benedetti & Washburn 1999.
374 Benedetti & Washburn 1999.
375 See for example, Clinton 2000.
376 See Scharf 1999. 一時期ICC交渉の国務省担当者であった著者は、次のように述べている。「ローマ会議は、安全保障理事会が牛耳ることのできる裁判所を求める合衆国と、戦争犯罪あるいはジェノサイドで告発された者は、その国籍国家のいかんを問わず、常設国際刑事裁判所の管轄権から免除されるべきでないと考える大半の他の諸国との緊張関係を象徴する会議であった」。
377 See Scharf 1999. 著者は次のように述べている。「常設国際刑事裁判所とは異なり、合衆国が拒否権を行使して制御可能な国連安全保障理事会によりその主題、領域的管轄権および時間的管轄権が決定される特別法廷では、合衆国の職員が起訴される危険性は皆無であった」。
378 Scharf 1999.
379 Scharf 1999.
380 See Benedetti & Washburn 1999.

259

381　Rome Statute 1998, Art.15.
382　Rome Statute 1998, Art.16.
383　See LaFave & Scott 1986, sec. 2.9(a).
384　地位協定（a/k/aSOFAs）は、外国の領域における、派遣部隊の配置および行為を規定する協定である。
385　See Scharf 1999.「合衆国の修正案が採択されていたら、合衆国はローマ規程の署名を拒否できただろう。その結果、合衆国は、第2の裁判管轄権からの免責を確実にし、同時に、そうすることが国益に叶うときには、第1の裁判管轄権（安全保障理事会付託）を巧みに利用することができただろう」。
386　See for example ABA Resolution 2001. See also NACDL Resolution 2002.
387　ABA Resolution 2001, p.8 of its associated Report.
388　Helms 1998b.
389　Kissinger 2001.
390　Rome Statute 1998, Art.17.
391　Rome Statute 1998, Art.12.
392　Rome Statute 1998, Art.13.
393　Scharf 1999.
394　Scharf 1999.
395　Benedetti & Washburn 1999.
396　See US Proposal 1998. See also, A/CONF. 183/C.I/L.70, July 14, 1998.
397　Benedetti & Washburn 1999.
398　Benedetti & Washburn 1999.
399　Benedetti & Washburn 1999.
400　国際刑事裁判所準備委員会は、補足文書に関する追加交渉の事後確認作業および最終の加盟国総会の準備を実行するために、外交官会議で採択された決議により設立された。
401　決議F1998は第2節で、ローマ会議の最終議定書に署名した国家および会議に出席するよう招かれた国家は、国際刑事裁判所準備委員会を構成すると規定している。合衆国は、ローマ会議最終議定書に署名した。
402　ローマ交渉後の合衆国提案の内容に関するより詳細な経緯については、Pace & Schense 2001 を参照。
403　Pace & Schense 2001.
404　Stanley 1998.
405　Stanley 1998.
406　Letter of US Secretary of State Madeleine Albright to foreign ministers around the world, 17 April 2000. (On file). この戦略および書簡の全文のより詳細な経緯については、Pace & Schense 2001, p.727 を参照。
407　デイビッド・シェファ戦争犯罪問題特使および国際刑事裁判所設立国連全権代表会議合衆国首席代表の次の陳述を参照。
　　「合衆国は旧ユーゴスラビアおよびルワンダ国際刑事法廷をもっとも強力に支持してきた……国際刑事裁判所の潜在的加盟国として、合衆国の影響力が、将来の重要な捜査および訴訟を支持するために全面的に活用されることを希望してきた」。Scheffer 1998.
408　Vienna Convention 1969, Art.18.

409 Clinton 2000.
410 Clinton 2000.
411 Helms 2000a.
412 WICC 2001a,
413 See Bolton 2002. See also official notation of the UN depository on the web at 〈http://untreaty.un.org/ENGLISH/bible/englishinternetbible/partI/chapterXVIII/>treaty10.asp.
414 See Vienna Convention 1969, Art.18.
415 ヘルムズ上院議員は、ローマ規程の採択直後にこの戦略を予告していた。「合衆国は、ドイツに何千人もの兵士を駐留している。ドイツはこれらの軍隊を国際刑事裁判所の管轄権下に置く考えなのか……実際問題としてクリントン政権は、ドイツのみならず、米軍が駐留している他のすべての署名国と地位協定を再交渉すべきである。これらの政府に、再交渉の拒否は、その領土内の米軍の駐留、平和維持活動への参加およびＮＡＴＯ憲章の第5条義務を遂行する合衆国の能力の再考慮を余儀なくさせることを明確に示すべきである」。 Helms 1998b.
416 See Foreign Relations Comm. 1999.
417 ルーマニア、イスラエル、タジキスタン、東チモールが、このような協定に最近署名した国家である。U.S. Dept. of State 2002b.
418 ローマ規程第98条は次のように規定している。
1. 特権放棄に関する第三国の協力が最初に得られない限り、裁判所は、国際法に基く当該国家、すなわち第三国の人物または資産の外交特権に対する義務に反する行為を、要請を受ける国家に強いることになる引き渡し又は援助を求めることはできない。
2. 引き渡しの同意に関する引渡国の協力が最初に得られない限り、裁判所は、当該国家の人物を裁判所に引き渡すために引渡国の同意が必要であると定めた国際協定義務に反する行為を、被要請国家に強いることになる引き渡しを求めることはできない。
419 See, for example, Amnesty International 2002b.
420 Lynch 2002; Sengupta 2002.
421 Sengupta 2002.
422 Schmemann 2002.
423 たとえば2002年7月10日、国連平和維持活動および国際刑事裁判所に関する合衆国の提案を焦点化した安全保障理事会の公開討論においてなされた政府陳述を参照。次のサイトで入手可能。〈http://www.iccnow.org.〉
424 Security Council Res. 2002a. ボスニア任務は、別の決議により再開された。Security Council Res. 2002b.
425 Security Council Res. 2002a.
426 Rome Statute 1998, Art.16. 「国連憲章第7章に従い採択される決議により、安全保障理事会が、次の趣旨で裁判所に要請してから12か月間は、ローマ規程の下では、いかなる捜査または訴訟の開始あるいは続行もできない。また同じ条件に基き、安全保障理事会はこの要請を更新できる」。
427 See Yee 1999, HRW 2002, Amnesty International 2002a.
428 決議の国連憲章第7章発動の誤りを含む、決議の分析については、ICC2002およびAmnesty International 2002を参照。
429 See, for example, CICC 2002 and Amnesty International 2002.
430 ASPA 2002.

431 ASPA 2002.
432 より穏やかな法令が昨年以降施行されている。ハイド修正条項（sec.2101）を参照。この修正条項は、この法令により認められる国防総省の歳出は、国際刑事裁判所に対する支援またはその他の援助、あるいはいかなる裁判所の犯罪捜査又は関連活動のためにも一切使用されてはならないと規定している。さらにクレイグ修正条項（Sec.624）を参照。この修正条項は、商務省、司法省、国務省及び裁判所の歳出予算案で認められる歳出に関して同様の規制を定めている。
433 Fisher 2002 フィッシャーの書簡は引続き次のように述べている。「将来の国際刑事裁判所は、ニューヨークとワシントンで 2001 年 9 月 11 日、テロリストにより遂行された大量殺戮のような犯罪に、法的手段を用いて戦う機会を与えてくれることになる」。
434 Michel 2001.
435 Terrorist Bombings Convention 1998; Financing Terrorism Convention 1999.
436 Ridgeway 2001.
437 See USA Patriot Act 2001. See also President Bush's Military Order of November 13, 2001. 合衆国憲法と USA 愛国者法の不一致に関する分析については、Chang 2002 を参照。軍法委員会計画に関わる憲法上の問題の分析については、Fitzpatrick 2001 を参照。
438 テロはローマ規程には犯罪として明示的に指定されていないが、世界貿易センターとペンタゴンに対する攻撃は、人道に対する犯罪に該当するものと広くみなされている。従って、ローマ規程発効後に遂行される同様の行為も、ICC 管轄権の支配下に置かれることになる。
439 See Fitzpatrick 2001.
440 See Lewis 2002. See also Becker 2002.

第 10 章

441 Dhanapala 2002.
442 Currie 2001, p.1.
443 Dhanapla 2002.
444 Graham 2002, p.3.
445 Kyl 2000.
446 Spiro 2000.
447 Bolton 2000, p.1.
448 Bolton 2000, p.4.
449 Bolton 2000, p.4.
450 Bolton 2000, p.10.
451 Vagts 2001, p.320, citing Memorandum from the [EEC] Group of Six on Certain Treaty Overide Issues (July 15, 1987).
452 See Chapter 5.
453 Perry 2001, p.33.
454 Curie 2001, p.2.
455 See above. 1995 年と 2000 年の NPT 再検討会議は、無期限延長（1995 年）の条件として、また締約国が約束した次のステップのひとつ（2000 年）として、CTBT の完結および発効にそ

れぞれ言及している。

456 Warrick 2002 は、膨大な量のストロンチウム 90 を含む、放射性熱電式発電機の貧弱な管理と記録について述べている。このような発電機（たとえ 1 基であっても）からの放射性物質で製造される放射能兵器は、深刻な放射線影響および経済的な影響を及ぼす恐れがある。ささやかな米ロ間の共同計画が進められているが、膨大な量の放射能を使用するさまざまな装置が広く普及していることを考えると、世界的な共同計画が必要である。

457 Graham 2002, pp.3-4.

458 たとえば合衆国上院決議は、84 対 12 で機雷の敷設を非難した。See Issues 2000 website at 〈http://www.issues2000.org/Celeb/Ronald Regan Foreign Policy.htm.〉

459 Smith (no date) は、より詳細な資料と関連させながら、この裁判を要約している。

460 Spiro 2000, quoting Jeremy Rabkin.

461 Spiro 2000, quoting Jeremy Rabkin.

462 Kyl 2000.

463 Kyl 2000.

464 Stephason 1995, p.80. ステファソンはその主張を例証するために、19 世紀に一世を風靡したジョシア・ストロングの著作、「わが祖国」（1885 年初版）から引用している。ステファソンは、1690 年から 1990 年に至る「マニフェスト・ディスティニー」の概念に関する歴史を明らかにしている。

訳 註

[1] **核態勢見直し Nuclear Posture Review (NPR)**　冷戦終結後の1994年、合衆国はアスピン国防長官のもとで第1回の核態勢見直しを行い、核弾頭数の削減と旧ソ連の残存核兵器の管理を重要事項とした。その後の中国・インド・パキスタンの核実験、イラン・イラク・北朝鮮の核開発の動きを反映して、ラムズフェルド国防長官のもとで第2回の核態勢見直しが行なわれ、2002年1月に報告書が議会に提出された。この全文は秘密扱いだが暴露報道されており、日本語訳はピースデポ〈http://www.peacedepot.org/〉から『米国・核態勢見直し(NPR)』のタイトルで出版されている。重要な内容としては、①目的に予測される敵国の核兵器の「脅威」をベースにするのではなく、予見しがたい敵「能力」の2年ごとのアセスメントにより、柔軟に対応する　②冷戦時代の大陸間弾道ミサイル、潜水艦発射弾道ミサイル、長距離爆撃機を基本にした核戦略に替えて、通常戦略と核戦略の双方による攻撃能力、防御能力、技術インフラを「新しい核の3元戦略」とする　③「悪の枢軸」など7か国に対する核先制攻撃のシナリオを策定する　などが書かれている。

[2] **ジェノサイド genocide**　ある人種、民族、国家、宗教などの集団の構成員を対象とした計画的な大虐殺のこと。ナチによるユダヤ人に対するホロコースト、旧ユーゴスラビアにおける民族浄化などがこれに当たる。1948年の国連総会で全会一致で採択されたジェノサイド条約は、平時・戦時を問わず集団殺害が国際法上の犯罪であることを確認した。日本は憲法9条の不戦無軍備規定があるためこの条約に加入していない。

[3] **中距離核戦力 Intermediate-range Nuclear Forces 全廃条約**　1987年12月8日、レーガン大統領とゴルバチョフ書記長によって調印された、中射程のミサイル（パーシングⅡ、SS20など）を全廃することを定めた条約。1975年にソ連がSS20を東欧に配備したことに始まる、ヨーロッパが核戦場になる危険が、この条約の成立によって緩和された。

[4] **ジェシー・ヘルムズ Jesse A. Helms**　1921生まれ、合衆国の政治家。共和党所属の上院議員で、1981年から農業委員長、1995年から外交委員長を歴任した。保守派の重鎮として知られ、中絶反対、銃規制反対、同性婚反対、ならず者国家などに対する経済制裁などで論陣を張り、2003年に引退した。

[5] **ジョン・ボルトン John R. Bolton II**　1948年生まれ。合衆国の政治家・外交官。ネオコンの雄、国務省きってのタカ派とされる。ブッシュ政権により2005年に国連大使に推されたが、上院では民主党の抵抗で承認されず、半年余の国連大使不在ののち大統領の議会休会中の任命特権により着任。中間選挙での共和党敗北により、06年12月に大使を辞任した。

[6] **ニュルンベルグ裁判 International Military Tribunal for the Trial of German Major War Criminals (IMT)**　1945年、ナチによる戦争犯罪を裁くためにドイツのニュルンベルグに設置された国際軍事裁判所。ユダヤ人に対するホロコーストなどを「人道に対する罪」「平和に対する罪」と規定し、ヘルマン・ゲーリング、ルドルフ・ヘス以下12名を死刑とし

た。

[7] **旧ユーゴ戦争犯罪法廷** International Criminal Tribunal for the Former Yugoslavia (ICTY)
旧ユーゴスラビア地域の紛争における戦争犯罪、国際人道法違反を犯した個人を裁くことを目的に、1993年の国連安保理事会決議827によりオランダのハーグに設立された。裁判官は国連総会で選出された11人。大物戦犯のミロシェビッチ前大統領は2006年3月に収監中の独房で死亡した。ウェブサイト〈http://www.icty.org/〉。

ルワンダ戦争犯罪法廷 International Criminal Tribunal for Rwanda (ICTR)　ルワンダの多数派フツ人によるツチ人の組織的な虐殺を裁くため、1994年の国連安保理事会決議955によりタンザニアのアルーシャに設立された。前首相カンバンダ他が有罪となった。

[8] **国連人権委員会** United Nations Human Rights Commission (UNHRC)　国連経済社会理事会の下にあった非常置の機能委員会で、国連加盟各国の人権状況の改善に努めた。2006年3月15日、国連総会は同委員会を改組・格上げして、人権理事会 (Human Rights Council) とすることを、賛成170、反対4（合衆国、イスラエル他）で決定し、6月には委員会から理事会に機能が引き継がれた。人権理事会は総会の下部機関（補助機関）で常設、理事国は47で日本も理事国に選出されている。合衆国は当初理事国に立候補しなかったが、2009年に理事会メンバーに当選した。ウェブサイト〈http://www.unhchr.ch/html/menu2/2/chr.htm〉。

[9] **ポル・ポト** Pol Pot　本名サロト・サル。カンボジアの政治家。1963年からカンボジア共産党書記、1976年から79年まで民主カンプチア首相。都市と貨幣の廃止、集団農場での共同労働などの極端な政策と大粛正で、100万人単位の犠牲者が出た。

ホメイニ Khomeyni　イラン革命の指導者。イスラム教シーア派の法学者としてパーレビ王政打倒運動を展開し、1979年イラン・イスラム共和国の3権の上に立つ最高指導者となった。合衆国大使館占拠事件で対米関係が悪化し、イラン・イラク戦争を経て、1989年に死去した。

カダフィー al-Qadhdhafi　リビアの軍人、政治家。1969年に無血クーデターでイドリース国王を退位させ、革命評議会議長のち人民議会議長、79年には公職を退いたが現在も実質上の元首。リビアは1980年代にはテロ支援国家とされ、88年のパンアメリカン機爆破事件では国連の経済制裁も受けた。03年に核開発中止を表明して国際社会に復帰し、06年5月には合衆国とも国交正常化した。

[10] **核不拡散条約の現在**　2009年3月現在の加盟国は191。キューバは2002年に加盟した。

[11] **18か国軍縮委員会** Eighteen-Nation Committee on Disarmament　冷戦期の東西両陣営からなる「10か国軍縮委員会」が、非同盟の8か国を加えたジュネーブ軍縮委員会のひとつ。1962年から活動し、部分的核実験禁止条約（1963年）と核不拡散条約（1968年）の成立に貢献した。

[12] **イラクの核査察**　1991年の国連安保理決議687は、イラクが核兵器を含むすべての大量破棄兵器を廃棄し、検証のための査察に応じることを定めていた。合衆国のイラク再攻撃の緊張が高まるなかで査察は中断された。2002年10月、国連監視検証査察委員会、国際原子力機関、イラク代表の3者は実務協議を行い、イラクは監視情報の入っているCD-ROMを引き渡し、すべての場所を査察対象とすることに合意したが、8か所の大統領

施設については98年の覚え書きが特別手続きを定めていた。これを不服とした合衆国ほかの多国籍軍は03年3月にイラクを攻撃し、フセイン政権を打倒した。04年10月、合衆国調査団のチャールズ・ドルファー代表（CIA特別顧問）は、イラクに大量破壊兵器はなかったとの最終報告を議会に提出した。

[13] **北朝鮮の核開発** 2002年10月、北朝鮮は合衆国訪朝団にウラン濃縮計画、つまり核兵器開発計画を保持していることを認めた。このためKEDO（朝鮮半島エネルギー開発機構）は、同年12月から軽水炉建設支援と重油供給を停止した。北朝鮮は凍結していた核兵器開発活動を再開し、06年と09年に核実験を行った。03年から合衆国、北朝鮮、日本、韓国、中国、ロシアの6か国による、北朝鮮に核兵器製造中止を求める外交会議（6か国協議）が断続的に行われたが、現在中断している。→訳註[26],[28]参照

[14] **イランの核開発** 2002年8月、イランがウラン濃縮施設と重水製造施設を建設していることが反対派により暴露された。その後IAEAの検証により核兵器開発活動が明らかになった。03年10月の英仏独外相のイラン訪問の結果、イラクはウラン濃縮・再処理の停止に同意した。05年にマフムード・アフマディーネジャード大統領が就任すると公然と核開発を始め、06年にはイラン核開発中止を求める安保理決議1696が採択されている。

[15] **MXミサイル** Missile-eXperimental　ピースキーパーの愛称で知られる。合衆国の多弾頭核ミサイルとして開発され、ミニットマンの後継として1988年までに50基が配備されたが、START IIにより廃棄が決定され、05年9月に廃棄が完了した。

[16] **地中貫通兵器** Earth-Penetrating Weapons (EPW)　航空機から投下され、地中深くまで貫通してから爆発する爆弾で、バンカー・バスターの名で知られる。地中に埋設された大量破壊兵器や地下要塞を破壊できるとされ、通常爆弾も核弾頭も使用できる。湾岸戦争以後の実戦で使われており、劣化ウラン弾の使用が強く疑われている。合衆国では1994年に5キロトン以下の威力の核兵器（ミニ・ニューク）開発は禁止されていたが、EPW用にこの規制を撤廃させる動きが強まり、2003年に上下両院は規制撤廃を承認した。しかし07年の予算要求で核バンカー・バスター研究開発予算は削られた。

[17] **米ロ戦略兵器削減交渉の現在**　2009年12月にSTART Iが失効するのを前に、同年4月、ロンドンでオバマ・メドベージェフ両大統領会談が行われ、新たな核軍縮条約を締結することに合意した。

[18] **ミサイル防衛** Ballistic Missile Defense　ブッシュ政権下で、飛来するミサイルのブースト段階（弾頭切り離し以前）、慣性飛行段階で迎撃する兵器をそれぞれ開発、再突入段階で迎撃する兵器としてパトリオットミサイルの実戦配備を開始した。日本は北朝鮮のミサイルを想定して2003年にミサイル防衛システムの導入と共同開発を決定し、イージス艦とそれに搭載するSM3ミサイル、地上配備のパトリオット、レーダー網の整備を進めている。合衆国はイラン等のミサイルを想定してNATO諸国にもミサイル防衛システムの配備を進めており、オバマ政権もこれを継承しているが、ロシアが反発している。

[19] **2005年NPT再検討会議**　2005年の再検討会議は準備委員会の段階から空転し、開会までに決定されているべき議題や補助機関設立についても合意のないまま開会された。5月2日からニューヨークの国連本部で153か国の参加により開催された再検討会議は、2000年再検討会議の最終文書の確認もできず、手続き事項の討議・採択だけでほとんどの時間

を費やした。27日の閉会までに3つの主要委員会（核軍縮、非核地帯、原子力平和利用）のすべてで合意文書の作成ができないまま会議は終了した。

[20] **ハーキン上院議員の質問**　本書の原書には付録資料として、トム・ハーキン Tom Harkin 上院議員の合衆国エネルギー省への質問状（1999年10月28日付）と回答書（2000年8月25日付）が収録されているが、その主要部分は本書本文中に引用されているため、日本版では割愛した。なおハーキンはアイオワ州選出、民主党所属で、食料の安全、環境、児童労働などの問題で活躍している。02年には上院農業委員長として、食品の小売段階での原産国表示を義務づける農業法の成立に中心的な役割を果たした。

[21] **ブルー・リボン、FARR委員会**　国連大使を務めたジーン・カークパトリック Jeanne Kirkpatrick は新保守主義の国際政治学者で、1985年から87年までレーガン大統領のもとでブルー・リボン Blue Ribbon Task Group on Nuclear Weapons 副議長を、また91年から92年までジョージ・H・W・ブッシュ大統領のもとでFARR委員会 Commission on Fail Safe and Risk Reduction の長官を務めた。

[22] **日本の首相**　小渕恵三首相のこと。外相時代から「核不拡散・核軍縮に関する東京フォーラム」を提唱し、NPT、CTBTの早期発効に努力した。その一方で当時日本は1999年の国連総会で新アジェンダ連合が提案した「迅速な」核廃絶を迫る決議に棄権し、「究極的な」核廃絶を求める決議を提案するなど、合衆国に配慮した行動をした。

[23] **インド人民党** Bharatiya Janata Party　ヒンドゥー至上主義のインドの政党。インドでは1947年の独立以来、民族・宗教間の融和を唱える国民会議派が政治の主流だったが、90年代の経済高度成長下でその恩恵を受けられなかった層の反発が高まり、96年、98年の総選挙では人民党が躍進した。しかし2004年にはソニア・ガンディーの率いる国民会議を中心とした統一進歩連盟が政権に復帰、2009年総選挙でも与党が大勝して人民党は議席を減らした。

[24] **HOYA社のガラス**　東京に本社を置くHOYA株式会社は光学ガラス専門メーカーで、日本では眼鏡用レンズで知られる。国立点火施設の中核的部品である、レーザー増幅用特殊ガラスはHOYAの合衆国現地法人が納入したもの。この製品の大量製造能力を持っているのは、ドイツのショット社とHOYAだけと言われる。2001年にこの件が報道されて以後、広島市長や被爆者団体の抗議を受けてHOYAは一時納入を見合わせたが、核兵器開発に直接関わるものでないことが確認されたとして納入を再開した。

[25] **ローリング・テキスト** Rolling Text　作業の到達点を条約文の形式にまとめたもの。未調整部分はカッコ書きにされる。

[26] **北朝鮮のミサイル**　北朝鮮は1980年代以降、外国の技術を導入して、合衆国のコードネームでノドン（射程約1300キロ）、テポドン（射程1500キロ以上）と呼ばれる一連の弾道ミサイルを開発してきた。98年には人工衛星打ち上げと称して三陸沖の太平洋上にテポドン1号を撃ち込んだ。2006年7月5日には7発のミサイル発射実験を行ったが、この中にはハワイを標的としたテポドン2号の実験も含まれていたといわれ、国連安保理は「いかなる核実験または弾道ミサイルの発射もこれ以上実施しないことを要求する」決議1718を採択した（制裁決議を含まない）。09年4月、北朝鮮は再度人工衛星打ち上げ実験を行ったと発表した。

[27] **ABM条約脱退無効訴訟**　デニス・クシニッチ Dennis Kusinich 下院議員（民主党）は2001年6月13日のABM条約失効に先立つ6月6日、ABM条約脱退について大統領は議会に承認を求めるべきことを訴えたが、この決議案は議案とすることを否決された。この後クシニッチ議員は30人の下院議員とともに、議会の承認がなければABM条約脱退は無効だとして訴訟を起こしたが敗訴した。なお同議員は愛国者法やイラク攻撃決議に反対し、「平和省」の創設を提唱している。

[28] **北朝鮮のNPT脱退**　2003年1月、北朝鮮はNPT脱退を声明し、4月には核兵器保有を通告した。以後、北朝鮮の核兵器開発凍結の見返りにエネルギー支援を行うための6者協議が、03年8月、04年2月、04年6月に行われた。04年11月にブッシュ大統領が再選され北朝鮮に強硬な態度を示すと、北朝鮮は6者協議無期限中断を宣言した。なお北朝鮮は93年3月にもNPT脱退を声明したことがあるが、この時は発効前日に一時停止、翌年10月に米朝枠組合意を結んでいる。

[29] **化学兵器禁止条約の現在**　2009年3月現在、締約国は186。署名済み未批准国は4（イスラエル、ミャンマー、バハマ、ドミニカ）、未署名国は5（アンゴラ、エジプト、ソマリア、北朝鮮、シリア）。

[30] **イランの化学兵器開発**　2003年4月のCWC再検討会議で、合衆国はCWC未加盟のシリア、リビア、北朝鮮と、加盟国のイラン、スーダンが化学兵器を保有していると非難した。イランはただちに反論し、疑惑があるなら申立て査察の手続きを行うよう主張した。イラン・イラク戦争中、イランは化学兵器攻撃抑止のため化学兵器を開発したが、97年11月にCWCを批准して以後は条約を遵守しているとOPCWは認めている。なお88年3月にクルドの村ハラブジャで起こった数百人のガス中毒死について、合衆国陸軍大学戦略研究所の90年のレポートは、イラクのマスタード・ガスによるものではなく、イランのシアン系化学兵器によるものと結論づけていた。

[31] **ヘンリー・L・スチムソン・センター** The Henry L. Stimson Center　タフトからトルーマンまで7人の大統領のもとで国務長官、国防長官を務めたスチムソンを記念して、1989年に設立されたシンクタンク。核軍縮、危機管理に関しさまざまな提言をしている。ウェブサイトは〈http://www.stimson.org/index.html〉。なお、日本ではスチムソンは原爆の京都投下を食い止めた人として知られる。

[32] **申立て査察** Challenge Inspection　条約違反の疑いがある加盟国に対して、他の加盟国からの申立てにより、その条約に定められた機関が査察を行うこと。CWCの場合、一般の査察では申告されていない施設への立ち入りは不可能だが、申立て査察では疑惑を持たれる対象施設への無制限の立ち入り調査ができる。

[33] **アドホック・グループ** ad hoc group　ある課題を検討するために特別に作られる組織のこと。

[34] **『細菌』**　邦訳『バイオテロ！　細菌兵器の恐怖が迫る』高橋則明・高橋知子・宮下亜紀訳　朝日新聞社　2002　なお、著者のひとりでニューヨーク・タイムズ記者のジュディス・ミラーは2005年にCIA工作員名漏洩事件で取材源を秘匿したため有罪となり、約3か月の収監を経て取材源を明かし釈放された。

[35] **対人地雷禁止条約の現在**　2009年3月現在、批准国は156となった。日本は1998年

に批准、合衆国は未署名。

[36] **オタワ・プロセス** Ottawa Process　1992年10月、欧米の6つのNGOが中心となり地雷禁止国際キャンペーンICBLを設立した。カナダ政府はこれに応えて対人地雷全面禁止をめざす国際会議を96年10月にオタワで開催した。採択した行動計画により外相レベル会議がウィーン、ボン、ブリュッセル、オスロで行われ、97年12月にオタワで対人地雷禁止条約が採択された。NGOが政府を動かした、この条約成立にいたる経緯をオタワ・プロセスという。

[37] **地雷代替手段**　地雷に代わるべき兵器として合衆国が開発・使用しているのは、ICM（改良子爆弾）など。これは1発の砲弾中に約50個の時限式信管をもつ子爆弾を封入して目標地域にまき散らすもので、埋設しないため除去が容易だとされる。またリモート・コントロールにより自在に有効あるいは無効にできるシステムも開発されている。自衛隊も1997年から「センサー、爆薬等を組み合わせ、監視・遠隔操作により隊員が関与して作動させる装備」を研究開発している。

[38] **ヒューマンライツ・ウォッチ** Human Rights Watch　アムネスティーに次ぐ規模の人権NGOで、100名を超える職員をかかえる。市民的・政治的な人権侵害だけを告発し、経済的・社会的な人権侵害は対象としない。1978年にヘルシンキで設立された時にはソ連・東欧圏の人権監視をもっぱらにしていたが、合衆国を本拠として以後、世界中での戦時の非人間的取り扱い、女性の権利、刑務所内の待遇などに活動範囲を広げた。会長は出版社ランダムハウス元会長のバーンスタイン。ウェブサイト〈http://www.hrw.org/〉。

[39] **京都議定書の発効**　合衆国は2009年3月現在でも京都議定書を批准していない。先進国（附属書Ⅰに含まれる国）のうち未批准国は、他にトルコのみ。しかし合衆国を除いても批准先進国の温室効果ガス排出量が1990年段階の先進国合計の55％を超えるという発効要件が満たされたため、2005年2月16日に京都議定書は発効した。

[40] **国際刑事裁判所の発足**　2003年3月11日にハーグで正式に発足した。18人の裁判官がおり、予審、第一審、上級裁判部に分かれ、刑罰の最高刑は終身刑で死刑はない。日本も国内法を整備して2007年7月17日に批准した。ウェブサイト〈http://www.jcc-cpi.int/〉。

[41] **地位協定見直し**　日米地位協定は、1995年の米兵による少女暴行事件、2004年の沖縄国際大学構内への米軍ヘリ墜落事件などから、沖縄県は抜本的見直しを求めて行動しているが、日本政府は改定に動いていない。

[42] **強制的失踪防止条約** The International Convention for the Protection of All Persons from Enforced Disappearances　2006年12月20日、国連総会はこの条約（すべての人を強制的失踪から保護する条約）を採択した。条約案はアルゼンチン、チリなどの軍事政権による反体制者迫害を追及するために20年以上前から準備されており、日本も北朝鮮による拉致問題を念頭に採択のため積極的に活動した。20か国の批准により発効するが、未発効。

[43] **ナン・ルーガー計画** the Nun-Luger Project　1991年にサム・ナン（民主党）とリチャード・ルーガー（共和党）の両上院議員の提唱で始まった。旧ソ連諸国の残存核兵器廃棄、核施設解体、核技術者頭脳流出防止を支援する合衆国の協調的脅威削減プログラムで、日本も協力している。2004年にはアルバニアの化学兵器廃棄にも適用され、また6か国協議で北朝鮮の完全核放棄が実現した場合にも適用が予定されている。

[44] **マニフェスト・ディスティニー**　Manifest Destiny　運命顕示説といわれる。1845 年にジャーナリストのジョン・オサリバンが『デモクラティック・レビュー』に書いた記事で使用したのが最初。合衆国は 46-48 年にメキシコと戦ってカリフォルニアを入手し、67 年にはミッドウェーを領有、アラスカを購入、90 年にはインディアンの組織的抵抗が終わった。98 年にはハワイを併合、同年米西戦争でキューバとフィリピンを領有した。この言葉は 19 世紀後半に受け入れられ、合衆国が北米全体にわたって政治的・社会的・経済的支配を行うのは明白な運命だという帝国主義的思想をいう。

出 典

ABA Resolution 2001
American Bar Association. Resolution in Support of U.S. Accession to the Rome Statute of the International Criminal Court. February 20, 2001. Accompanied by an explanatory Report.
Acronym Institute 2002
Acronym Institute. "US Diplomatic Offensive Removes OPCW Director General." *Disarmament Diplomacy* Issue No.64 (May-June 2002). On the Web at ⟨http://www.acronym.org.uk/dd/dd64/64nr01.htm.⟩
ACT 2002
"Expounding Bush's Approach to U.S. Nuclear Security. An Interview With John R. Bolton." *Arms Control Today* 32, no.2 (March 2002). On the Web at ⟨http://www.armscontrol.org/act/2002 03/boltonmarch02.asp.⟩
AHG 1998
Ad Hoc Group of the States Parties to the Convention on the Prohibition of the Development, Production and Stockpiling of Bacteriological (Biological) and Toxin Weapons and on Their Destruction. *Working Paper Submitted by Argentina, Australia, Austria, Belgium, Canada, Czech Republic, Denmark, Finland, France, Germany, Greece, Ireland, Italy, Japan, Netherlands, New Zealand, Norway, Poland, Portugal, Republic of Korea, Romania, Slovakia, Spain, Sweden, Switzerland, Turkey, United Kingdom of Great Britain and United States of America.* 11th Session Geneva, 22 June - 10 July. BWC/Ad Hoc Group/WP.296, July 10, 1998. On the Web at ⟨http://www.opbw.org⟩
Amnesty International 1997
Amnesty International. "The International Criminal Court: Making the Right Choices, Part 1." IOR 40/001/1997. January 1, 1997. On the Web at <http://web.amnesty.org/ai.nsf/index/ior400011997?OPenDocument&of-THEMES/INTERNATIONAL+JUSTICE>
Amnesty International 2002a
Amnesty International. "International Criminal Court: Immunity for Peace-Keepers is a Set Back for International Justice." Public Statement. July 15, 2002. On the Web at ⟨http://www.iccnow.org/html/AmnestyStatement15July02.pdf..⟩
Amnesty International 2002b
Amnesty International. "International Criminal Court: US Efforts to Obtain Impunity for Genocide, Crimes Against Humanity and War Crimes." August 2002. On the Web at ⟨http://www.iccnow.org/html/aiusimpunity200208.pdf.⟩
Angell 2000
John C. Angell (U.S. Department of Energy). Letter to Senator Tom Harkin, August 25, 2000. With an attachment containing Senator Harkin's questions and the Department of Energy's answers to them. Reproduced in Appendix B of this book.

Annan 1998
Kofi Annan. "Statement of UN Secretary-general Kofi Annan on the Occasion of the Adoption of the Rome Statute of the International Criminal Court at the Diplomatic Conference of Plenipotentiaries." 17 July 1998.
Arkin 2002
William M. Arkin. "Secret Plan Outlines the Unthinkable." *Los Angeles Times,* March 10, 2002. On the Web at ⟨http://www.latimes.com/news/opinion/la-op-arkinmar10.story.⟩
Arms Control Assn. 2002
"Moving Beyond 'MAD' ? A Briefing on Nuclear Arms Control and the Bush-Putin Summit." Arms Control Association Press Conference with John Holum, Karl Inderfurth, James Goodby, and Daryl Kimball, May 15, 2002. On the Web at ⟨http://www.armscontrol.org/aca/bpsumconmay02.asp.⟩
ASPA 2001
American Servicemembers' Protection Act of 2002 (H.R. 1794), May 10, 2001.
ASPA 2002
American Servicemembers' Protection Act of 2002. PL 107-206 signed into law August 2, 2002.
Associated Press 2001
"US to Make Second Dues Payment to UN." Associated Press, October 6, 2001.
Australian Greenhouse Office 2001
Australian Greenhouse Office. *A Message from Marrakesh - What Were the Outcomes of COP-7 ?* On the Web at ⟨http://www.greenhouse.gov.au/international/marrakesh/html.⟩
Back from the Brink 2001
Back from the Brink Campaign and Project for Participatory Democracy. *Short Fuse to Catastrophe: The Case for Taking Nuclear Weapons Off Hair-trigger Alert.* Facing Reality series. Washington DC: BfB, February 2001.
Baradei 2001a
Mohamed El Baradei (IAEA Director General). "Statement to the Fifth-Sixth Regular Session of the UN General Assembly." October 22, 2001. On the Web at
⟨http://www.iaea.org/worldatom/Press/Statements/2001/ebsp2001ln010.shtml.⟩
Baradei 2001b
Mohamed El Baradei. "Excerpts from the Introductory Statement by IAEA Director General Dr. Mohamed ElBaradei." [re: 2000 IAEA Safeguards Implementation Report] Vienna: IAEA Board of Governors, June 11, 2001. On the Web at
⟨http://www.iaea.org/worldatom/Press/Statements/2001/ebsp2001n006.shtml.⟩
BAS 2000
Bulletin of the Atomic Scientists. "ABM Treaty' Talking Points.'" May/June 2000 web edition of *the Bulletin of Atomic Scientists.* On the Web at
⟨http://www.thebulletin.org/issues/2000/mj00/treaty doc.html.⟩
BBC 2002
BBC News. " Climate Scientist Ousted." April 19, 2002. On the Web at
⟨http://news.bbc.co.uk/hi/english/sci/tech/newsid 1940000/1940117.stm.⟩
BBC 2002a
BBC News. "ExxonMobil Hits Back In Memo Row." 5 April 2002. On the Web at

⟨http://news.bbc.co.uk/hi/english/world/americas/newsid 1913000/1913640.stm.⟩
Becker 2002
Elizabeth Becker. "U.S. Ties Military Aid to Peacekeepers' Immunity." *New York Times*, August 10, 2002.
Benedetti & Washburn 1999
Fanny Benedetti and John L. Washburn. "Drafting the International Criminal Court Treaty: Two Years to Rome and an Afterward on the Rome Diplomatic Conference." *Global Governance* 5, no.1 (Jan-Mar, 1999).
Berger Letter 1998
Samuel Berger (U.S. National Security Advisor). Letter to Senator Patrick Leahy, 15 May 1998.
Biden 2001
Joseph Biden. "Defeating and Preventing Terrorism Takes More than Missile Defense. December 12, 2001." On the Web at ⟨http://foreign.senate.gov/press/statements/statements 011212.html.⟩
Blair 2002
Bruce Blair. "U.S. Nuclear Posture and Alert Status Post Sept.11." January 28, 2002. On the Web at ⟨http://www.cdi.org/nuclear/post911.cfm.⟩
Bleek 2000
Philip C. Bleek. "Russia Adopts New Security Concept; Appears to Lower Nuclear Threshhold." *Arms Control Today* 30, no.1 (January/February 2000). On the Web at
⟨http://www.armscontrol.org/act/2000 01-02/rujf00.asp.. ⟩
Bolton 1997
John Bolton. "U.S. Isn't Legally Obligated to Pay the U.N." *Wall Street Journal*, Nov.17, 1997, *cited in* Luck 1999, pp.241-242.
Bolton 2000
John Bolton. "Is there Really 'Law' in International Affairs." *Transnational Law and Contemporary Problems* 10 (Spring 2000).
Bolton 2002
John R. Bolton. Letter of John R. Bolton (Under Secretary of State for Arms Control and International Security) to United Nations Secretary General Kofi Annan, May6, 2002. On the Web at ⟨http://www.state.gov/r/pa/prs/ps/2002/9968.htm.⟩
Bolton BWC 2001
John R. Bolton. Remarks to the 5th Biological Weapons Convention RevCon Meeting, Geneva, Switzerland, November 19, 2001. On the Web at ⟨http://www.state.gov/t/us/rm/janjuly/6231.htm.⟩
Borger 2001
Julian Borger. Pentagon Approves Super Strain, *Guardian Unlimited*, October 24, 1996.
Boutros-Ghali 1996
Boutros Boutros-Ghali. "The US Must Pay Its Dues." *New York Times*, April 8, 1996.
Bradley & Goldsmith 2000
Curtis A. Bradley and Jack L. Goldsmith. "Treaties, Human Rights, and Conditional Consent." *Pennsylvania Law Review* 149 (May 2000): 399.
Broad 1992
William J. Broad. Teller's War: The Top-Secret Story Behind the Star Wars Deception. New York:

Simon & Schuster, 1992.
Broad 1998
William J. Broad. "Fusion-Research Effort Draws Fire." *New York Times*, July 15, 1998.
Brookings 1998
U.S. Nuclear Weapons Cost Study Project. *Expenditures for U.S. Nuclear Weapons Research, Development, Testing, and Production, 1948-1998*. Washington, DC: Brookings Institution, 1998. On the Web at ⟨http://www.brook.edu/dybdocroot/fp/projects/nucwcost/rd&t.HTM.⟩
Brownlie 1990
Ian Brownlie. *Principles of Public International Law*. 4th ed. Oxford: Oxford University Press, 1990.
Brugger 2002
Seth Brugger. "BWC Conference Suspended After Controversial End." *Arms Control Today*, no.1 (January/February 2002).
Brugger 2002a
Seth Brugger. "Chemical Weapons Convention Chief Removed at U.S. Initiative." *Arms Control Today* 32, no.4 (May 2002).
Bunn 1997
George Bunn. "The Legal Status of U.S. Negative Security Assurances to Non-Nuclear Weapon States." *The Nonproliferation Review*, Spring-Summer 1997.
Bunn 1999
George Bunn. "The Status of Norms Against Nuclear Testing." *The Nonproliferation Review*, Winter 1999.
Burroughs 1998
John Burroughs. The Legality of Threat or Use of Nuclear Weapons: A Guide to the Historic Opinion of the International Court of Justice. Munster: Lit Verlag, 1997; Piscataway, NJ: Transaction Publishers, 1998.
Burroughs 2000
John Burroughs. "More Promises to Keep: 2000 NPT Review Conference." *Bombs Away!*, Fall 2001. On the Web at ⟨http://www.lcnp.org/pubs/Bombsaway!%20fall00/article4.htm.⟩
Burroughs & Cabasso 1999
John Burroughs and Jacqueline Cabasso. "Confronting The Nuclear-Armed States in International Negotiating Forums: Lessons For NGOs." *International Negotiation* 4, no.3 (1999): 457-480.
Burroughs & Epstein 2000
John Burroughs and William Epstein. "Hopes for Revival of Nuclear Disarmament Efforts ?" *Nuclear Disarmament Commentary* 2, no.5 (December 2000). On the Web at ⟨http://www.lcnp.org/pubs/index.htm.⟩
Burroughs & Wurst 2001
John R. Burroughs and Jim Wurst. "A New Agenda for Nuclear Disarmament: The Pivotal Role of Mid-Size States." September 2, 2001 Panel, 2001 Annual Meeting of the American Political Science Association, San Francisco. On the Web at ⟨http://pro.harvard.edu/papers/019/019014BurroughsJ.pdf.⟩
Bush 2001a
George W. Bush. "President's Statement on the 'Departments of Commerce, Justice, State, Judiciary, and

Related Agencies Appropriations Act, 2002.'" November 28, 2001. Running title: Bush Statement on Signing of HR 2500. On the Web at
⟨http://www.usnewswire.com/topnews/Current Releases/1128-148.html.⟩
Bush 2001b
George W. Bush. "Remarks by the President on National Missile Defense." In "Bush Announces U.S. Withdrawal From ABM Treaty," issued by Department of State's Office of International Information, December 13, 2001. On the Web at ⟨http://www.fas.org/nuke/control/abmt/news/bushabm121301.htm⟩ or ⟨http://usinfo.state.gov/topical/pol/arms/strories/01121302.htm.⟩
Bush Energy Plan 2001
National Energy Policy Development Group. *Reliable, Affordable, and Environmentally Sound Energy for America's Future.* Washington, DC: U.S. Govt. Print. Off., May 2001. Cover title: *National Energy Policy.* Also known as the Cheney Plan.
BWC 1972
Convention on the Prohibition of the Development, Production, and Stockpiling of Bacteriological (Biological) and Toxin Weapons and on Their Destruction. Opened for signature, April 10, 1972.
Carlisle 2001
John Carlisle. "President Bush Must Kill Kyoto Global Warming Treaty and Oppose Efforts to Regulate Carbon Dioxide." *National Policy Analysis*, no. 328 (February 2001). A publication of the National Center for Public Policy Research. On the Web at ⟨http://www.nationalcenter.org/NPA328.html.⟩
CCW Protocol II 1996
Protocol II to the Convention on Prohibitions or Restrictions on the Use of Certain Conventional Weapons Which May Be Deemed to Be Excessively Injurious or to Have Indiscriminate Effects, as amended on May 3, 1996.
CD/1308 1995
Conference on Disarmament. CD/1308. 6 April, 1996. [A declaration by France, Russia, the United Kingdom and the United States made at the Conference on Disarmament. The statement was later issued as a document of the 1995 Review and Extension Conference (NPT/CONE.1995/20)]. On the Web at ⟨http://www.un.org/Depts/ddar/nptconf/2102.htm.⟩
Chang 2002
Nancy Chang. *Silencing Political Dissent: How Post-September 11 Anti-Terrorism Measures Threaten Our Civil Liberties.* New York: Seven Stories, 2002. On the Web at ⟨http://www.sevenstories.com.⟩
CICC 2001
Coalition for the International Criminal Court. "U.S. Tragedy Must Be Addressed Through Systems of Justice." Statement of the Coalition for the International Criminal Court. September 2001.
CIA 2001
U.S. Central Intelligence Agency. Unclassified Report to Congress on the Acquisition of Technology Relating to Weapons of Mass Destruction and Advanced Conventional Munitions, July 1 Through 31 December 2000. Washington, DC, September 2001. On the Web at
⟨http://www.cia.gov/cia/publications/bian/bian jan 2002.htm.⟩
Climate Action Report 2002
United States. Department of State. *U.S. Climate Action Report - 2002: Third National Communication of the United States of America Under the United Nations Framework Convention on Climate Change.*

Washington, DC, May 2002. On the Web at
⟨http://www.epa.gov/global-warming/publications/car/index.html.⟩
Climate Network Europe 2002
Climate Network Europe. Ratification of the Kyoto Protocol. On the Web at
⟨http://www.climnet.org/Euenergy/ratification.htm.⟩
Clinton 1997
William Clinton. Remarks on Landmines. September 17, 1997. On the Web at
⟨http://usinfo.state.gov/topical/pol/arms/mines/minearch.htm.⟩
Clinton 2000
William Clinton. "Remarks on Signature of ICC Treaty." December 31, 2000. On the Web at
⟨http://www.wfa.org/issues/wicc/prestext.html.⟩
Clinton Certification 1999
William Clinton. "Notice on Amended Protocol on Prohibitions or Restrictions on the Use of Mines, Booby-Traps and Other Devices, Together with its Technical Annex - Message From The President — PM 32." *Congressional Record - Senate* (May 24, 1999): S5827.
CNN 1997
CNN. "U.S. Says Its Land Mines Aren't the Problem." October 10, 1997. On the Web at
⟨http://www.cnn.com/US/9710/10/landmine.treaty/.⟩
Comm. on Int'l Security 1997
National Academy of Sciences. Committee on International Security and Arms Control. *The Future of U.S. Nuclear Weapons Policy*. Washington: National Academy Press, 1997.
COP-7 report 2001
Report of the Conference of the Parties on Its Seventh Session, Held at Marrakesh from 29 October to 10 November 2001. United Nations Framework Convention on Climate Change. FCCC/CP/13/Add.1.January 21, 2002. On the Web at ⟨http://unfccc.int/resource/docs/cop7/13.pdf.⟩
Coyle and Rhinelander 2001
Philip E. Coyle and John B. Rhinelander. National Missile Defense and the ABM Treaty: No Need to Wreck the Accord. *World Policy Journal*, Fall 2001. Summary on the Web at
⟨http://worldpolicy.org/journal/wpj01-3.html.⟩
Craig Amendment 2001
The Commerce, Justice, State and the Judiciary Appropriations Bill, H.R.2500. EASIS. September 10, 2001.
CRLP 1999
Janet Benshoof. "United Nations Dues Paid, But Not Without A Price." Center for Reproductive Law & Policy. November 19, 1999. On the Web at ⟨http://www.crlp.org/pr 99 1115undues.html.⟩
CTBT 1996
Comprehensive Nuclear-Test Ban Treaty. Opened for signature, September 24, 1996.
Currie 2001
Duncan Currie. *United States Unilateralism and the Kyoto Protocol, CTBT and ABM Treaties: The Implications Under International Law*. Greenpeace, June 9, 2001. On the Web at
⟨http://www.stopstarwars.org/html/docslegalsum.html.⟩
CWC 1993

The Convention on the Prohibition of the Development, Production, Stockpiling, and Use of Chemical Weapons and on Their Destruction. Opened for signature January 13, 1993.
CW Implementation Act 1998
Chemical Weapons Convention Implementation Act of 1998, Public Law 105-277.
D'Amato 1998
Anthony D'Amato. "Customary International Law: A Reformulation." *International Legal Theory* 4(1): 1-5 (1998). On the Web at ⟨http://law.ubalt.edu/cicl/ilt/4 1 1998.pdf.⟩
Dannheisser 2001
Ralph Dannheisser. "House Approves $582 Million Back Dues Payment to U.N." Washington: U.S. Department of State. Office of International Information Programs, September 25, 2001. On the Web at ⟨http://usinfo.state.gov/topical/pol/terror/01092508.htm.⟩
Datan and Ware 1999
Merav Datan and Alyn Ware. *Security and Survival: The Case for a Nuclear Weapons Convention.* Cambridge, MA: IPPNW, 1999.
Dee 2002
Joseph Dee. "Excerpt: Anthrax Suspect ID'd." *Trenton Times*, February 19, 2002.
Demilitarization for Democracy 1997
Demilitarization for Democracy. Exploding the Landmine Myth in Korea. Washington, DC, August 1997.
Dept. for Disarmament Affairs 2001a
UN Department for Disarmament Affairs. "Highlights of Press Conference Held On Developments in the Fifth Review Conference of States Parties to the Biological Weapons Convention on 27 November 2001 at the Palais des Nations." November 27, 2001. On the Web at
⟨http://www.unog.ch/news/documents/newsen/pc011127.html.⟩
Dept. for Disarmament Affairs 2001b
UN Department for Disarmament Affairs. "Highlights of Press Conference Held On Developments in the Fifth Review Conference of States Parties to the Biological Weapons Convention on 30 November 2001 at the Palais des Nations." November 30, 2001. On the Web at
⟨http://www.unog.ch/news/documents/newsen/pc011130.html.⟩
Dept. of Defense 1999
U.S. Department of Defense. "Landmines Information Paper." March 3, 1999.
Dhanapala 2001
Jayanth Dhanapala. "Multilateralism and the Future of the Global Nuclear Nonproliferation Regime." The Nonproliferation Review, Fall 2001. On the Web at
⟨http://www.un.org/Depts/dda/speech/nprvwfall01.pdf.⟩
Dhanapala 2002
Jayanth Dhanapala. " International Law, Security, and Weapons of Mass Destruction." 2002 Spring Meeting of the Section of International Law and Practice, American Bar Association, New York City, May 9, 2002. On the Web at ⟨http://www.un.org/depts/dda/speech/statements.htm.⟩
DOE 1997
Untied States. Department of Energy. Office of Defense Programs. *Stockpile Stewardship and Management Plan: First Annual Update.* (Deleted Version). [Washington, DC] October 1997. Also known as the Green Book.

DOE 2002
United States. Department of Energy. National Nuclear Security Administration. "Weapons Activities, Executive Summary." *FY2003 Congressional Budget Request.* On the Web at
⟨http://www.cfo.doe.gov/budget/03budget/content/weapons/weapon.pdf.⟩

Dolley and Leventhal 2001
Steve Dolley and Paul Leventhal. "Overview of IAEA Nuclear Inspections in Iraq." NCI Reports. Washington, DC: Nuclear Control Institute, June 14, 2001. On the Web at
⟨http://www.nci.org/new/iraq-ib.htm.⟩

Drell, Jeanloz and Peurifoy 2002
Sidney Drell, Raymond Jeanloz, and Bob Peurifoy. "Commentary: Bunkers, Bombs, Radiation." *Los Angeles Times*, March 17, 2002.

Dresen 1999
Thomas Dresen. "Anti-Personnel Landmine Alternatives (APL-A)." A Briefing delivered by Colonel Thomas Dresen, Project Manager for Mines, Countermine, and Demolitions to the National Defense Industrial Association's Forty-third Annual Fuze Conference, April 7, 1999. On the Web at
⟨http://www.dtic.mil/ndia/fuze/dresen.pdf.⟩

EIA 1992
United States. Department of Energy. Energy Information Administration. Office of Energy Markets and End Use. *Lighting in Commercial Buildings.* Energy Consumption Series. Washington, DC, March 1992. On the Internet at ⟨ftp://tonto.eia.doe.gov/consumption/0555921.pdf.⟩

EIA 2001
United States. Department of Energy. Energy Information Administration. Office of Integrated Analysis and Forecasting. *Emissions of Greenhouse Gases in the United States 2000.* DOE/EIA-0573(2000). [Washington, DC] November 2001. On the Internet at
⟨ftp://ftp.eia.doe.gov/pub/oiaf/1605/cdrom/pdf/ggrpt/057300.pdf.⟩

Eilperin 2001
Juliet Eilperin. "House Approves UN Payment." *Washington Post*, September 25, 2001.

European Environment Agency 2001
European Environment Agency. *Annual European Community Greenhouse Gas Inventory 1990-1999: Submission to the Secretariat of the UNFCCC.* Prepared by Manfred Ritter and Bernd Gugele. Copenhagen, April 11, 2001. On the Web at
⟨http://reports.eea.eu.int/Technical report No 60/en/tech60.pdf.⟩

European IMT 1951
Agreement for the Prosecution and Punishment of Major War Criminals of the European Axis, and Establishing the Charter of the International Military Tribunal (IMT), annex.1951.

Executive Report 1996
Senate Executive Report of the Chemical Weapons Convention. Ex.Rep 104-33. September 11, 1996.

Far East IMT 1946
International Military Tribunal for the Far East, 1946-48. Charter of the International Military Tribunal for the Far East, 19 January 1946 (General Orders no.1), Tokyo, as amended. General Orders no.20, 26 April 1946. T.I.A.S. no.1589.

FAS 1999

Federation of American Scientists. *WMD Around the World*, Russia, June 1999. On the Web at ⟨http://www.fas.org/nuke/guide/russia/cbw.⟩

FAS TTBT Provisions

Federation of American Scientists. *Threshold Test Ban Treaty [Provision]*. Washington, DC [no date]. On the Web at ⟨http://fas.org/nuke/control/ttbt/intro.htm.⟩

Feith 2002

Douglas J. Feith. "Statement of Douglas J. Feith, Undersecretary of Defense for Policy, Senate Armed Services Hearing on the Nuclear Posture Review." February 14, 2002. On the Web at ⟨http://www.senate.gov/~armed services/statement/2002/Feith.pdf.⟩

Financing Terrorism Convention 1999

International Convention for the Suppression of the Financing of Terrorism. UN Res. 54/109/1999. Treaty Document 106-49.

Fischer 2001

Joschka Fischer. Letter to Secretary of State Colin Powell. October 30, 2001. On file with the Women's Caucus for Gender Justice.

Fitzpatrick 2001

Joan Fitzpatrick. "The Constitutional and International Invalidity of Military Commissions Under November 13, 2001'' Military Order.'" [undated]. On the Web at ⟨http://www.impunity.org/MilitaryCommissions.htm.⟩

Fitzgerald 2000

Frances Fitzgerald. *Way Out There in the Blue: Reagan, Star Wars, and the End of the Cold War*. New York: Simon & Schuster, 2000.

Ford 2002

Peter Ford. "US Diplomatic Might Irks Nations." *Christian Science Monitor*, April 24, 2002.

Foreign Relations Comm. 1999

Senate Foreign Relation Committee Hearing, Regarding Extradition Treaty with South Korea. October 20, 1999.

Foreign Relations Comm. 2001

Treaties and Other International Agreements: The Role of the United States Senate. A Study. Prepared for the Committee on Foreign Relations, United States Senate. S. Print 106-71. Washington, DC: US Govt. Print. Off., 2001.

GA Res. 1948

United Nations. General Assembly. Resolution 260. 9 December 1948.

GA Res. 1961

United Nations. General Assembly. Resolution 1665 [XVI]. 4 December 1961. Also known as The Irish Resolution.

GA Res. 1965

United Nations. General Assembly. Resolution 2028 [XX]. 19 November 1965. Also known as The Five Principles.

GA Res. 1989

United Nations. General Assembly. Resolution 44/39. 4 December 1989.

GA Res. 1996a

United Nations. General Assembly. Resolution 51/45S of 10 December 1996.
GA Res. 1996b
United Nations. General Assembly. Resolution 51/207 of 17 December 1996.
GA Res. 1998
United Nations. General Assembly. Resolution A/RES/53/77Y. "Towards a Nuclear-Weapon -Free World: the Need for a New Agenda." 4 December, 1998.
GA Res. 1999
United Nations. General Assembly. Resolution A/54/54G. "Towards a Nuclear-Weapons -Free World: A Need for a New Agenda." 1 December, 1999.
GA Res. 2000
United Nations. General Assembly. Resolution A/53/33C. 20 November, 2000.
Geneva Protocol 1925
The Protocol for the Prohibition of the Use in War of Asphyxiating, Poisonous or Other Gases, and of Bacteriological Methods of Warfare. Opened for signature on June 17, 1925.
Geneva Conventions 1949
Geneva Convention for the Amelioration of the Condition of the Wounded and Sick in Armed Forces in the Field (I); Geneva Convention for the Amelioration of the Condition of Wounded, Sick and Shipwrecked Members of Armed Forces at Sea (II); Geneva Convention Relative to the Treatment of Prisoners of War (III); Geneva Convention Relative to the Protection of Civilian Persons in Time of War (IV). August 12, 1949.
Genocide Convention 1948
Convention on the Prevention and Punishment of the Crime of Genocide. Approved and opened for signature, ratification and accession by United Nations General Assembly resolution 260 (III) on 9 December 1948.
Gertz 1999
Bill Gertz. "Albright Says U.S. Bound by CTBT." *Washington Times*, November 2, 1999.
Ghose 1996
Arundhati Ghose. *Statement in Explanation of Vote by Ms. Arundhait Ghose, Ambassador/Permanent Representative of India to the UN Offices at Geneva, on Item 65: CTBT at the 50th Session of the UN General Assembly at New York on September 10, 1996.* On the Web at ⟨http://www.indianembassy.org/policy/CTBT/ctbt UN september 10 96.htm.⟩
Gordon, John 2002
John A. Gordon. "Statement of John A. Gordon, Under Secretary for Nuclear Security and Administrator, National Nuclear Security Administration, U.S. Department of Energy, before the Senate Armed Services Committee." February 14, 2002. On the Web at ⟨http://www.senate.gov/~armed services/statement/2002/Gordon.pdf.⟩
Gordon, Michael R. 2002
Michael R. Gordon. "U.S. Nuclear Ban Sees New Targets and New Weapons." *New York Times*, March 10, 2002.
Gordon, Michael R. 2002a
Michael R. Gordon. "Treaty Offers Pentagon New Flexibility for New Set of Nuclear Priorities." *New York Times*, May 13, 2002.

Gordon, Michael R. & Miller 2001
Michael R. Gordon and Judith Miller. "U.S. Germ Warfare Review Faults Plan on Enforcement." *New York Times*, May 20, 2001.
Graham 2002
Bill Graham. "Notes For An Address By The Honorable Bill Graham, Minister of Foreign Affairs, To The Conference On Disarmament, Geneva, Switzerland." March 19, 2002.
Hambric & Schneck 1996
Harry Hambric and William Schneck. "The Antipersonnel Mine Threat." Presented to the Technology and the Mine Problem Symposium, Monterey, California, November 18-21, 1996.
Harkin 1999
Tom Harkin (United States Senate). Letter to Bill Richardson (Secretary, Department of Energy). October 28, 1999. Reproduced in Appendix B of this book.
Harris 2001
Elisa Harris. "The BWC After the Protocol: Previewing the Review Conference." *Arms Control Today* 31, no.10 (December 2001).
Helms 1996a
Jesse Helms. "Need for National Ballistic Defense System, Senator Jesse Helms (R-NC) Senate Foreign Relations Committee, Tuesday, September 24, 1996." On the Web at
⟨http://www.fas.org/spp/starwars/congress/1996 h/s9609224th.htm.⟩
Helms 1996b
Jesse Helms. "Saving the UN: A Challenge to the Next Secretary-General." *Foreign Affairs* 75, no.6 (September-October 1996), cited in Luck 1999, p.70.
Helms 1998a
Jesse Helms(United States Senate, Committee on Foreign Relations). Letter to President Clinton. January 21, 1998. On the Web at ⟨http://www.clw.org/pub/clw/coalition/helm0121.htm.⟩
Helms 1998b
Jesse Helms. Letter. *Financial Times*, 31 July 1998.
Helms 1999a
Jesse Helms. "Statement by Senator Jesse Helms Prepared for the Senate Foreign Committee Hearing on the CTBT." October 7, 1999. On the Web at
⟨http://www.fas.org/nuke/control/ctbt/text/100799helms.htm.⟩
Helms 1999b
Jesse Helms. "Amend the ABM Treaty ? No, Scrap It ?" *Wall Street Journal*, January 22, 1999. On the Web at ⟨http://www.clw.org/pub/clw/coalition/helm0199.htm.⟩
Helms 2000
Jesse Helms. "The Radical Agenda of CEDAW." Statement to the Congress, March 8, 2000. On the Web at http://www.senate.gov/~helms/Speeches/CEDAW/cedaw.html.
Also published in the *Congressional Record* — Senate (March 8, 2000): S1276.
Helms 2000a
Jesse Helms. "Helms Press Release on Clinton Signature December 31, 2000." Statement of Sen. Helms, reprinted by WICC. Washington: Washington Working Group on the International Criminal Court. On the Web at ⟨http://www.wfa.org/issues/wicc/helmsrel.html.⟩

Henkin 1995
Louis Henkin. "U.S. Ratification of Human Rights Conventions: The Ghost of Senator Bricker." *American Journal of International Law* 89 (April 1995): 341.

Holum, et al. 1999
John Holum, Ted Warner, Ernie Moniz, and Bob Bell. "Excerpts of Remarks by Under Secretary of State for Arms Control John Holum, Assistant Secretary of Defense for Strategy and Requirements Ted Warner, Under Secretary of Energy Ernie Moniz, and Former NSC Senior Director for Defense and Arms Policy Bob Bell on the Comprehensive Test Ban Treaty." White House Press Briefing Transcript. October 5, 1999. On the Web at ⟨http://www.fas.org/nuke/control/ctbt/text/1000599holum.htm.⟩

HRW 1993
Human Rights Watch and Physicians for Human Rights. *Landmines: A Deadly Legacy*. New York, June 1998.

HRW 1998
Human Rights Watch. Justice in the Balance: Recommendations for an Independent and Effective International Criminal Court. New York, June 1998.

HRW 2000
Clinton's Landmine Legacy. Human Rights Watch, vol.12, no.3 (G). June 2000. On the Web at ⟨http://www.hrw.org/reports/2000/uslm/.⟩

HRW 2001a
Human Rights Watch. *Landmine: Almost Half of Korea Mines in U.S. New York*. December 3, 2001. On the Web at ⟨http://www.hrw.org/press/2001/12/koreanmines1203.htm.⟩

HRW 2001b
Human Rights Watch. U.S. Pentagon Mine Policy Rollback. New York, December 21, 2001. On the Web at ⟨http://www.hrw.org/press/2001/11/usmines121.htm.⟩

HRW 2002
Human Rights Watch. Letter to the Security Council, 9 July 2002. Subject: Extension of the United Nations Mission to Bosnia-Herzegovina and U.S. Proposals. On the Web at ⟨http://www.iccnow.org/html/hrw20020709.pdf.⟩

HRW & VVAF 1997
Human Rights Watch and Vietnam Veterans of America Foundation. "Retired General Call for Total Antipersonnel Mine Ban, Pentagon Documents Reveal Devastating Effect of U.S. Landmines in Korea and Vietnam." Press Release. Washington, D.C., July 29, 1997.

Hyde Amendment 2001
H.R. 3338. 107th Cong. 1st Sess. November 29, 2001.

IAEA 2002a
L. Wedekind. "IAEA Team Concludes Inspection in Iraq." *Worldatom Front Page News*, January 31, 2002. On the Web at ⟨http://www.iaea.org/worldatom/Press/News/31012002news01.shtml.⟩

IAEA 2002b
International Atomic Energy Agency. "IAEA Team to Visit North Korean Nuclear Facilities." IAEA press release. Vienna, January 10, 2002. On the Web at
⟨http://www.aea.org/worldatom/Press/Prelease/2002/prn0201.shtml.⟩

ICBL Fact Sheet 1999

International Campaign to Ban Landmines. "The Problem." Updated August 16, 1999. On the Web at ⟨http://www.icbl.org, under Resources, The Problem.⟩

ICBL Fact Sheet 2001

International Campaign to Ban Landmines. "Landmine/UXO Casualties and Survivor Assistance." *Landmine Monitor Fact Sheet.* New York: Human Rights Watch. September 2001. On the Web at ⟨http://www.icbl.org/lm/factsheets/va sep 2001.html.⟩

ICBL Landmine Monitor 1999

International Campaign to Ban Landmines. *Landmine Monitor Report 1999.* New York: Human Rights Watch, 1999. On the Web at ⟨http://www.icbl.org/lm/1999.⟩

ICBL Landmine Monitor 2001

International Campaign to Ban Landmines. *Landmine Monitor Report 2001.* New York: Human Rights Watch, August 2001. On the Web at ⟨http://www.icbl.org/lm/2001.⟩

ICBL Letter 1998

International Campaign to Ban Landmines. Letter to President William Jefferson Clinton. August 7, 1998. Signed by 60 nongovernmental organizations.

ICJ Statute 1945

Statutes of the International Court of Justice. June 6, 1945. On the Web at ⟨http://www.un.org/Overview/Statute/contents.html.⟩

ICTFY 1993

Statute of the International Criminal Tribunal for the Former Yugoslavia. UN Doc. S/RES/827, annex, 1993.

ICTR 1994

Statute of the International Criminal Tribunal for Rwanda. UN Doc. S/RES/955, annex. 1994.

IHT 2002

"Chemical Arms Foe Pressured to Resign." *International Herald Tribune,* April 22, 2002.

Independent Commission 2000

Independent Commission on the Verifiability of the CTBT. *Final Report of the Independent Commission on the Verifiability of the CTBT.* London: Verification, Training, and Information Center (VERTIC), November 7, 2000. On the Web at ⟨http://www.ctbtcommission.org/FinalReport.pdf.⟩

IPCC 2001

Intergovernmental Panel on Climate Change. *Climate Change 2001: The Scientific Basis.* Edited by J.T. Houghton, Y. Ding, D.J. Griggs, M. Noguer, P.J. van der Linden, X. Dai, K. Maskell, and C.A. Johnson. Contribution of Working Group I to the Third Assessment Report of the Intergovernmental Panel on Climate Change. Cambridge: Cambridge University Press, 2001.

IPPNW and IEER 1991

International Physicians for the Prevention of Nuclear War and Institute for Energy and Environmental Research. *Radioactive Heaven and Earth: The Health and Environmental Effects of Nuclear Weapons Testing In, On, and Above the Earth.* A report of the IPPNW International Commission to Investigate the Health and Environmental Effects of Nuclear Weapons Production and the Institute for Energy and Environmental Research. New York: Apex Press, 1991.

Jackson 1945

Robert H. Jackson. "Report to the President on Atrocities and War Crimes." June 7, 1945. On the Web at

⟨http://www.yale.edu/lawweb/avalon/imt/jack01.htm.⟩
Jehl & Revkin 2001
Douglas Jehl with Andrew C. Revkin. "Bush, in Reversal, Won't Seek Cut In Emissions of Carbon Dioxide." *New York Times*, March 14, 2001.
Kanipe 1999
Jeff Kanipe. "Methane Gas Research Could Help Scientists Understand Global Warming." Special to *space.com*. October 29, 1999. On the Web at
⟨http://www.space.com/scienceastronomy/planetearth/climateglobalwarming991029.html⟩
Keller 2001
Bill Keller. "Missile Defense: The Untold Story." *New York Times*, December 29, 2001.
Kiergis 2001
Frederic L. Kiergis. "Terrorist Attacks on World Trade Center and the Pentagon." *American Society of International Law Insights*, September 2001.
Kimball 2002
Daryl Kimball. "Maintaining U.S. Support for the CTBT Verification System." Presentation for VERTIC Seminar, CTBT Verification: Achievements and Opportunities, March 18, 2002, Vienna. On the Web at ⟨http://www.armscontrol.org/aca/ctbtver.asp.⟩
King and Theofrastous 1999
Henry T. King and Theodore C. Theofrastous. "From Nuremberg to Rome: A Step Backward for U.S. Foreign Policy." *Case Western Reserve Journal of International Law*, 31 (1999): 47.
Kirkpatrick 1999
Jeane Kirkpatrick. "Statement by Jeane Kirkpatrick, Professor of Government, Georgetown University, and Senior Fellow, American Enterprise Institute." Prepared for the Senate Foreign Relations Committee Hearing on the CTBT. October 7, 1999. On the Web at
⟨http://www.fas.org/nuke/control/text/100799kirkpatrick.htm.⟩
Kissinger 2001
Henry A. Kissinger. "The Pitfalls of Universal Jurisdiction." *Foreign Affairs*, July/August 2001.
Koch 2000
Dr. Susan Koch (Deputy Assistant Secretary of Defense for Threat Reduction Policy, Office of the Secretary of Defense). "The Biological Weapons Convention: Status and Implications." Before the House Government Reform Committee, Subcommittee on National Security, Veterans Affairs and International Relations, September 13, 2000.
Korb & Tiersky 2001
Lawrence J. Korb and Alex Tiersky. "End of Unilateralism ? Arms Control After September 11." *Arms Control Today* 31, no.8 (October 2001).
Krauthammer 2001
Charles Krauthammer. "The Real New World Order." *The Weekly Standard*, November 12, 2001. " Commended" by John Kyl and printed into the *Congressional Record — Senate* (November 15, 2001): S11936-11938.
Kyl 2000
John Kyl. "Why the Senate Rejected the CTBT and the Implications of Its Demise." Remarks of Senator Jon Kyl, given at the Carnegie Endowment for International Peace. June 5, 2000.

Kyl 2001
John Kyl. "Kyl: ABM Withdrawal 'Removes Straitjacket From Our National Security.'" Press Release. *Jon Kyl, U.S. Senator for Arizona, News*. December 12, 2001. On the Web at <http://www.senate.gov/~kyl/p121201.htm.>

Kyoto Protocol
Kyoto Protocol to the United Nations Framework Convention on Climate Change. On the Web at <http://unfccc.int/resource/docs/convkp/kpend.html.>

Lacey 2001
Edward Lacey. "Testimony before the House Government Reform Committee, Subcommittee on National Security, Veterans Affairs And International Relations. July 10, 2001." On the Web at <http://www.fas.org/bwc/news/laceytest.htm.>

LaFave & Scon 1986
Wayne R. LaFave & Austin W. Scon. Criminal Law. 2d ed. St. Paul, MN: West Publishing Co., 1986.

Lawyers Alliance 2000
"State Succession and the Legal Status of the ABM Treaty." *Lawyers Alliance for World Security/Committee for National Security Occasional Paper* (May 9, 2000): 1-2.

Leahy 1998
Patrick Leahy. [Statement] Congressional Record - Senate 144, no.35 (March 25, 1998): S2552. 105th , 2d Sess., *cited in* Luck 1999, pp.242.

Leklem 1998
Erik J. Leklem. "U.S. Pledges to Sign APL Ban; Lists Conditions to Be Met First." *Arms Control Today* 28, no.4 (May 1998).

Lewis 2002
Neil A. Lewis. "U.S. Rejects All Support for New Court on Atrocities." *New York Times*, May 7, 2002.

Lichterman and Cabasso 2000
Andrew Lichterman and Jacqueline Cabasso. *Faustian Bargain 2000: Why 'Stockpile Stewardship' Is Fundamentally Incompatible With the Process of Nuclear Disarmament*. Revised and updated. Oakland, CA: Western States Legal Foundation, May 2000. On the Web at <http://wslfweb.org/docs/fb2000.pdf.>

Luck 1999
Edward C. Luck. *Mixed Messages, American Politics and International Organization 1919-1999*. Washington, DC: Brookings Institution Press, 1999.

Luck and Doyle 2002
Edward C. Luck and Michael W. Doyle (eds.). *International Law and Organization: Closing the Compliance Gap* (forthcoming).

Lynch 2002
Colum Lynch. "U.S. Seeks Court Immunity for E. Timor Peacekeepers." *Washington Post*, May 16, 2002.

Mahley 2000
Donald Mahley. "The Biological Weapons Convention: Status and Implications." Testimony before the House Government Reform Committee, Subcommittee on National Security, Veterans Affairs and International Relations. September 12, 2000. On the Web at
<http://www.fas.org/bwc/news.htm#TESTIMONY.>

Mahley 2001
Donald Mahley. "Statement by the US to the Ad Hoc Group of Biological Weapons Convention States Parties." July 25, 2001. On the Web at ⟨http://www.fas.org/bwc/bio.htm.⟩

Mahley 2002
Donald Mahley. "Statement by Ambassador Donald A. Mahley, U.S. Representative to the OPCW." April 21, 2002. On the Web at ⟨http://www.acronym.org.uk/docs/0204/doc06.htm.⟩

Makhijani 2000
Arjun Makhijani. "Nuclear Defense and Offense: An Analysis of US Policy." *Science for Democratic Action* 8, no.2 (February 2000). On the Web at ⟨http://www.ieer.org/sdafiles/vol 8/8-2/defoff.html.⟩

Makhijani 2001
Arjun Makhijani. *Securing the Energy Future of the United States: Oil, Nuclear, and Electricity Vulnerabilities and a Post-September 11, 2001 Roadmap for Action.* Takoma Park, MD: Institute for Energy and Environment Research, November 2001. A preliminary report of IEER's energy assessment project. On the Web at ⟨http://www.ieer.org/reports/energy/bushtoc.html.⟩

Makhijani and Gurney 1995
Arjun Makhijani and Kevin R. Gurney. *Mending the Ozone Hole: Science, Technology and Policy.* Cambridge: MIT Press, 1995.

Makhijani and Zerriffi 1998
Arjun Makhijani and Hisham Zerriffi. *Dangerous Thermonuclear Quest: The Potential of Explosive Fusion Research for the Development of Pure Fusion Weapons.* Takoma Park, MD: Institute for Energy and Environmental Research, July 1998. On the Web at ⟨http://www.ieer.org/reports/fusion/fusn-toc.html.⟩

Mello 1997
Greg Mello. "New bomb, no mission." *Bulletin of the Atomic Scientists*, May/June 1997. pp. 28-32.

Meyer 1997
Howard N. Meyer. "When the Pope Rebuked the U.S. at the World Court." *American Society of International Law* Issue 15 (August 1997).

Meyer 2002
Howard N. Meyer. *The World Court In Action: Judging Among Nations.* Lanham, MD: Rowan & Littlefield, 2002.

Mian 2002
Zia Mian. "Elementary Aspects of Noncompliance in the World of Arms Control and Nonproliferation." Forthcoming in *International Law and Organization*: Closing the Compliance Gap. See Luck and Doyle 2002.

Michel 2002
Louis Michel. Letter of Belgian Foreign Minister Louis Michel on behalf of the European Union to Senator Tom Daschle and Secretary of State Colin Powell. October 30, 2001.

Miller, Engelberg & Broad 2001a
Judith Miller, Stephen Engelberg, and William Broad. *Germs: Biological Weapons and America's Secret War.* New York: Simon & Schuster, 2001.

Miller, Engelberg & Broad 2001b
Judith Miller, Stephen Engelberg, and William Broad. "U.S. Germ Warfare Research Pushes Treaty

Limits." *New York Times*, September 4, 2001.
Montreal Protocol
Protocol on Substances that Deplete the Ozone Layer (Montreal, 16 September 1987)(Montreal Protocol). On the Web at ⟨http://sedac.ciesin.org/pidb/texts/montreal.protocol.ozone.1987.html.⟩
Adjustments and amendments on the Web at
⟨http://sedac.ciesin.org/pidb/texts/montreal.protocol.ozone.amend.1992.html.⟩
Moxley 2000
Charles J. Moxley, Jr. *Nuclear Weapons and International Law in the Post Cold War World.* Lanham, MD: Austin & Winfield, 2000.
NACDL Resolution 2002
National Association of Criminal Defense Lawyers. "Resolution Calling for United States Ratification of and Participation in the International Criminal Court and for Creation of Independent Defense Function Therein." Washington, DC, February 23, 2002. On the Web at
⟨http://www.nacdl.org/public.nsf/resolutions/2002 02a?opendocument.⟩
NAS-NRC 2001
National Research Council. Division on Earth and Life Studies. Committee on the Science of Climate Change. *Climate Change Science: An Analysis of Some Key Questions.* Washington, DC: National Academy Press, 2001. On the Web at < http://www.nap.edu/catalog/10139.html.>
NAS-NRC 2002
National Research Council. Division on Earth and Life Studies. Committee Abrupt Climate Change. *Abrupt Climate Change: Inevitable Surprises.* Committee on Abrupt Climate Change, Ocean Studies Sciences and Climate, Division on Earth and Life Studies, National Research Council. Washington DC: National Academy Press, 2002.
NASA 2001
US. National Aeronautics and Space Administration. Goddard Space Flight Center. *Ocean Circulation Shut Down by Melting Glaciers After Last Ice Age.* On the Web at
⟨http://www.gsfe.nasa.gov/topstory/20011116meltwater.html. November 19, 2001⟩
(date of web publication).
National Intelligence Council 2001
National Intelligence Council. "Foreign Missile Developments and the Ballistic Missile Threat Through 2015." December 2001. On the Web at ⟨http://www.fas.org/irp/nic/bmthreat-2015.htm.⟩
New Agenda Declaration 1998
Towards a Nuclear-Weapons-Free World: The Need for a New Agenda. Joint Declaration by Ministers for Foreign Affairs of Brazil, Egypt, Ireland, Mexico, New Zealand, Slovenia, South Africa and Sweden. [UN document number a/53/138]. 9 June 1998. A copy on the Web at
⟨http://www.irlgov.ie/iveagh/policy/nuclearfreeworld.htm.⟩
New Agenda Working Paper 2000
New Agenda Coalition(NAC) Working Paper. The 2000 NPT Review Conference, 14 April -19 May 2000, New York. [24 April 2000]. On the Web at
⟨http://www.irlgov.ie/iveagh/policy/nuclearfreeworld.htm.⟩
New York Times 2000
"Proposal on ABM: 'Ready to Work with Russia'" *New York Times*, April 28, 2000. p.A10.

New York Times 2002
"America as Nuclear Rogue." Editorial. *New York Times,* March 12, 2002. p. A26.
Nicaragua v. U.S. 1984
International Court of Justice. 10 May 1984. Case Concerning Military and Paramilitary Activities in and Against Nicaragua (*Nicaragua v. United States of America*). Request for the Indication of Provisional Measures.
Nicaragua v. U.S. 1985
U.S. Withdrawal from the Proceedings initiated by Nicaragua in the International Court of Justice (January 1985). On the Web at ⟨http://www.gwu.edu/~jaysmith/nicuswd.html.⟩
NPT Final Doc. 2000
2000 Review Conference of the Parties to the Treaty on the Non-Proliferation of Nuclear Weapons. *Final Document.* Vol. 1. NPT/CONF. 2000/28 (parts I and II). 2000. On the Web at
⟨http://disarmament.un.org/wmd/npt/2000FD.pdf.⟩
NRDC 1994
Robert S. Norris, Andrew S. Burrows, and Richard W. Fieldhouse. *British, French, and Chinese Nuclear Weapons.* A book by the Natural Resources Defense Council, Inc. Nuclear Weapons Databook, vol. V. Boulder: Westview Press, 1994.
NRDC 2002
Natural Resources Defense Council. "Faking Nuclear Restraint: The Bush Administration's Secret Plan For Strengthening U.S. Nuclear Forces." Press Release. Washington DC, February 13, 2002. On the Web at ⟨http://www.nrdc.org/media/pressrelease/020213a.asp.⟩
Nuclear Posture Review 2001
"Nuclear Posture Review [Excerpts] Submitted to Congress on 31 December 2001. 8 January 2002, Nuclear Posture Review Report." (Brackets in original). On the Web at
⟨http://www.globalsecurity.org/wmd/library/policy/dod/npr.htm.⟩
Nuclear Weapons Opinion
International Court of Justice. *Legality of the Threat or Use of Nuclear Weapons. Advisory Opinion.* ICJ Reports. The Hague, July 8, 1996. Summary on the Web at
⟨http://www.icj-cij.org/icjwww/idecisions/isummaries/iunanaummary960708.htm.⟩
NW Energy Coalition 2001
Marc Sullivan. "Bonn Deal Inked by 178 Nations, But Not U.S." *NW Energy Coalition Report* 20, no.8 (August 2001): 5. On the Web at ⟨http://www.nwenergy.org/publications/report/01 aug/rp 0108 5.html.⟩
Pace & Schense 2001
William R. Pace and Jennifer Schense. "Coaltion for the International Criminal Court at the Preparatory Commission." In *The International Criminal Court: Elements of Crimes and Rules of Procedure and Evidence,* Roy S. Lee, editor. Ardsley, NY: Transnational Publishers, 2001.
Pal 1953
Justice Pal (India). Dissent of Justice Pal on grounds of 'victor's justice' in the judgment of the International Military Tribunal for the Far East, last published under the title *International Military Tribunal for the Far East; Dissentient Judgment.* Calcutta, 1953.
Patierno & Franceschi 2000
Donald F. "Pat" Patierno and Natasha Franceschi. "The Convention on Conventional Weapons and

Ottawa: Working Collectively to Eliminate the Landmine Threat." *American Foreign Policy Interests* 22, no.6 (December 2000).
PDD 64 1998
Presidential Decision Directive (PDD) 64, June 23, 1998.
Pearson 2001
Graham S. Pearson. "The Biological Weapons Convention: Status and Implications." Written Testimony to the House Government Reform Committee, Subcommittee on National Security, Veterans Affairs and International Relations. July 10, 2001.
Pearson, Dando, & Sims 2001
Graham S. Pearson, Malcolm R. Dando and Nicholas Sims. *The US Rejection of the Composite Protocol: A Huge Mistake Based on Illogical Assessment.* Evaluation Paper No.22. Bradford, West Yorkshire, UK: University of Bradford, Department of Peace Studies, August 2001.
Perkovich 1999a
George Perkovich. "... The Next President Will Pay the Price." *Washington Post*, October 7, 1999. p. A35. (Ellipses in original title).
Perkovich 1999b
George Perkovich. *India's Nuclear Bomb: The Impact on Global Proliferation.* Berkeley: University of California Press, 1999.
Perry 2001
William J. Perry. "Preparing for the Next Attach." *Foreign Affairs*, 80, no.6 (November/December 2001).
Pincus 2002
Walter Pincus. "U.S. Nuclear Arms Stance Modified by Policy Study." *Washington Post*, March 23, 2002.
Rauf 2000
Tariq Rauf. *Towards NPT 2005: An Action Plan for the "13-Steps" Toward Nuclear Disarmament Agreed At NPT 2000.* Prepared for the Middle Powers Initiative. Monterey, CA: Nonproliferation Studies, 2000. On the Web at ⟨http://cns.miis.edu/pubs/reports/npt2005.htm.⟩
Resolution F 1998
Resolution F of the Rome Conference, adopted on 17 July 1998 by the United Nations Diplomatic Conference of Plenipotentiaries on the Establishment of an International Criminal Court.
Restatement 1986
Restatement (Third) of Foreign Relations Law of the United States §702 (1986).
Richter 2002
Paul Richter. "U.S. Works Up Plan for Using Nuclear Arms." *Los Angeles Times*, March 9, 2002.
Ridgeway 2001
James Ridgeway. "Manhattan's Milosevic: How You Can Arrest Henry Kissinger for War Crimes." *Village Voice*, August 15-21, 2001.
Rissanen 2001a
Jenni Rissanen. "Hurdles Cleared, Obstacles Remaining: the Ad Hoc Group Prepares for the Final Challenge." *Disarmament Diplomacy* Issue No. 56 (April 2001). On the Web at ⟨http://www.acronym.org.uk/bwc/index.htm.⟩
Rissanen 2001b

Jenni Rissanen. "Turning Point to Nowhere: BWC In Trouble as US Turns Its Back on Verification Protocol." *Disarmament Diplomacy* Issue No. 59 (July-August 2001). On the Web at ⟨http://www.acronym.org.uk/bwc/index.htm.⟩

Rissanen 2002
Jenni Rissanen. "Left in Limbo: Review Conference Suspended on Edge of Collapse." *Disarmament Diplomacy* Issue No.62 (January-February 2002). On the Web at ⟨http://www.acronym.org.uk/bwc/index.htm.⟩

Rogers 1999
John M. Rogers. International Law and United States Law. Brookfield, VT: Ashgate, 1999.

Rome Statute 1998
Rome Statute of the International Criminal Court. U.N. Doc. A/CONF.183/9. 17 July 1998. With correction, on the Web at ⟨http://www.un.org/law/icc/statute/romefra.htm.⟩

Rosenberg 2000
Barbara Hatch Rosenberg. "Allergic Reaction: Washington's Response to the BWC Protocol." *Arms Control Today* 32, no.6 (July/August 2001).

Roth 2000
Kenneth Roth. "The Charade of US Ratification of International Human Rights Treaties" *Chicago Journal of International Law* 1 (2000): 347.

Rumsfeld Commission 2001
Commission to Assess United States National Security Space Management and Organization. *Report of the Commission to Assess United States National Security Space Management and Organization, Executive Summary*. Chair, Donald Rumsfeld. Washington, DC, January 11, 2001. On the Web at ⟨http://www.defenselink.mil/pubs/space20010111.html.⟩

Sands & Pate 2000
Amy Sands and Jason Pate. "Chemical Weapons Convention Compliance Issues." In *The Chemical Weapons Convention, Implementation Challenges and Solutions*, Jonathan B. Tucker, editor. Washington, DC: Center for Nonproliferation Studies, Monterey Institute of International Studies, April 2001. On the Web at ⟨http://cns.miis.edu/pubs/reports/tuckcwc.htm.⟩

Scharf 1999
Michael Scharf. "The Politics Behind the U.S. Opposition to the International Criminal Court." *New England International and Comparative Law Annual* 5 (1999). Based on the author's remarks at the ABA Standing Committee on Law and National Security's Symposium, "The Rome Treaty: Is the International Criminal Court Viable ?" Washington D.C., November 13, 1998.

Scheffer 1998
Scheffer (U.S. Ambassador at Large for War Crimes Issues and Head of the U.S. Delegation to the U.N. Diplomatic Conference on the Establishment of an International Criminal Court). Statement by David Scheffer. July 15, 1998. Statement made at the Rome Diplomatic Conference. On the Web at ⟨http://www.lchr.org/icc/rome/scheffer.htm.⟩

Schmemann 2002
Serge Schmemann. "US Vetoes Bosnia Mission, Then Allows 3-Day Reprieve." *New York Times*, July 1, 2002.

Schott 2002

Schott Glass Technologies Inc. "Laser Glass for High Technology," Press Release. Duryea, PA, February 2, 2002. On the Web at ⟨http://www.us.schott.com/sgt/english/news/press.html?NID-42.⟩

Schrag 1992

Philip G. Schrag. *Global Action: Nuclear Test Ban Diplomacy at the End of the Cold War*. Boulder, CO: Westview Press, 1992.

SDA 1998

"A Chronology of Nuclear Threats." *Science for Democratic Action*, v.6, no.4 & v. 7, no.1 (October 1998). Also Energy & Security nos. 6 & 7. On the Web at
⟨http://www.ieer.org/ensec/no-6/threats.html.⟩

Secretary General 1993

Report of the Secretary-General Pursuant to Paragraph 2 of Security Council Resolution 808 (1993). (S/25704). Presented 3 May 1993. On the Web at
⟨http://www.un.org/icty/basic/statut/S25704 con.htm.⟩

Secretary General 1995

Report of the Secretary-General on the Status of the Implementation of the Special Commission's Plan for the Ongoing Monitoring and Verification of Iraq's Compliance with Relevant Parts of Section C of Security Council Resolution 687 (1991). UN Doc S/1995/864. October 11, 1995.

Security Council Res. 1994

United Nations. "Resolution 955 (1994)." Adopted by the Security Council at its 345th meeting on 8 November 1994. S/RES/955 (1994). On the Web at
⟨http://www.un.org/Docs/scres/1994/944374e.htm.⟩

Security Council Res. 2002a

United Nations. "Resolution 1422 (2002)." Adopted by the Security Council at its 4572nd meeting on, 12 July 2002. S/RES/1422 (2002). On the Web at ⟨http://www.un.org/Docs/scres/2002/sc2002.htm.⟩

Security Council Res. 2002b

United Nations. "Resolution 1423 (2002)." Adopted by the Security Council at its 4573rd meeting on, 12 July 2002. S/RES/1423 (2002). On the Web at ⟨http://www.un.org/Docs/scres/2002/sc2002.htm.⟩

Seigle 2002

Greg Seigle. "Disarmament: Official Defends U.S. Approach at Geneva Talks." *UN Wire*, Jan.24, 2002.

Sen.Res. 1946

Senate Resolution 196, 79th Congress. "Acceptance Compulsory Jurisdiction of the International Court of Justice." August 2, 1946. On the Web at ⟨http://www.yale.edu/lawweb/avalon/decade/decad030.htm.⟩

Sen.Res. 1997

Senate Resolution 98, First Session, 105th Congress. "A Resolution To Express the Sense of the Senate on Necessary Conditions for Any Treaty It May Consider to Reduce 'Greenhouse' Gas Emissions ..." July 25, 1997. One version on Web at
⟨http://www.senate.gov/~rpc/rva/1051/1051205.htm.⟩ Final complete text on Web by searching at ⟨http://thomas.loc.gov.⟩

Senate Vote Analysis 1985

Senate Record Vote Analysis. 99th Congress, First Session, Vote No. 249, October 24, 1985.

Sengupta 2002

Somini Sengupta. "U.S. Fails in U.N. to Exempt Peacekeepers from New Court." *New York Times*, 18

May 2002.
Shaker 1980
Mohamed I. Shaker. *The Nuclear Non-Proliferation Treaty: Origin and Implementation, 1959-1979*. 3 vols. London: Oceana Publications, 1980.
Shane 2001
Scott Shane. "Military Laboratory in Utah Says Powder is All Accounted for." *Baltimore Sun*, December 13, 2001.
Shanker 1999
Thom Shanker. "Sexual Violence." In *Crimes of War: What the Public Should Know*, Roy Gutman and David Rieff, editors. New York: W.W. Norton, 1999.
Shapely 1993
Deborah Shapely. *Promise and Power: The Life and Times of Robert McNamara*. Boston: Little, Brown, 1993.
Slevin 2002
"U.S. Drops Bid to Strengthen Germ Warfare Accord." *Washington Post*, September 19, 2002.
Smith no date
James McCall Smith. "Nicaragua v. the United States of America: Military and Paramilitary Activities In and Against Nicaragua: International Court of Justice, 1984-1986." Notes by James McCall Smith. ⟨http://www.gwu.edu/~jaysmith/Nicaragua.htm.⟩
Smithson 1997
Amy E. Smithson. "Bungling a No-Brainer: How Washington Barely Ratified the Chemical Weapons Convention." In *The Battle to Obtain U.S. Ratification of the Chemical Weapons Convention*, by Michael Krepon, Amy E. Smithson, John Parachini, pp.7-33. Occasional Paper 35. Washington, DC: Henry L. Stimson Center, July 1997. On the Web at ⟨http://www.stimson.org/pubs.cfm?ID-33.⟩
Smithson 2001
Amy E. Smithson. "U.S. Implementation of the Chemical Weapons Convention." In *The Chemical Weapons Convention, Implementation Challenges and Solutions*, Jonathan B. Tucker, editor, pp.23-29. Washington, DC: Center for Nonproliferation Studies, Monterey Institute of International Studies, April 2001. On the Web at ⟨http://cns.miis.edu/pubs/reports/tuckcwc.htm.⟩
Smithson 2002
Amy E. Smithson. "The Failing Inspector." *New York Times*, April 8, 2002.
Sokolski 2002
Henry Sokolski. "Post-9/11 Non-Proliferation." *E-Notes*. Philadelphia: Foreign Policy Research Institute, January 25, 2002. On the Web at
⟨http://www.fpri.org/enotes/americawar.20020121.sokolski.post911nonproliferation.html.⟩
Spencer 1995
Metta Spencer. "Political' Scientists." *Bulletin of the Atomic Scientists* 51, no.4 (July-August 1995): 62-68. On the Web at ⟨http://www.pugwash.org/reports/pim/pim1.htm.⟩
Spiro 2000
Peter J. Spiro. "The New Sovereigntists; American Exceptionalism and Its False Prophets." *Foreign Affairs* 79, no.6 (November/December 2000)
Stanley 1998

Alessandra Stanley. "US Presses Allies to Rein in Proposed War Crimes Court." *New York Times*, July 15, 1998.

Statement of Permanent 5
Statement by the Delegations of France, the People's Republic of China, the Russian Federation, the United Kingdom of Great Britain and Northern Ireland and the United States of America. The 2000 NPT Review Conference (RevCon), 14 April -19 May 2000, New York. [May 1, 2000]. On the Web at ⟨http://www.basicint.org/nuclear/NPT/2000revcon/p5statement.htm.⟩

Steinbruner, Gallagher & Gunther 2001
John Steinbruner, Nancy Gallagher, and Stacy Gunther. "A Tough Call." *Arms Control Today* 31, no.4 (May 2001).

Stephanson 1995
Anders Stephanson. *Manifest Destiny: American Expansion and the Empire of Right*. New York: Hill and Wang, 1995.

Stimson 1999
Henry L. Stimson Center. "Chemical Treaty Being Implemented Unevenly." *CBW Chronicle* 2, issue 6 (August 1999). On the Web at ⟨http://www.stimson.org/cbw/?sn=cb20020113262.⟩

Stimson 2000
Henry L. Stimson Center. "CWC Industry Inspections Underway at US Facilities." *CBW Chronicle* 3, issue 2 (December 2000). On the Web at ⟨http://www.stimson.org/cbw/?sn=cb20020113252.⟩

Stimson 2001
Henry L. Stimson Center. *House of Cards: the Pivotal Importance of a Technically Sound BWC Monitoring Protocol*. Stimson Center Report no. 37. Washington, DC, May 2001. On the Web at <http://stimson.org/pubs.cfm?ID=13.>

Streets, et al. 2001
David G. Streets, Kejun Jiang, Xiulian Hu, Jonathan E. Sinton, Xia-Quan Zhang, Deying Xu, Mark Z. Jacobson, and James E. Hansen. "Recent Reductions in China's Greenhouse Gas Emissions." *Science* 294, no.5548 (November 30, 2001): 1835-1837. Summary On the Web at ⟨http://www.sciencemag.org/cgi/content/summary/294/5548/1835.⟩

Strohm 2001
Chris Strohm. "Army Decision to Kill Alternative Land Mine Program Draws Criticism." *Inside the Army* 13, no.47 (November 26, 2001).

Swarns 2002
Rachel L. Swarns. "Broad Accord Reached at Global Environment Meeting." *New York Times*, September 4, 2002.

Takubo 2001
Masa Takubo. "Japanese Optical Glass Giant Involved in U.S. Nuclear Weapons Development." *Nuke Info Tokyo*, no.86 (Nov./Dec. 2001): 7. On the Web at ⟨http://www.gensuikin.org/english/index.html.⟩

Terrorist Bombings Convention 1998
International Convention for the Suppression of Terrorist Bombings. UN Res. 52/164/1998. Treaty Document 106-6.

Toth 2001
Tibor Toth. Testimony to the Subcommittee on National Security, Veterans Affairs, and International

Relations of the Committee on Government Reform, U.S. House of Representatives. July 10, 2001.
Trimble & Koff 1998
Phillip R. Trimble and Alexander W. Koff. "All Fall Down: The Treaty Power in the Clinton Administration." *Berkeley Journal of International Law* 16 (1998): 55-70.
Tucker 2001
Jonathan B. Tucker. "The Chemical Weapons Convention: Has It Enhanced U.S. Security ?" *Arms Control Today* 31, no.3 (April 2001).
UMWA 1999
"UMWA Supports 'Energy and Climate Policy Act of 1999'" *United Mine Workers Journal* 110, no.3 (May-June 1999). On the Web at 〈http://www.umwa.org/journal/VOL110NO3/globwm.shtml.〉
UNFCCC
United Nations Framework Convention on Climate Change. On the Web at
〈http://unfccc.int/resource/conv/conv.html.〉
UN-USA 2001
"U.N. Arrears Update: Payment Threatened By Linkage to Passage Of American Servicemembers' Protection Act." *UN-USA Washington Report*, August 20, 2001. On the Web at
〈http://unausa.org/newindes.asp?place=http://www.unausa.org/programs.〉
Universal Declaration 1948
Universal Declaration of Human Rights. U.N. G.A. Res. 217 (1948). December 10, 1948.
U.S. Dept. of State 1997
U.S. Department of State. "Article-By-Article Analysis Of The Comprehensive Nuclear Test-Ban Treaty." On the Web at 〈http://www.state.gov/www/global/arms/ctbtpage/treaty/artbyart.html.〉
This was included with the Letter of Transmittal of the CTBT from President Clinton to the Senate on September 22, 1997. On the Web at
〈http://www.state.gov/www/global/arms/ctbtpage/treaty/ltr tran.html.〉
U.S. Dept. of State 1998
U.S. Department of State. Bureau of Political-Military Affairs. Office of Humanitarian Demining Programs. *Hidden Killers 1998: The Global Landmine Crisis*. Washington, DC, September 1998.
U.S. Dept. of State 2002a
Richard Boucher (Spokesman). Daily Press Briefing. U.S. Department of State, March 19, 2002. On the Web at 〈http://www.state.gov/r/pa/prs/dpb/2002/8845.htm.〉
U.S. Dept. of State 2002b
Richard Boucher (Spokesman). Daily Press Briefing. U.S. Department of State, August 27, 2002. On the Web at 〈http://www.state.gov/r/pa/prs/dpb/2002/13102.htm.〉
US Proposal 1998
Proposal Submitted by the United States of America to Rome Conference. A/CONF.183/C.1/L.90. 16 July 1998.
U.S. Space Command 1997
U.S. Space Command. *Vision for 2020*. Peterson AFB, CO: US Space Command, Director of Plans, 1997. On the Web at 〈http://www.peterson.af.mil/usspacecom/visbook.pdf.〉
USA Patriot Act 2001
Uniting and Strengthening America by Providing Appropriate Tools Required to Intercept and Obstruct

Terrorism Act of 2001. Pub.L. No. 107-56.
Vagts 2001
Detlev F. Vagts. "The United States and Its Treaties: Observance and Breach." *American Journal of International Law* 95, no.2 (April 2001): 313-334.
Vienna Convention 1969
Vienna Convention on the Law of Treaties. UN Doc. A/CONF. 39/27 (1969). Opened for signature on May 23, 1969.
Walkling 1997
Sara Walkling. "U.S. Favors CD Negotiations To Achieve Ban on Landmines." *Arms Control Today* 26, no.10 (January/February 1997): 20. On the Web at
⟨http://www.armscontrol.org/act/1997 01-02/mines.asp.⟩
Warrick 2002
Joby Warrick. "Makings of a 'Dirty Bomb' Radioactive Devices Left by Soviet Could Attract Terrorists." *Washington Post*, March 18, 2002. p. A1.
Watson 2000
Robert Watson. *Transcript: Dr. Robert Watson, Chair, UN International Panel on Climate Change, EMS Conference Call.* Washington, DC: Environmental Media Services, November 21, 2000. On the Web at ⟨http://www.ems.org/climate/bob watson statement.html.⟩
Weston 1986
Burns Weston. "Treaty Power." In *Encyclopedia of the American Constitution*, Leonard W. Levy, editor-in-chief; Kenneth L. Karst, associate editor; Dennis J. Mahoney, assistant editor. Vol. 4, pp. 1910-1911. New York: Macmillan Library Reference USA, 1986.
White House 1995
The White House. Office of the Press Secretary. Statement by the President. August 11, 1995. On the Web at ⟨http://www.chinfo.navy.mil/navpalib/policy/nuclear/clin0811.txt.⟩
White House 1996
The White House. Office of the Press Secretary. "Fact Sheet: U.S. Announces Anti-Personnel Landmine Policy." May 16, 1996.
White House 1997
The White House. Office of the Press Secretary. "Fact Sheet: Anti-Tank Munitions." September 17, 1997.
White House 2001
The White House. "Strengthening the International Regime against Biological Weapons." Statement by the President. November 1, 2001.
White House 2002
The White House. Office of the Press Secretary. "President Signs Defense Appropriations Bill." Press Release, January 10, 2002. On the Web at
⟨http://www.whitehouse.gov/news/releases/2002/01/20020110-5.html.⟩
White House 2002a
The White House. Office of the Press Secretary. "Text of the Strategic Offensive Reductions Treaty." May 24, 2002. Known as the Moscow Treaty. On the Web at
⟨http://www.whitehouse.gov/news/release/2002/05/20020524-3.html.⟩
White House 2002b

The White House. Office of the Press Secretary. "Text of Joint Declaration." May 24, 2002. On the Web at ⟨http://www.whitehouse.gov/news/releases/2202/05/20020524-2.html.⟩
Whitman 2001
Christine Todd Whitman. Talking Points for Governor Christine Todd Whitman. Administrator, United States Environmental Protection Agency at the G8 Environmental Ministerial Meeting Working Session on Climate Change, Trieste, Italy. March 3, 2001. On the Web at
<http://yosemite.epa.gov/administrator/speeches.nsf/blab9f485b098972852562e7004dc686/36bca0e3a69a0d8b85256a41005d2e63?OpenDocument.⟩
WICC 2001a
"Status of U.S. ICC Legislation and Policy Review." Washington, DC: Washington Working Group of the International Criminal Court. On the Web at ⟨http://www.iccnow.org/html/presswicc2001short.pdf.⟩
WICC 2001b
"ASPA Removed from Defense Appropriations Bill (Dec. 20, 2001)." Washington, DC: Washington Working Group of the International Criminal Court. On the Web at
⟨http://www.wfa.org/issues/wicc/aspadefeat.html.⟩
WICC 2002
"High Level Policy Review of ICC Under Way in Bush Administration (March 18, 2002)" Washington, DC: Washington Working Group. On the Web at ⟨http://www.wfa.org/issues/wicc/wicc.html.⟩
Women's Caucus 1998
Women's Caucus for Gender Justice. Position papers. "Gender Justice and the ICC." Submitted to the United Nations Diplomatic Conference of Plenipotentiaries on the Establishment of an International Criminal Court, June 15-July 17, 1998, Rome, Italy.
Women's Caucus 2001
Women's Caucus for Gender Justice. "Statement on Terrorist Attacks in the U.S." September 2001. On the Web at ⟨http://www.cwgl.rutgers.edu/911/caucus.htm.⟩
Wren 2002
Christopher S. Wren. "U.N. Inspector Tells Council Work in Iraq Could Be Fast." *New York Times*, March 22, 2002.
Wright 2002
Susan Wright. "U.S. Vetoes Verification." *Bulletin of Atomic Scientists*, March/April 2002
Yee 1999
Lionel Yee. "The International Criminal Court and the Security Council: Articles 13(b) and 16." In *The International Criminal Court: The Making of the Rome Statute*, Roy Lee, ed. The Hague, Boston: Kluwer Law International, 1999.
Yonhap 1999
"Over 1.12 Million Landmines Laid Throughout ROK." Yonhap News Agency, Seoul, Korea, September 28, 1999.
York 1970
Herbert F. York. *Race to Oblivion: A Participant's View of the Arms Race*. New York: Simon and Schuster, 1970. On the Web at
⟨http://www/learnworld.com/ZNW/LWText.York.RaceToOblivion.html.⟩
Zerriffi and Makhijani 1996

Hisham Zerriffi and Arjun Makhijani. *The Nuclear Safety Smokescreen: Warhead Safety and Reliability and the Science Based Stockpile Stewardship Program.* Takoma Park, MD: Institute for Energy and Environmental Research, May 1996

原註　すべてのウェブサイトは2002年7月に閲覧

謝　辞

　特定の条約に関する章は、関連条約制度の専門家である多くの方々により校閲されており、校閲者および校閲された章の大半は以下に記載された通りである。記載のない校閲者は匿名を希望された校閲者の方々である。
　ジョージ・バン　スタンフォード大学国際研究所顧問教授、合衆国軍備管理・軍縮庁第一法律顧問、「核不拡散条約」に関する章。**ケビン・ガーニー**　大気科学者、コロラド大学、「気候変動枠組条約」および「京都議定書」に関する章。**エドワード・ハモンド**　サンシャイン計画、「生物兵器禁止条約」に関する章。**クラウディン・マッカーシー**　研究者、ヘンリー・L・スチムソン・センター、「化学兵器禁止条約」および「生物兵器禁止条約」に関する章。**ジョン・パイク**　世界安全保障団体理事長、「対人地雷禁止条約」に関する章。**バーバラ・ハッチ・ローゼンバーグ**　教授、アメリカ科学者連合、生物兵器検証プロジェクト理事長、「生物兵器禁止条約」に関する章。**ジャヤ・チワリ**　社会責任を求める医師団、「化学兵器禁止条約」および「生物兵器禁止条約」に関する章。**ジョナサン・タッカー**　化学および生物兵器不拡散計画理事長、不拡散研究センター、モントレー国際研究所、「化学兵器禁止条約」および「生物兵器禁止条約」に関する章。**ジョン・ウォシュバーン**　国際刑事裁判所を求めるアメリカNGO連合議長、「国際刑事裁判所規程」に関する章。
　検閲者の方々がこの仕事のために費やされた時間および専門的知識に対して心から感謝申し上げる。充実した内容に成し得たことはひとえにこのご努力の賜物である。しかし、未訂正の恐れのある脱落や誤りについてはもちろんのこと、この研究の内容、研究結果および提言についても著者一同がもっぱら責任を負うものである。ここにその名を記した検閲者の方々が、この研究の内容、研究結果あるいは提言を必ずしも支持しているわけでないことを付け加えておきたい。校正については、マシュー・ブリワイズ、スーザン・フィリポウズおよびジェシカ・キャトローに、調査と校正ではエリザベス・ウーツに、文献調査、参考事項リストの準備と原稿の体裁設定に関しては、IEER学芸員であるロイス・チャーマーズとIEER科学所員であるスリラム・ゴウパルに負うところ大であり、感謝の念を禁じがたい。
　この研究は、「エネルギー・環境研究所」の世界普及計画の一環であり、この計画は、W・オールトン・ジョーンズ財団、およびジョン・D／キャサリン・T・マッカーサー財団からの研究助成金、更に核問題に関するIEERの研究に対して、フォード財団、HKH財団、ターナー財団、ロックフェラー・フィナンシャル・サービス、ニュー・ランド財団、およびコローンブ財団からの一般研究助成金を援助されている。この研究に対する合衆国における普及活動は、IEERによる合衆国計画の一環として執行される予定であり、一般研究助成金に加えて、公共福祉財団、ジョン・マーク基金、プラウシェア基金、タウン・クリーク財団およびスチュアート・R・モット慈善トラストによる助成を受けている。核政策に関する法律委員会は、ボエム財団、プラウシェア基金、ロックフェラー・フィナンシャル・サービス、サミュエル・ルービン財団、シモンズ財団、および個人の援助資金供与者からの助成を受けている。これらすべての財団と個人に深謝の意を表すものである。

索　引

【あ行】
アフガニスタン　25,31,40,95,96,188,196,
　　197,226
アメリカ外交　　33,34
アルカイダ　25
アルゼンチン　　114,228
イギリス　69,97,99,104,108,115,125,126,
　　128,133,139,143-145,197,203
イスラエル　31,34,36,103,109,110,115,
　　119,128,130,133,143,160,217
イラク　24,31,69,74,114,119,120,150,153,
　　160,164,166,169,172,198,217,233,265
イラン　26,32-35,54,55,57,58,69,74,114,
　　119,120,136,153,160,163,165,266,268
インド　18,73,99,103,106,108-110,115,
　　128,132,133,136,141,143,155,160,164,
　　189,198,235,267
ウィーン条約（条約法に関する）　142
ウクライナ　114,149
宇宙配備　152,153,155
エネルギー安全保障　33
エネルギー・環境研究所　3,4,78,81,144
エネルギー省　27,123,124,133,136,146
欧州連合　175,210,227
オタワ・プロセス　191,269
温室効果ガス　79-81,199-206,208-210,
　　230,237,242

【か行】
化学兵器禁止条約（CWC）　73,78,101,
　　156,159-167,178,186,235,268
化学兵器禁止機関　160,238
核エネルギー　14,15,20,47,52,57,58,104,
　　106,131
核事故　47
核時代　13,15,16,21,22,106

核時代平和財団　20,50,51
核実験の探知　132,133,138
核政策法律家委員会　3,4,60,70,78,81
核態勢見直し（NPR）　21,79,101,115,
　　116,118-120,122-124,126,140,155,264
核テロ　26,27,32,57,99
核廃絶　3,18,19,60
核爆発装置　104,108,125,130,132,145,236
核不拡散条約（NPT）　20,50,51,56,57,
　　60,67,78,100,103-127,129,136,146,208,
　　236,265
核不拡散条約再検討会議（1995年）
　　125,126
核不拡散条約再検討会議（2000年）
　　67,110,111,113,115,119,126,141,142
核不拡散条約再検討会議（2005年）
　　266
核不拡散条約再検討会議（2010年）
　　20,56
核兵器国　19,20,45,48,51-53,56,58,61,103
　　-113,119,120,125-130,138,141,143,152,
　　157,208,233,236
核兵器使用　17,18,22,60-62,64,67,70,106,
　　115,119-121,141,155,157,244
核兵器のない世界　3,12-14,20,21,32,45,
　　50-53,56,58,60,67,69,72,74-76,111,113
核兵器備蓄　111-115,122,124-126,135,
　　136,138,139,141,143,146,150,153,155,
　　157,235
核抑止力　20,138,139,148
カザフスタン　114,149
カットオフ条約　106
環境汚染　129
韓国　35,73,119,160,164,188,190-192,194,
　　195,224,235
勧告的意見（国際司法裁判所の）　17-

299

19,48,62,64-67,126
慣習法　62,82,83,142
慣性閉じ込め核融合　144,146
気候変動枠組条約（UNFCCC）　78,79,199-211
北朝鮮　26,32,34,57,114,115,119,120,133,136,150,153,154,157,160,194,195,198,233,266-268
機密保持　183
9月11日事件　38,79,89,95,96,99,125,152,155,168,184,224,228,229,235
キューバ　46,103,109,198
旧ユーゴスラビア戦争犯罪法廷　91,96,212,213,216,221,265
行政協定　85,269
京都議定書　78,79,102,154,199-211,269
極東国際軍事裁判所　212,213
拒否権（国連安保理の）　73,87,95,99,156,218,239
均衡の原則　63,64,66
高濃縮ウラン　155
ゴードン将軍（ジョン）　123,124,126
国際安全保障　51,65,89,101,165,174,180,230-244
国際刑事裁判所　62,64,66,72,73,75,76,78,88,90,91,101,181,212-229,240,269
国際原子力機関（IAEA）　27,47,68,104-106,113,114,120,125,238
国際司法裁判所　93,94,110,121,239,240
国際人権法　90
国際法　3,4,16-18,48,66,69,70,78-102,110,121,145,201,213,214,221,230,233,239,244
国際連合　87,93,201,213
国際連盟　87,100
国立点火施設（NIF）　133,144-147
国連安保理決議255　107
国連安保理決議984　108
国連安保理決議1368　95
国連安保理決議1373　96-99
国連安保理の改革　73,74
国連憲章　66,69,70,87,89,91,93,95,97-99,103,108,215,225,226,244

国連人権委員会　91,265
国連分担金　88
国連平和維持活動　88,226,227
国家安全保障　27-29,37,39,53,54,66,86,126,167,174-176,178,237
子どもの権利条約　93
コナリー修正　93
孤立主義　87,100

【さ行】
サイバー安全保障　28,29
ジェノサイド　34,83,91,92,212-214,219,231,264
識別の原則　62,64
重爆撃機　117,122
18か国軍縮委員会　103,265
主権　76,80,86-89,91.94,95,100,116,201,205,217,220,241
ジュネーブ議定書（1925年）　82,159
ジュネーブ軍縮会議　109,191
ジュネーブ条約（1949年）　62,214
上院外交委員会　84,142,161,162,204
条約体制　80-82,185,230,232,235,236,238,239,244
条約締結　83-85
条約の検証　175,187
条約の遵守　144,156,195,232
条約法　62,83,142,223
女性差別撤廃条約　92
ショット社　145
地雷禁止国際キャンペーン　189
新アジェンダ連合　111-113
新核兵器設計　142
人権　30,78,81,82,90-93,106,138,213,214,219,230,231.238
人道に対する罪　17,212,214,215,219
水平拡散　135
スーパー・バグ　184,185
スター・ウォーズ　152
スチムソン・センター　164,173,268
スマート地雷　190,193,194
性的暴力　215

生物剤　168-170,172,176,184-186
生物兵器禁止条約（BWC）　78,101,102,156,168-187,238
世界人権宣言　91,213
世界貿易機関（WTO）　85
責任論（原爆投下の）　16-18,21,22
先制攻撃　54,111
戦争犯罪　17,22,64,91,212,214,215,219,231
全米科学アカデミー　65,110,205,209
戦略核弾頭　116-118,148
戦略核兵器削減　55,68,115,121,266
ソマリア　93,188,196
ソ連　14,16,61,99,103,104,106-108,114,116,128,129,148,149,151-153,164,169,172,183,235
尊敬に値する国家　241,242

【た行】
対人地雷禁止条約　78,79,188-198,269
対弾道ミサイルシステム（ABM）制限条約　67,78,101,122,148-158,268
第2次世界大戦　82,87,90,104,212,213,216,220,228,230
大陸間弾道ミサイル（ICBM）　116,140
大量破壊兵器　26,81,136,152,154,155,157,166,182,215,231,235,239,244
ダム地雷　190,193,194
タリバン　31,96
炭疽菌　80,101,168,182-187,237
地位協定　219,224,269
地下核実験制限条約　128,129
地中貫通兵器　122,124,125,137,266
中距離核戦力（INF）全廃条約　85,115,264
中国　35,73,87,99,104,108,111,119,123,125,126,128,129,131,133,141,153-155,163,165,191,198,210,217
ディエゴ・ガルシア　197
テロとの戦い　79,90,154,157
天然資源保護評議会（NRDC）　116
ドイツ　74,106,139,144,145,163,174,197,198,203,207,222,227
同盟国　26,31-35,37,39,40,54,61,73,95,101,108,139,156,171,175,182,195,218,225,239,242
特定通常兵器使用制限条約　190
トット、チボール　170,171

【な行】
ナン・ルーガー計画　235,269
ニカラグア　94,95,240
ニュルンベルグ裁判　66,90,91,212,213,264
ネバダ核実験場　135,143,144
日本　35,74,139,144,145,154,155,197,202,203,212

【は行】
ハーキン、トム　133,146,267
排出量　79,101,200-211,237,242
パキスタン　31,73,103,108,110,115,128,133,136,141,143,155,189,198
非核兵器国　68,103-108,114,115,126,129,135,141,145,157
批准　84,85
ヒューマンライツ・ウォッチ　194,269
複数弾頭ミサイル（MIRV）　118,148
ブスタニ、ホセ　165,166
復讐　64,121
部分的核実験禁止条約　128,129
ブラジル　103,106,107,111,114
プラハ演説（オバマの）　3,12,16,20-22,45,51-57
フランス　99,104,108,115,125,128,129,133,139,141,143-145,147,163,228
ブリッカー、ジョン　92
プルトニウム　67,125,137,154,155
米国軍人保護法（ASPA）　226,229
米本土安全保障　24-31,40
平和のための原子力　106
平和目的核爆発　128,129,131
ベトナム戦争　188,193
ヘルシンキ目標　116,118,119
ヘルムズ、ジェシー　88,134,135,149,

301

150,161,204,217,220,224,226
包括的核実験禁止条約（CTBT）　53,67,
　102,106,107,109,112,128-147,154,156,
　208,236
法の支配　　78-80,86,90,94,95,100,138,156,
　229,230,232,237,243,244
HOYA社　　145,267
ボルトン、ジョン　　89,165,180,233,234,
　264

【ま行】
マニフェスト・ディスティニー　　241,
　243,270
ミサイル防衛　　14,39,54,55,68,74,111,
　118,122,123,148-155,157,158,266
南アフリカ　　111,114
未臨界核実験　　131,143,147

申立て査察　　160,161,165,166,170,171,
　179,181,268
モスクワ条約　　56,68,116,117

【ら行】
ルワンダ戦争犯罪法廷　　91,96,212,213,
　216,221,265
冷戦　　27,53,119,124,129,141,148,150,152-
　155,213,235
レーザー核融合実験　　144-147
レーザー・メガジュール　　144
ローマ規程　　62,64,66,72,75,79,212-229

【わ行】
ワトソン、ロバート　　209
湾岸戦争　　114,169,188,226

日本版編訳者のあとがき

　リチャード・フォーク（Richard Falk）は、アメリカ合衆国のプリンストン大学国際法教授として世界的に著名である。本書の原書を強く推薦して、つぎのように書いた。

　　見事な着想の下に進められた研究であって、それは世界的な無法状態という奈落の底へ合衆国政府が転落する危険性を、臆することなく立証している。さらに本書は、協議によって生み出される条約体制に基づき、法が主導する、新たなもうひとつの制度が、世界の人々および国際社会に、どのような恩恵を与えるか、このことを余すところなく明らかにしている。

　いまから 6 年まえ、2003 年のことである。伊藤勧氏は、いちはやく、この原書を見出し、翻訳することを思いつかれた。というのは、原書はジョン・ボローズたちが書いたものである。伊藤勧氏はジョン・ボローズが書いた書物『核兵器使用の違法性』（早稲田大学比較法研究所叢書、2001）の翻訳者である。こうした縁から、原書の日本版を世に出したいと希望されたのではなかろうか。

　翻訳の草稿は、すでに 2006 年夏の時点で完成していた。だが、原書出版以後の新たな事態を踏まえつつ日本版への序説を書き上げてほしいと、私が要望したのにたいして、著者たちはこの序説をなかなか仕上げてくれなかった。このことは、「はしがき」にも記した。しかし、事態はいま、大きく転換したのである。そこで、このたび、こうしたかたちで日本版を刊行することにした。

　翻訳上の分担は、つぎのとおりである。
　第 1 部に収めた資料のうち、資料 2　ウィーラマントリー判事の論稿

303

は、伊藤勧氏がまず翻訳草稿を作成していたが、浦田賢治があらためて仕上げたものである。その他すべての資料について、浦田賢治が校閲して、伊藤勧氏の参考に供した。第2部にあてた原書の翻訳草稿すべてについて、浦田賢治が校閲して、伊藤勧氏の参考に供した。したがって、この意味で、浦田賢治も翻訳上の責任を負うものである。

　憲法学舎は、憲法教育と憲法研究に関する活動を行うために2005年4月に設立され、以来、私が主宰している。本書は憲法学舎叢書第2号であって、『地球の生き残り　解説・モデル核兵器条約』（日本評論社、2008年）に続くものである。

　かねがね共同作業をしてきた大内要三氏は、原書の翻訳に適切な「訳註」をつけてくださった。また本書発行の作業でも力を発揮してくださった。ここに記して謝意を表したい。

　　2009年5月24日

　　　　　　　　　　　　　　　　　　　　　　　　　　　浦田　賢治

編者・訳者・執筆者紹介

浦田賢治 うらた けんじ　　奥付ページ参照

伊藤　勧 いとう すすむ　　翻訳家。共訳書にジョン・ボローズ『核兵器使用の違法性』（早稲田大学比較法研究所、2001年）、C.G.ウィーラマントリー『国際法から見たイラク戦争』（勁草書房、2005年）、『地球の生き残り　解説・モデル核兵器条約』（日本評論社、2008年）などがある。

クリストファー G. ウィーラマントリー Christopher G. Weeramantry　（法学博士、名誉文学博士）　スリランカ最高裁判所判事、オーストラリア・モナシュ大学教授、国際司法裁判所判事を歴任。現在、国際反核法律家協会会長。邦訳書に『核兵器と科学者の責任』（中央大学出版部、1987年）、『国際法から見たイラク戦争』などがある。

デイビッド・クリーガー David Krieger　平和活動家、詩人。ベトナム戦争で良心的兵役拒否を貫き、1982年に核時代平和財団を創立、以来会長を務める。同財団は国連により「平和の使徒」に認定された。邦訳書に『核兵器の脅威をなくす』（尾崎行雄記念財団、2001年）、『希望の選択』（河出書房新社、2001年）などがある。

ジョン・ボローズ John Burroughs（法務博士、学術博士）　核政策法律家委員会の執行理事。『核兵器による威嚇または核兵器使用の適法性：国際司法裁判所の歴史的意見への手引き』の著者であり、また『原子科学者ブレティン』および『世界政策ジャーナル』に数多くの論文を発表している。原書の核不拡散条約に関する章の中心的な執筆者。序文と結びの章の執筆者でもあり、また編者のひとり。

メラフ・ダータン Merav Datan　（法務博士）　「平和と自由を求める女性国際連盟」国連担当事務局長。原書の執筆中には、「核戦争防止国際医師会議」と「社会的責任を求める医師会議」の国連担当事務局長。それ以前は、核政策法律家委員会の研究担当理事も務めた。邦訳『地球の生き残り　解説・モデル核兵器条約』。原書の結びの章の執筆者。

ニコル・デラー S. Nicole Deller（法務博士）　企業訴訟、人権、女性の権利の擁護など国際公法の経験に富む弁護士、IEERの研究者、顧問。原書の化学兵器禁止条約と生物兵器禁止条約に関する章を執筆、序文と結びの章の中心的な執筆者、編者のひとり。

マーク・ヒズネイ Mark Hiznay　地雷その他の無差別兵器を専門とするヒューマンライツ・ウォッチの主任研究員。『地雷モニター報告 2001』の最終編集チーム調査員。「ヒューマンライツ・ウォッチ」は地雷禁止国際キャンペーン（ICBL）の創設メンバーで、その13団体からなる調整委員会の一員、また地雷モニター運動の中心的な連絡窓口・編集者も務めた。原

書の地雷禁止条約に関する章を執筆。

アージャン・マクジャニ Arjun Makhijani（学術博士） エネルギー・環境研究所の所長。核関連安全保障、環境およびエネルギー問題に関する数多くの書籍、報告書・論文の執筆者あるいは共同執筆者でもある。ピューリッツァー賞に指名された『核の不毛』の中心的な編集者。原書の包括的核実験禁止条約、ABM 条約、気候変動枠組条約と京都議定書に関する章を執筆、結びの章にも寄稿、編者のひとり。

エリザベス・シェファ Elizabeth Shafer（法務博士） 弁護士、画家、核政策法律家委員会副会長。原書の核不拡散条約に関する章を執筆。

パム・スピーズ Pam Spees（法務博士） 国際刑事裁判所の設立過程で、ICC への性の問題の組み入れを支援するために 1997 年に結成された個人・組織の国際ネットワーク「性の公正を求める女性集会」のプログラム・ディレクター。1997 年以降、ICC の進展に関わっており、合衆国における消費者保護および居住権のためのキャンペーンに従事している。原書の国際刑事裁判所規程に関する章を執筆。

日本版編訳者略歴

浦田賢治　うらた・けんじ
1935年熊本で出生。早稲田大学法学部・同大学法学研究科博士課程修了。早稲田大学助手などを経て、1972年同大学教授（憲法担当）。2005年定年退職、現在、同大学名誉教授。日本学術会議会員、全国憲法研究会代表など歴任。現在も国際反核法律家協会副会長。
主な著作に、『現代憲法の認識と実践』（日本評論社、1972年）、『恒久平和のために』（編著、勁草書房、1998年）、『地球の生き残り　解説・モデル核兵器条約』（編訳、日本評論社、2008年）、Reflections on Global Constitutionalism, Waseda University Institute of Comparative Law, 2005 など。

力の支配から法の支配へ
オバマは核問題で国際法体制を再構築できるか

2009年7月20日　第1版第1刷発行

日本版編訳者	浦田賢治
訳　者	伊藤　勧
原書編者	デラー、マクジャニ、ボローズ
発行者	浦田賢治
発　行	憲法学舎
	〒162-0043 東京都新宿区早稲田南町34-201
発　売	株式会社　日本評論社
	〒170-8474 東京都豊島区南大塚2-12-4
	電話：03-3987-8621 [販売] http://www.nippyo.co.jp/

印刷・製本　KCプリント
© URATA Kenji 2009
ISBN 978-4-535-51715-8　Printed in Japan

地球の生き残り
［解説］モデル核兵器条約

メラフ・ダータン／フェリシティ・ヒル／
ユルゲン・シェフラン／アラン・ウェア［著］
浦田賢治［編訳］

法律家、技術者・科学者、医師の国際ネットワークが提案、国連文書になった核兵器廃絶のための基礎文献

第1章　核拡散を逆転させる──核兵器条約の主張
第2章　モデル核兵器条約──全文と原著者による註釈
第3章　註釈・評論と重要争点
第4章　検証
資料／解題／略年表／参考文献／索引／あとがき

A5判　5460円（税込）ISBN978-4-535-51635-9

日本評論社